空间信息获取与处理前沿技术丛书

高效高精度合成孔径雷达干涉相位滤波技术

汪　洋　黄海风　董　臻　著

U0213864

科　学　出　版　社

北　京

内 容 简 介

　　本书系统地介绍合成孔径雷达干涉相位滤波技术。首先,简要讲述 InSAR 系统发展历史、干涉相位滤波研究现状及滤波原理。其次,详细介绍干涉相位滤波特点、现有主要算法和滤波结果评价指标。再次,提出 4 个定量评价指标,用于对滤波结果进行全面的评价和比较。最后,重点论述 3 种高效高精度滤波算法。书中采用大量仿真和实测数据对算法性能进行展示和对比。

　　本书是作者及课题组成员近年来在合成孔径雷达干涉相位滤波领域的最新研究成果总结,可供遥感测绘、图像处理、地质等学科领域的研究人员和工程技术人员参考使用,也可作为高等院校相关专业的教学参考资料。

图书在版编目(CIP)数据

高效高精度合成孔径雷达干涉相位滤波技术/汪洋,黄海风,董臻著.
—北京:科学出版社,2019.6
　(空间信息获取与处理前沿技术丛书)
　ISBN 978-7-03-060621-1

　Ⅰ.①高…　Ⅱ.①汪…　②黄…　③董…　Ⅲ.①合成孔径雷达-滤波技术
Ⅳ.①TN958

中国版本图书馆 CIP 数据核字(2019)第 034990 号

责任编辑:张艳芬　罗　娟 / 责任校对:王萌萌
责任印制:吴兆东 / 封面设计:蓝　正

科学出版社出版
北京东黄城根北街 16 号
邮政编码:100717
http://www.sciencep.com

北京中石油彩色印刷有限责任公司 印刷
科学出版社发行　各地新华书店经销
*
2019 年 6 月第　一　版　开本:720×1000　B5
2020 年 1 月第二次印刷　印张:14　1/4
字数:273 000
定价: 88.00 元
(如有印装质量问题,我社负责调换)

《空间信息获取与处理前沿技术丛书》序

进入 21 世纪，世界各大国加紧发展空间攻防武器装备，空间作战被提到了国家军事发展战略的高度，太空已成为国际军事竞争的战略制高点。作为空间攻防的重要支撑，同时伴随着我国在载人航天、高分专项、嫦娥探月、北斗导航等重大航天工程取得的成功，空间信息获取与处理技术也得到了蓬勃发展，受到国家高度重视。空间信息获取与处理技术在科学内涵上属于空间科学技术与电子信息技术交叉的学科，为各种航天装备的开发和建设提供支持。

国防科技大学是我国国防科技自主创新的高地。为适应空间攻防国家重大战略需求和学科发展要求，2004 年正式成立了空间电子技术研究所。经过十多年的发展，目前已经成长为相关领域研究的中坚力量，取得了一大批研究成果，在国内电子信息领域形成了一定的影响力。为总结和展示研究所多年的研究成果，也为有志于投身空间信息技术事业的研究人员提供一套有用的参考书，我们组织撰写了《空间信息获取与处理前沿技术丛书》，这对推动我国空间信息获取与处理技术发展无疑具有极大的裨益。

空间信息领域涉及信息、电子、雷达、轨道、测绘等诸多学科，其新理论、新方法与新技术层出不穷。作者结合严谨的理论推导和丰富的应用实例对各个专题进行了深入阐述，丛书概念清晰，前沿性强，图文并茂，文献丰富，凝结了各位作者多年深耕结出的累累硕果。

相信丛书的出版能为广大读者带来一场学术盛宴，成为我国空间信息技术发展史上的一道风景和独特印记。丛书的出版得到了国防科技大学和科学出版社的大力支持，各位作者在繁忙教学科研工作中高质量地完成书稿，特向他们表示深深的谢意。

2019 年 1 月

前　言

合成孔径雷达干涉测量技术作为一种主动的、具有穿透性的微波遥感手段,能够全天时、全天候获取高精度的地球物理参数,如数字高程模型、地表形变和沉降、冰川运动等。干涉相位是整个合成孔径雷达干涉处理中最重要的物理量,其质量将极大地影响获取地球物理参数的精度。然而,受各种去相关因素的影响,干涉相位中总是存在噪声,严重影响后续的处理,必须进行滤波处理。二十多年来,科研人员提出了很多干涉相位滤波算法,但这些算法很难兼顾滤波精度和算法效率。本书旨在对现有主要干涉相位滤波算法进行归纳介绍,然后就高效高精度干涉相位滤波算法进行研究。

本书是作者及课题组成员在多年研究基础上,借鉴国内外最新研究工作撰写而成的,系统而全面地阐述合成孔径雷达干涉相位滤波的最新研究成果。全书共6章。第1章总结国内外主要的机载、星载合成孔径雷达干涉系统和干涉相位滤波算法的发展现状,介绍本书的主要内容。第2章介绍合成孔径雷达干涉的几何原理和全流程数据处理的主要步骤,分析干涉相位的统计特性和干涉相位滤波的原理。第3章总结干涉相位滤波的特点,介绍主要干涉相位滤波算法和滤波结果评价方法,提出4个滤波结果评价指标。第4章分析基于块局部最优维纳算法不适用于干涉相位滤波的原因,提出改进措施,得到改进的基于块局部最优维纳算法。第5章分析现有基于"分而治之"策略干涉相位滤波算法存在的问题,提出基于Twicing迭代滤波的自适应空频干涉相位滤波算法。第6章结合自适应空频干涉相位滤波算法和现有频域迭代干涉相位滤波算法,提出基于Twicing迭代滤波的自适应频域迭代干涉相位滤波算法。

本书具有以下特点:第一,对干涉相位滤波的特点进行总结,使读者对干涉相位滤波有一个全面的了解;第二,对现有主要干涉相位滤波算法的基本原理、算法步骤、算法缺点和算法本质等进行详细介绍,便于读者掌握干涉相位滤波的最新技术和发展趋势;第三,并未简单地使用"残差点越少越好"的准则来评价滤波结果,而是对滤波结果进行全面、综合的分析,使读者对滤波结果的好坏和算法的性能有一个全面了解。

在撰写本书过程中,武汉大学的廖明生教授,西安电子科技大学的廖桂生教授,中国电子科技集团公司第三十八研究所的鲁加国教授,中南大学的李志伟教授,国防科技大学的朱炬波教授、粟毅教授、常文革教授、王宏强研究员等都对本书相关研究工作提出过指导意见;国防科技大学的张永胜副研究员、余安喜副教授、何峰副研究员、孙造宇讲师、金光虎讲师、何志华讲师、张启雷讲师对书稿提供了修改意见；研究生秦立龙、李福友、罗慧、易天柱、计一飞、刘奇、江魏好、杜思尧、吴鹏、黄志伟、朱小祥、郑涵之、杨博文、侯振宇对本书的初稿进行了校对。在此一并表示感谢。

　　吴曼青研究员对本书相关研究内容进行了指导，在此表示衷心感谢。

　　本书的研究工作是在国家 973 项目、国家自然科学基金重大研究计划项目、国家自然科学基金面上项目、国家高分辨率对地观测系统重大专项等的资助下完成的。本书所采用的数据仿真工具箱由代尔夫特理工大学提供，TerraSAR-X 数据由德国宇航中心和空中客车公司提供，RADARSAT-2 数据由加拿大航天局和加拿大麦克唐纳·迪特维利联合有限公司提供，Envisat-ASAR 数据由欧洲航天局和地质灾害观测站与自然实验室提供，SIR-C 数据由美国喷气推进实验室提供，在此表示感谢。

　　限于作者水平和学识，书中难免存在不当之处，恳请读者批评指正。

汪 洋
2019 年 1 月

目　　录

第 1 章 绪 论

1.1 引 言

1951 年，数学家 Wiley 在给美国固特异飞机公司（Goodyear Aircraft Co.）的一份报告中首次提出了多普勒波束锐化[1]的技术。该技术通过对雷达回波信号的多普勒频移进行处理，能够改善与波束垂直方向上（方位向）的分辨率，这也是合成孔径雷达（synthetic aperture radar，SAR）的由来。与此同时，伊利诺伊大学控制系统实验室独立地用非相参雷达进行实验，证实多普勒波束锐化技术的正确性和可行性。紧接着，以多普勒无照耀搜索雷达（Doppler unbeamed search radar，DOUSER）[1]为首的一系列机载 SAR 实验相继展开。然而，受观测区域大小的限制，所取得的成果并没有突显出 SAR 这种新型传感器的优势。1978 年，美国国家航空航天局（National Aeronautics and Space Administration，NASA）将第一个载有 SAR 的海洋卫星 SEASAT 送入太空，开启了人类从太空观测地球的新纪元。尽管由于电源系统短路只运行了 105 天，但 SEASAT 在 42h 内采集的数据超过过去 100 年间靠船舶累计采集的海洋信息，展示了 SAR 系统大面积、快速获取数据的能力，并极大地激励了 SAR 相关技术的研究和系统的研制[2~7]。

SAR 获取的图像数据是三维场景向二维平面雷达坐标的投影，场景的高程信息无法在图像中体现出来。为了提取场景的高程信息，科研人员将 SAR 技术和射电天文干涉技术相结合，形成合成孔径雷达干涉（synthetic aperture radar interferometry，InSAR）技术。该技术自 1969 年和 1972 年用于金星[8]和月球[9,10]表面测绘以来，已经经历了超过 40 年的发展，其间很多机载和星载 SAR 系统研制成功并投入使用，它们为 InSAR 技术的发展成熟提供了大量宝贵的数据和经验，使得 InSAR 技术的应用范围从当初的数字高程模型（digital elevation model，DEM）生成[11]，扩展到由地震、火山喷发、地面沉降、山体滑坡所造成的形变的测量[12~23]，以及冰川运动和建筑物形变的监测[24~27]。InSAR 技术已经成为继可见光和近红外之后遥感领域不可或缺的重要手段。

与基于 SAR 数据幅度或者强度信息的技术不同，InSAR 是以 SAR 图像对的相位差即干涉相位为基础，进行一系列处理进而得到 DEM 和地表形变信息的技术，因此干涉相位的质量将直接影响产品的精度。然而，受制于相干成像和 InSAR 原理，多种去相干因素[11]会降低干涉相位的质量，具体表现为相位噪声，这些噪声会导致大量的残差点[28]，严重影响后续相位解缠的精度和速度。为了降低相位噪声的影响，一方面，科研人员通过采用高精度的硬件和合理的编队设计来提高干涉图像对的相干性；另一方面，通过干涉相位滤波算法来滤除相位噪声。

和光学图像滤波算法一样，对干涉相位滤波算法性能的追求主要是滤波精度和算法效率两方面。对干涉相位滤波算法的研究主要集中在最近二十年，其间科研人员提出的算法滤波精度越来越高，但效率越来越低。早期的干涉相位滤波算法，如多视（multilooking）滤波或者盒式（boxcar）滤波（两者的核心均是均值滤波），算法效率很高，非常适合海量数据的快速处理。因此，目前已经完成的两次全球地形测绘任务——航天飞机雷达地形测绘任务（shuttle radar topography mission，SRTM）[29]和地形测绘附加 TanDEM-X（TerraSAR-X add-on for digital elevation measurement）任务[30]中，仍然将多视作为其干涉相位滤波算法。然而，在滤波精度方面，早期的滤波算法还有很大的提升空间，一个极具说服力的例子就是 TanDEM-X 的高分辨率 DEM（high-resolution DEM，HDEM）[31,32]。德国宇航中心（Deutsches Zentrum für Luft-und Raumfahrt，DLR）的科研人员利用盒式滤波处理 TanDEM-X 的数据得到 WorldDEM[33,34]，精度为高分辨率地形信息（high resolution terrain information）HRTI-3 标准：分辨率 12m×12m、绝对高程精度 10m、相对高程精度 2m；之后，利用 NL-InSAR（non-local InSAR）滤波算法[35]得到了精度更高的处理结果，其精度达到 HRTI-4 标准：分辨率 6m×6m、绝对高程精度 5m、相对高程精度 0.8m。此外，一方面随着卫星技术、轨道技术等相关技术的发展，SAR 获得的数据质量越来越高，为高精度产品的生产提供了可能；另一方面，人们对产品精度的要求越来越高，以便对地球进行更精细的观测和为国民经济发展提供更大的帮助，这些都对算法的滤波精度提出了更高的要求。

在这种情况下，科研人员开始致力于高滤波精度的算法研究，提出了大量算法。与传统滤波算法不同，这些算法通过最新的信号处理技术和手段，充分挖掘和利用干涉相位的特点，能在有效抑制噪声的同时更好地保持相位信号的细节信息，达到早期算法无法企及的滤波精度。这里以 NL-InSAR 算法[35]和基于稀疏编码的干涉相位估计（sparse-coding-based approach to interferometric phase estimation，SpInPHASE）算法[36]为例进行阐述。NL-InSAR 算法已经是干涉相位滤波算法的一个标杆，它是将图像处理领域里最新、最热的非局部（non-local，NL）技术[37]和 InSAR 数据统计特性结合起来的干涉相位滤波算法，它的滤波精度大大超越了现有算法[35]。正因为精度高，NL-InSAR 算法被 DLR 的科研人员改进并应用于 TanDEM-X 的数据处理[31,32,38,39]，得到了精度高达 HRTI-4 标准的 DEM。然而，NL-InSAR 算法的效率十分低下。在装有 32 位操作系统、主频 3.2GHz 的 Intel Pentium D 处理器的计算机上处理像素大小为 600×464 的数据，盒式滤波只需要 0.22s，而 NL-InSAR 算法需要 1540.93s[35]。也正是效率原因，NL-InSAR 算法并未成为制作 HDEM 的主要算法[31]。SpInPHASE 算法[36]也是基于图像块的相似性,但通过最优稀疏表示来完成滤波。从滤波结果来看,SpInPHASE 算法的滤波精度明显高于 NL-InSAR 算法[36]。更为难得的是,同为空域算法,SpInPHASE 算法对致密条纹的保持能力大大优于 NL-InSAR 算法。然而非常遗憾的是,在效率上,SpInPHASE 算法远不如 NL-InSAR 算法。在内存 8G、装有 Core i7-3770 处理器的计算机上处理像素大小为 100×100 的数据,NL-InSAR 算法用时 33.04s,而 SpInPHASE 算法需要 369.32s[36]。因此,SpInPHASE 算法和盒式滤波在效率上的差距更大。

因此,现有算法都没有同时满足高效高精度的要求。目前面临的形势是:一方面,人们对产品精度的要求越来越高,因此对算法滤波精度的要求越来越高;另一方面,在轨和未来 SAR 系统获取的数据量越来越大(SRTM 获取的数据量大于 9.8TB,TanDEM-X 获取的数据量大于 1300TB,而即将发射的 TanDEM-L 一天的数据量就高达 78TB),而 InSAR 数据处理步骤多,提升任何一个处理步骤的效率,都将有效降低总的处理时间。虽然可以通过并行处理的方式来提高效率,但受制于计算资源的有限性,这种方式对效率的提升作用有限。相比而言,高效的滤波算法更能有效地降低总的处理时间。

因此,无论从理论研究还是实际工程应用的角度来说,高效高精度干涉相位滤波算法研究都是一项很有意义的课题。

本课题组一直从事的是 InSAR 理论和处理算法的研究,在干涉相位滤波算法研究上积累了大量经验[40~49]。本书将从这些经验出发,对干涉相位滤波进行深入研究,在充分总结现有滤波算法的基础上,提出一些高效高精度算法,为我国未来的 InSAR 处理系统提供参考算法。

1.2 国内外研究现状

20 世纪 80 年代以来,与 InSAR 相关的硬件系统和数据处理算法取得了长足的发展。本节将分别对近年来涌现的机载与星载 InSAR 系统以及干涉相位滤波技术的研究情况进行介绍。

1.2.1 InSAR 系统发展现状

InSAR 系统的发展,主要遵循"实验室→机载 InSAR 系统→星载 InSAR 系统"这一模式,本节将分别对机载与星载 InSAR 系统进行介绍。

1. 机载 InSAR 系统

相比星载 InSAR 系统,机载 InSAR 系统的设计和实现简单,并且机载 InSAR

系统肩负着验证星载 InSAR 技术的重任,因此机载 InSAR 系统成为各国科研人员的首要研究对象。目前,世界上主要的机载 InSAR 系统如下。

1) AIRSAR 和 UAVSAR

AIRSAR[50]是由美国喷气推进实验室(Jet Propulsion Laboratory,JPL)为 NASA 研制的机载 InSAR 系统,装载在 Douglas DC-8 飞机上。该系统包含 C、L 和 P 共 3 个波段和沿航向干涉、垂直航向干涉及全极化工作模式。图 1.1 为 AIRSAR 示意图,以及该系统获取的美国科罗拉多州北部 Rabbit Ears Pass 地区的 DEM。

 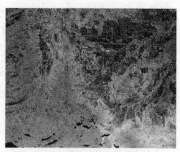

(a) AIRSAR示意图　　　　　　(b) AIRSAR获取的DEM

图 1.1　AIRSAR 示意图及其获取的 DEM

UAVSAR[51]是由 JPL 和 NASA 联合研制的无人机载 L 波段 InSAR 系统。作为由 NASA 资助的仪器孵化器计划项目(instrument incubator project,IIP)的重要数据源,该系统最初装载在 Gulfstream III 飞机上进行性能验证;之后,用于与地震、火山喷发等地质灾害相关的地形形变测量和冰川运动测量。为了保证测量的精度,系统还配备了实时全球定位系统(global positioning system,GPS)用以调整飞机的航线,使其在200km 飞行距离内的位置误差始终保持在 10m 范围以内。图 1.2 为 UAVSAR 示意图,以及该系统获取的 2010 年加利福尼亚州地震的形变干涉相位[52]。

(a) UAVSAR示意图　　　　　　(b) UAVSAR获取的形变干涉相位

图 1.2　UAVSAR 示意图及其获取的形变干涉相位

2）E-SAR 和 AeS-1

E-SAR[53]是由 DLR 的微波雷达所和飞行器研发部门共同研制的全极化、多频段机载 InSAR 系统。该系统装载在 Dornier 飞机上并于 1988 年获取第一幅 SAR 图像后,经历不断的发展升级,由最初的两个频段发展成为现在的四个频段,已经成为 DLR 获取雷达数据的重要工具和实验平台。在服役二十多年后,该系统具备了多模式地形测绘能力,如基于单频段单极化的单通道工作、一次航过交轨和顺轨干涉测量、全极化测量和重复航过极化干涉测量。系统上还装有实时差分 GPS 惯性导航系统和 Fugro 公司 OmniStar 3000L 差分 GPS 接收机,能够提供高精度的导航和定位信息。

AeS-1[54,55]是德国 Aero-Sensing Radarsysteme 公司研制的、装载在 Rockwell Aero Commander 690 飞机上的机载 InSAR 系统。该系统工作在 X 频段,最大工作带宽为 400MHz,对应的 SAR 图像分辨率为 0.5m×0.5m,最大扫描幅宽为 15km,干涉基线分别为 0.6m 和 2.4m,最大高程精度为 5cm。该系统的任务主要包括 DEM 制作、形变测量、城区建筑物高度测量、海洋顺轨干涉测量、沿海地区的实时监测。该系统于 1996 年 10 月开始正式服役,并分别于 1997 年和 1998 年对印度尼西亚附近岛屿、巴西北部和委内瑞拉南部的区域进行了地形测绘。图 1.3 是 E-SAR 和 AeS-1 的示意图,以及 AeS-1 获取的瑞士 Küttigen 的干涉数据。

(a) E-SAR示意图　　　　　　　　　(b) AeS-1示意图

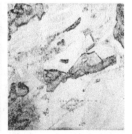

(c) AeS-1获取的干涉数据(从左至右分别是SAR幅度图像、干涉相位和相干系数图)

图 1.3　E-SAR 示意图、AeS-1 示意图及 AeS-1 获取的干涉数据

3) TOPSAR 和 TELAER-SAR

TOPSAR[56]是 1992 年由意大利航天局(Agenzia Spaziale Italiana, ASI)和先进遥感系统研究联合会(Consortium of Research on Advanced Remote Sensing Systems)联合研制的机载 InSAR 系统。科研人员用该系统替换原 AIRSAR 系统上的 C 频段部分,用以获取高程精度为 2m、分辨率为 10m×10m 的 DEM。但受斜距分辨率制约的同时,缺乏高精度的载机运动补偿算法,TOPSAR 获取的 DEM绝对高程精度未能达到预期指标[57]。

TELAER-SAR[58,59]原是一部包含光学、多光谱、高光谱传感器和 SAR 的机载系统,装载在 Learjet35A 飞机上。2011 年,由意大利国家研究委员会(Italiana National Research Council, CNR)出资,CNR、AGEA(Agency for Agriculture Subsidy Payments)和 Telaer 公司共同联合,对 TELAER-SAR 系统进行了升级——在原系统上加装了两幅 X 波段的天线,以赋予系统单航过干涉的能力并提高其重复航过干涉的能力。其干涉测量手段非常灵活,扫描幅宽的范围为 2~10km,相应的图像分辨率范围为 0.5m×0.5m~5m×5m,在第一次试飞实验中就获取了 1m×1m 分辨率的 DEM。图 1.4 是 TELAER-SAR 示意图及其获取的干涉相位[59]。

(a) TELAER-SAR示意图　　　　　(b) TELAER-SAR获取的干涉相位

图 1.4　TELAER-SAR 示意图及其获取的干涉相位

4) RAMSES 和 SETHI

RAMSES[60]是由法国国家航空航天研究中心(Office National d'Etudes et deRecherches Aérospatiales,ONERA)下属的电磁与雷达科学部(Department of Electromagnetic and Radar Science,DEMR)研制的多波段、全极化机载 InSAR 系统,装载在 Transall C160 飞机上。该系统包含 P、L、S、C、X、Ku、Ka 和 W 共 8 个波段,其中用于干涉测量的是 X、Ku 和 Ka 波段。图 1.5 是 RAMSES 示意图及其获取的 Puylaurent barrage 地区的干涉相位[61]。

SETHI[62,63]是继 RAMSES 之后 ONERA 研制的另一部机载 InSAR 系统。相比 RAMSES,SETHI 系统的天线可以分别安装在两个吊舱中,从而使该系统可以安装在 Falcon20 这样的小型飞机上。除了 4 部雷达,SETHI 上还装备 2 部光学传感器,可以进行多光谱和光学/微波混合遥感。图 1.6 是 SETHI 的示意图及其获取的 P 波段干涉相位。

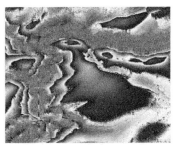

(a) RAMSES示意图 (b) RAMSES获取的干涉相位

图 1.5 RAMSES 示意图及其获取的干涉相位

(a) SETHI示意图 (b) SETHI获取的干涉相位

图 1.6 SETHI 示意图及其获取的干涉相位

5) Pi-SAR 和 Pi-SAR2

Pi-SAR[64]是一部由日本通信研究实验室(Communication Research Laboratory, CRL)和日本宇宙事业开发集团(National Space Development Agency of Japan, NASDA)联合研制的双频带、全极化 InSAR 系统。该系统装载在 Gulfstream-II 喷气式飞机上,可以同时工作在 L 和 X 波段,其中用于干涉的是 X 波段,干涉基线为 2.3m。飞机上还装有惯性导航系统和 GPS,用于补偿气流所造成的运动误差。由于日本地理位置特殊,该系统主要用于对火山形变的监测。自 1995 年投入使用后 Pi-SAR 进行了超过 100 次的飞行,其间采集了大量火山形变数据。图 1.7 是 Pi-SAR 示意图及其获取的三原山的干涉相位[65]。

星载 SAR 获取的图像分辨率随着硬件的升级和算法的改进在不断提高,已经有超越机载 SAR 数据的趋势,同时科研人员希望能够测量到更高精度的形变量。于是,以日本国家信息与通信技术研究所(National Institute of Information and Communication Technology, NICT)为首的科研团队开始研制 Pi-SAR2[66]并于 2008 年投入使用。该系统的分辨率(斜距向和方位向)高达 0.3m×0.3m,能够检测出亚米级的公路形变。系统的最大信号带宽为 500MHz,具备聚束和滑聚两种成

(a) Pi-SAR示意图　　　　　(b) Pi-SAR获取的干涉相位

图 1.7　Pi-SAR 示意图及其获取的三原山的干涉相位

像模式。之后,日本电气股份有限公司(Nippon Electric Company Limited,NEC)和日本总务省(Ministry of Internal Affairs and Communications,MIC)签署了一个始于 2012 年、为期 3 年的合同,旨在研发一部新的小型雷达来替代 Pi-SAR2。该小型雷达的体积只有 Pi-SAR2 的 1/5,但在测绘性能上几乎没有损失。该小型雷达由于质量轻,可以安装在更加轻便的飞机上,优点是测绘成本降低、机动性能提高和持续工作时间增加[67]。

6) OrbiSAR

OrbiSAR[68]是由巴西奥比特遥感(Orbisat Remote Sensing)公司研制的,装载在 Turbo Commander 飞机上的机载 InSAR 系统。该系统包含三个 X 波段天线和一个 P 波段天线,其中 X 波段可以用于单航过和重复航过干涉,而 P 波段只能进行重复航过干涉,因此该系既可获取 DEM 也能进行差分干涉。飞机上还装载了高精度的全球导航卫星系统(global navigation satellite system,GNSS)和惯性测量单元(inertial measurement unit,IMU),保证了高精度的干涉和 DInSAR 的处理结果。由于其高精度的测绘能力,该系统广泛用于中美洲和南美洲大量丛林地带的地形测绘、森林面积测量和雷达正射影像图的制作。该系统在植被覆盖较少的平地区域获得的 DEM,高程精度可达 1m,分辨率为 0.5m×0.5m~2.5m×2.5m。同时,该系统还被大量应用于地形形变的监测[69,70]。图 1.8 是 OrbiSAR 获取的 São Sebastião-SP 地区的 DEM[68]和对应的地形形变[70]。

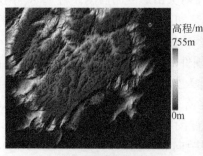

(a) OrbiSAR获取的DEM　　　　(b) OrbiSAR获取的地形形变

图 1.8　OrbiSAR 获取的 DEM 和地形形变

7) 机载 SAR 测图系统和低频超宽带机载 SAR 系统

我国在机载 InSAR 系统的研制上起步较晚。2011 年 5 月，国家测绘地理信息局宣布，由国家测绘地理信息局组织、中国测绘科学研究院牵头、多家单位联合研制的第一部机载多波段多极化干涉 SAR 系统——机载 SAR 测图系统，取得了重大突破。机载 SAR 测图系统突破了多项核心技术，获得 6 项自主知识产权的专利，填补了我国在该领域的空白，整体技术指标达到国际先进水平，其中干涉测量与立体测量相结合的测图技术、基于距离共面的几何成像模型、多源 DEM 融合技术等已达到国际领先水平。

国防科技大学从 20 世纪 80 年代中期就开始致力于低频超宽带 SAR(low frequency ultra wideband SAR)系统的相关研究工作，并于 2002 年研制出国内首部机载 P 波段超宽带 SAR 系统。之后进行了多次飞行试验，获取了大量宝贵的实测数据用于支撑相关研究工作的开展。之后，科研人员利用该系统进行了重轨干涉实验，并利用获得的实测数据得出了与实际地形相符的干涉相位[71~73]，推动了超宽带 InSAR 相关技术的研究和发展。

2. 星载 InSAR 系统

机载 InSAR 系统由于其搭载的平台机动灵活、实现简单，可实现短时间内对指定观测区域的反复观测，这对于地质灾害的实时监测和评价、森林植被生长评估具有重要作用。然而，机载 InSAR 系统受气流的影响较大，测绘的精度受平台稳定性制约。此外，受飞行高度的制约，机载 InSAR 系统的观测范围有限。相比机载 InSAR 系统，星载 InSAR 系统具有更高的飞行高度和更稳定的飞行轨道，从而具有更大的观测范围和精度更高的干涉基线。因此，星载 InSAR 系统更适合进行全球范围的测绘。目前，国际上已知能够用于干涉的星载 InSAR 系统包括十几个，本书将介绍其中具有广泛影响力的 SEASAT、SIR 系列、ERS-1/2、SRTM、ALOS 系列、RADARSAT 系列、COSMO-SkyMed、TanDEM-X、Sentinel-1 及即将发射的 TanDEM-L 系统(图 1.9)。

1) SEASAT

1978 年 6 月 27 日，NASA 发射了载有 SAR 的海洋卫星 SEASAT[74,75]，该 SAR 系统工作在 L 波段，水平发射水平接收(HH)极化，入射角为 23°，分辨率为 25m(距离向)×25m(方位向)，观测带宽为 100km。这是人类第一部用于地球海洋遥感的卫星，它的作用是验证从太空进行海洋测绘的可行性以及收集相关的系统参数需求。尽管其主要任务是进行海洋学包括海洋表面风速和温度、波浪高度、内波、大气水汽、海洋浮冰和海洋地形方面的研究，但是该系统获取的数据对于极地冰川和地质分析等方面的研究也具有重大意义。1988 年，Goldstein 等[28]利用 SEASAT 数据获取了美国死亡谷 Cottonball 盆地的 DEM(图 1.10)，这是利用星

载 InSAR 系统获取 DEM 的首次亮相。1989 年，Gabriel 等[76]利用 SEASAT 数据
获取了美国加利福尼亚州东南部 Imperial Valley 地区的地形形变，首次证明星载
InSAR 系统具有测量地形形变的能力。尽管由于电源系统故障，SEASAT 只运行
了 105 天，但它为后来的星载 SAR 系统提供了宝贵的经验。

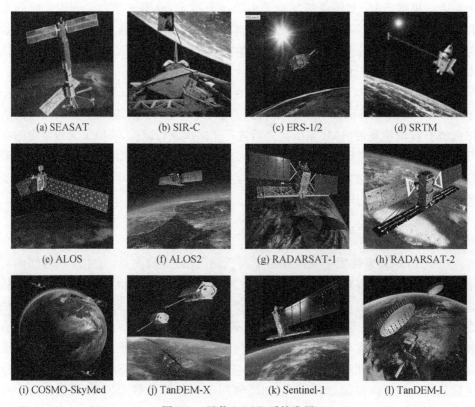

(a) SEASAT　　　　(b) SIR-C　　　　(c) ERS-1/2　　　　(d) SRTM

(e) ALOS　　　　(f) ALOS2　　　　(g) RADARSAT-1　　　　(h) RADARSAT-2

(i) COSMO-SkyMed　　　(j) TanDEM-X　　　(k) Sentinel-1　　　(l) TanDEM-L

图 1.9　星载 InSAR 系统发展

图 1.10　美国死亡谷 Cottonball 盆地 DEM

2）SIR 系列

在 SEASAT 之后，NASA 于 20 世纪 80～90 年代先后进行了 4 次航天飞机成像雷达（shuttle imaging radar，SIR）飞行实验。SIR-A[77] 于 1981 年服役，主要用于验证航天飞机进行地球测绘的可行性。SIR-B[78] 于 1984 年服役，其雷达天线具备机械扫描的能力。由于 Ku 波段万向节故障和无线电馈电系统异常，该系统只收集了 8h 的数据，但这些数据帮助考古学家在阿拉伯半岛上找到了失落的古城。1994 年 4 月和 9 月，NASA、DLR 和 ASI 共同进行了两次 SIR-C[79,80] 任务飞行实验，该任务是 SEASAT、SIR-A 和 SIR-B 的延续，也是德国成像雷达微波遥感实验（microwave remote sensing experiment，MRSE）的一个扩展。该系统包含 3 个工作波段，L 和 C 波段雷达由 NASA 建造，X 波段雷达由 DLR 和 ASI 共同建造。SIR-C 系统是 SIR-B 系统的升级版，采用了分布式、低功耗天线，避免了 SIR-B 系统中大规模的功率损耗。SIR-C 系统的飞行成功具有里程碑式的意义，因为它是第一个多频全极化星载 SAR 系统，第一次使用电扫相控阵天线并证明了扫描模式的可行性。此外，SIR-C 系统还验证了获取不同 SAR 数据的最优波段、极化方式和成像几何。

SIR-C 在工作期间共收集了全球 400 个地区共 50h 的数据，由于其第二次飞行的航线和第一次的航线非常吻合，这些数据全部都可以用于 DEM 生成和地形形变测量。其获取的意大利 Etna 火山数据（图 1.11）已经支撑了上百篇重要论文的发表，成为检验 InSAR 处理算法的代表数据。

 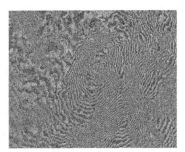

(a) Etna 火山 SAR 幅度图像　　　　　　(b) Etna 火山干涉相位图

图 1.11　SIR-C 获取的意大利 Etna 火山数据

3）ERS-1/2

ERS-1/2 是欧洲航天局（European Space Agency，ESA）首个 C 波段空间对地观测星载 SAR 系统系列计划，ERS-1[81,82] 于 1991 年 7 月 16 日发射并于 2000 年 3 月停止工作，ESR-2[83] 于 1995 年 4 月 21 日发射并于 2011 年 9 月停止工作。卫星上的 SAR 传感器 AMI 可以工作在成像模式（imaging mode，IM）、波模式（wave mode，WM）和风散射计模式（wind scatterometer mode）。服役期间，两颗 SAR 卫星获取了几乎覆盖全球范围的海量数据，这些数据被国际上广泛使用，极大地促进了 InSAR 技术的不断发展和完善。尤其是在 1995 年 10 月～1996 年 6 月以 tandem 模式[84]获取的 11 万对 SAR 数据对,由于获取时间间隔只有 1 天,时间去相干小,反演出的 DEM 的高程精度可达 10m。需要特别指出的是,由 ERS-1/2 获取的长时间数据可以用于 DInSAR 的研究。1993 年,Massonnet 等[12]在 *Nature* 上发表了相关论文,其利用 3 对 ERS-1/2 数据处理得到 Landers 地震形变相位(图 1.12),并将该结果与地球物理学中的弹性形变模型以及通过其他手段获得的测量数据进行比较,高度吻合的结果引起了科研人员的震惊。从此,DInSAR 技术开始蓬勃发展[85～91]。

(a) 利用DInSAR得到的形变相位　　　　(b) 弹性形变模型估计结果

图 1.12　Landers 地震形变结果图

4) SRTM

由于航天飞机的飞行能力有限(一般为 10 天左右),SIR-C 只获取了有限地区的重复轨道 SAR 数据,并且存在部分数据由于去相干严重而不适合干涉的问题。为此,美国相关学者提出对现有 SIR-C 系统进行改造,并在航天飞机上增加一根可伸缩的桅杆,以实现固定基线单航过来获取全球高精度 DEM 的目的。最终,经 NASA 和美国国家图像与测绘局(National Imagery and Mapping Agency,NIMA)协商,达成了实施 SRTM 计划[29,92,93]的协议。2000 年,SRTM 成功地完成为期 11 天的地形测绘任务,获取了自北纬 60°至南纬 54°约 80% 地球陆地面积的 DEM (Nevada 中部的 SRTM DEM 如图 1.13 所示),绝对高程精度 16m,相对高程精度 10m,绝对定位精度 20m,相对定位精度 15m。系统工作在 C 波段和 X 波段,C 波段的数据由美国处理,相应 90m×90m 分辨率的 DEM 可以在美国国家地质勘探局(United States Geological Survey,USGS)下载;X 波段的数据由 DLR 处理,相应 30m×30m 分辨率的 DEM 可以在 DLR 的数据下载中心 EOWEB(earth observation on the WEB)获取。由于精度高,SRTM 获取的 DEM 目前仍在地球物理科学研究中发挥重要作用:作为外部先验数据广泛应用于 SAR 图像几何校正、SAR 图像模拟、InSAR 数据处理的多个步骤(配准、解缠等)和 DInSAR 的平地相位去除等多个方面。作为第一部单航过航天飞机 InSAR 系统,它为后来的

TanDEM-X 系统提供了宝贵的经验。

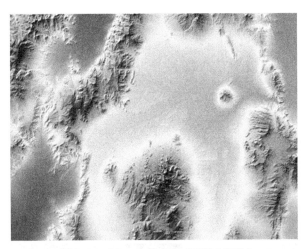

图 1.13 Nevada 中部的 SRTM DEM

5）ALOS 系列

ALOS[94]又名 Daichi，是由日本宇宙航空研究开发机构（Japan Aerospace Exploration Agency，JAXA）、NEC、东芝公司和三菱公司共同研制并于 2006 年发射的一颗陆地观测卫星。卫星采用高精度定位技术和姿态控制技术，能够获取高精度的数据处理结果。卫星上携带了全色遥感立体测绘仪（panchromatic remote-sensing instrument for stereo mapping，PRISM）、先进可见光与近红外辐射计（AVNIR-2）和相控阵型 L 波段 SAR（PALSAR），能够进行数字高程测绘和对陆地的精确观测。其中，PALSAR 可以工作在高分辨率模式、扫描模式和极化模式，因而可以获取宽测绘带和丰富的地物信息。相比更高的波段，L 波段的电磁波对电离层的影响较为敏感，同时对地形形变的敏感度较低，因此 PALSAR 获取的数据成为研究电离层和地形形变的重要数据来源。该卫星获取的汶川大地震数据成为科研人员研究汶川大地震的重要数据来源，图 1.14 为基于 PALSAR 数据得到的汶川大地震[95]和玉树地震[96]形变干涉相位。2015 年，PALSAR 的数据被挂在阿拉斯加卫星接收中心（Alaska Satellite Facility，ASF）的官方网站上可供注册用户免费下载[97]。同年，JAXA 基于 ALOS 获取的共 300 多万幅图像数据开始用于制作高精度的全球数字表面模型 AW3D30（ALOS world 3D-30m）[98]，并一直致力于提高该产品的精度。该产品目前的精度为全球最高，分辨率为 2m，高程精度和定位精度为 2m。图 1.15 为澳大利亚艾尔斯岩石的 DEM，图 1.15（a）为现有 90m×90m 分辨率的 DEM，图 1.15（b）为 AW3D 5m×5m 分辨率的 DEM，可以看出强烈的细节对比效果。

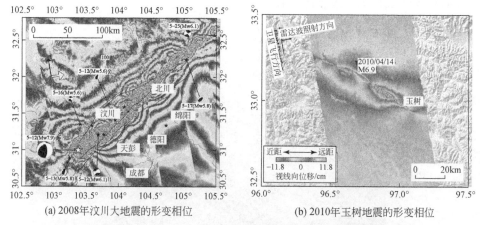

(a) 2008年汶川大地震的形变相位　　　　　(b) 2010年玉树地震的形变相位

图 1.14　基于 ALOS PALSAR 数据得到的地形形变相位

(a) 现有的90m×90m分辨率DEM

(b) AW3D 5m×5m分辨率DEM

图 1.15　现有 90m×90m 分辨率 DEM 和 AW3D 5m×5m 分辨率 DEM 对比图

　　ALOS-2[99]是 ALOS 的延续,是 Post-ALOS 项目中的第二颗卫星,该卫星于 2014 年开始服役,继续为地质灾害多发地区的地质灾害监测、国家级测绘信息更新、全球雨林观测提供实时信息。相比 ALOS,ALOS-2 具有如下优势:更短的重访周期(ALOS 为 46 天,ALOS-2 为 14 天),更大的入射角范围(ALOS 为 8°~60°, ALOS-2 为 8°~70°),更高的分辨率(ALOS 为 10m×10m,ALOS-2 可达 3m× 3m),更宽的观测范围(ALOS 为 897km,ALOS-2 为 2320km),具备左视和右视的能力且切换时间只需 3min(ALOS 只具备右视能力),成像模式多样(ALOS 只有条带和扫描模式，ALOS-2 有条带、扫描和聚束模式）。此外，为了提高 InSAR 数据的相干性，ALOS-2 还采用了精确轨道控制技术和增强 GPS 接收机技术。因此，相比 ALOS，ALOS-2 能够获得更加精细的地形形变信息。图 1.16 为基于 ALOS-2 数据得到的 2015 年尼泊尔大地震的形变干涉相位[100]。

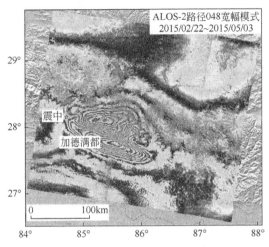

图 1.16 基于 ALOS-2 数据得到的 2015 年尼泊尔大地震形变相位

6) RADARSAT 系列

RADARSAT-1/2[101,102]是加拿大航天局（Canadian Space Agency，CSA）分别于 1995 年和 2007 年发射的 2 颗 C 波段商用 SAR 卫星系统，RADARSAT-1 于 2013 年停止运行而 RADARSAT-2 仍在轨运行。RADARSAT-1 具有 7 种成像模式（精细模式、标准模式、宽模式、宽幅扫描、窄幅扫描、超高入射角模式、超低入射角模式）和 25 种不同的波束，因而具有多种分辨率和不同幅宽。需要特别指出的是，RADARSAT-1 完成了两次对整个南极洲的测绘，开创了极地测绘的先河。第一次测绘于 1997 年 9 月 26 日开始，获取了南极洲 25m×25m 分辨率的 SAR 图像[图 1.17(a)]；第二次测绘于 2000 年 9 月 3 日开始，获取了南极洲冰川运动的干涉相位[103][图 1.17(b)]。和 RADARSAT-1 相比，RADARSAT-2 拥有更为强大的成像功能，是目前世界上最先进的商业 SAR 卫星之一。首先，RADARSAT-2 卫星可以根据指令在右视和左视之间切换，所有的波束都可以左视或右视，这一特点缩短了重访时间，增加了获取立体图像的能力。其次，RADARSAT-2 保留了 RADARSAT-1 的所有成像模式，并增加了聚束模式、超精细模式、四极化（精细、标准）模式、多视精细模式，使得科研人员在成像模式选择方面更为灵活。最后，RADARSAT-2 卫星改变了 RADARSAT-1 卫星单一的极化方式。RADARSAT-1 卫星只具备 HH 极化方式，RADARSAT-2 具有全极化方式。

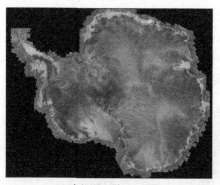 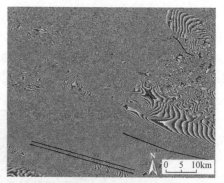

(a) 南极洲全景SAR图像　　　　　　(b) 南极冰川运动引起的形变相位

图 1.17　RADARSAT-1 对南极洲的测绘结果

7) COSMO-SkyMed

COSMO-SkyMed[104]是由意大利 ASI、研究部和国防部共同研发的军民两用空间对地观测系统。该系统由 4 颗携带 X 波段 SAR 传感器的卫星组成,分别于 2007 年 6 月、2007 年 12 月、2008 年 10 月和 2010 年 11 月发射升空。卫星上携带的 X 波段 SAR 传感器可以工作在聚束、条带、扫描和宽幅模式。其中,聚束模式中包含两种子模式,其中一种只限于军用。获取数据的最大幅宽为 520km×520km,最高分辨率为 1m×1m。作为第一个分辨率高达 1m×1m 的雷达卫星星座,在聚束模式下能提供高程精度高达 8m,水平精度为 18m 的 DEM。此外,整个星座的重访周期少于 12h,因此能够提供目标观测区域的丰富数据资源,增加了数据观测的时间采样率,极大地增强了对地质灾害监测的能力。图 1.18 为基于 COSMO-SkyMed 获取的 2009 年意大利 L'Aquila 地震的形变干涉相位[105]。

图 1.18　L'Aquila 地震形变干涉相位

8) TanDEM-X

基于 SRTM 生产的 DEM 对地球物理科学的发展发挥了重要作用,但其精度越来越无法满足日益增长的应用需求,并且 SRTM 的测绘范围有限,高纬度地区(北纬 60°以上和南纬 56°以上)和部分低纬度地区并没有覆盖,严重制约这些区域的科学研究。为了解决这些问题,DLR 联合欧洲宇航防务集团(European Aeronautic Defence and Space,EADS)旗下的 Astrium 公司和 Infoterra 公司联合推出了 TanDEM-X 计划[30,106]。该计划由两颗性能相近的 X 波段卫星组成,即 TerraSAR-X 和 TanDEM-X,主要任务是获取全球高精度 DEM。两颗卫星已经分别于 2007 年 6 月和 2010 年 6 月成功发射,并于 2010 年底形成双螺旋编队构型,开始了为期近 4 年的全球(包括南极洲)数据采集工作。其间,TanDEM-X 用不同长度的基线对全球地形进行了 2 次测绘。鉴于森林、山地和沙漠地区具有较强的体散射去相干、叠掩和阴影以及极低信噪比,TanDEM-X 对这些区域还进行了不同视角、升降轨的多次测绘以提高获取的 DEM 精度。对部分区域,如森林、山地和沙漠的采集次数达到了 4 次。这些数据用来生产满足 HRTI-3 标准的 World-DEM[33,107],分辨率为 12m×12m,绝对测高精度为 10m,相对测高精度为 2m,绝对水平定位精度为 10m,相对水平定位精度为 3m,所有指标均优于 SRTM 的 DEM。之后,TanDEM-X 开始其下一个阶段的任务:海洋浮冰测量、植被生长情况监测、比 WorldDEM 精度更高的 DEM——HDEM[108] 的生产、极化测量、洋流研究和多模式双站成像实验。科研人员将选择全球范围内地形平坦、相干性好的区域进行多次甚长基线(3.6km)测绘,结合 WorldDEM 生产 HDEM。HDEM 的精度指标优于 WorldDEM,将会提供更加丰富的地形信息。图 1.19 为中国牙克石市和南非 Sutherland 的 WorldDEM[33]。

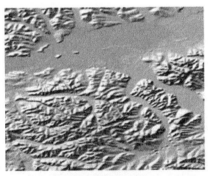

(a) 中国牙克石市 (b) 南非Sutherland

图 1.19 基于 TanDEM-X 数据得到的 WorldDEM

9) Sentinel-1

Sentinel-1[109,110]是 ESA 和欧盟委员会(European Commission)推出的哥白尼计划(Copernicus Programme)中首个空间对地观测系统。该系统包含两颗携带 C

波段 SAR 传感器的卫星,即 Sentinel-1A 和 Sentinel-1B。Sentinel-1A 和 Sentinel-1B 分别于 2014 年 4 月和 2016 年 4 月发射升空,预计在轨工作 7~12 年;Sentinel-1C 和 Sentinel-1D 的计划合同已经签定,具体发射时间待定。Sentinel-1 包含四种工作模式:条带模式(80km 幅宽,5m×5m 分辨率)、干涉宽幅模式(240km 幅宽,5m×20m 分辨率)、极宽幅模式(400km 幅宽)和海波模式(20km 幅宽,20m×5m 分辨率)。单星重访时间 12 天,两颗卫星以 180°的轨道相位差运行在同一个轨道上,将双星重访时间缩短到 6 天,加上其双极化测绘能力和精确的轨道控制技术,该系统将在海冰和极地观测、地质灾害监测、大场景制图、水体管理与土壤保护等方面发挥重要作用。图 1.20 为基于 Sentinel-1 数据得到的尼泊尔地震形变相位和南极冰川形变测量结果[111]。

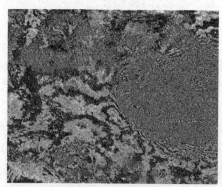

(a) 尼泊尔地震形变相位　　　　　　　　　(b) 南极冰川形变

图 1.20　基于 Sentinel-1 数据得到的形变相位和形变测量结果

10) TanDEM-L

TanDEM-L[112,113] 是 DLR 继 TanDEM-X 之后推出的新一代空间对地观测卫星系统,预计于 2022 年发射。如果说 TanDEM-X 的主要任务是获取地球的静态信息,即 WorldDEM,那么 TanDEM-L 的重点则是观测地球的动态信息,即地质灾害引起的形变和农作物、植被的长势,这些信息将为人类应对环境恶化所带来的问题提供重要的信息支撑。TanDEM-L 的主要任务有:全球森林量测绘及动态监控,从而更好地研究碳循环;系统的三维地形形变测量(毫米级精度),可以更好地进行地震研究和风险评估;精细地测量地表湿度,从而更好地研究水循环;高精度测量极地区域冰川的运动和融化过程,从而更好地预测海平面的上升程度。TanDEM-L 由两颗工作在 L 波段的 SAR 卫星组成,重访周期 8 天,较长的波长和较短的重访周期使得 TanDEM-L 相比 ERS-1/2 等系统能获取更细小和详细的地形形变信息。相比现有系统,TanDEM-L 采用了许多新技术:极化干涉测量用于森林高度的反演,三维地形形变测量技术、多航过相干层析技术用于植被和冰川垂直结构分布的构建,最新数字波束形成技术用于增加扫描幅宽和图像分辨率,基线可变的编队飞行技术用于更复杂的干涉实验。图 1.21 为 TanDEM-L 系统采用的两种主要工作模式。其中,图 1.21(a)是三维结构成像模式,该模式采用极化干涉技术和相干层析技术来测量树的高度信息和垂直结构分布信息;图 1.21(b)是形变测量模式,可以获取三维毫米级的地形形变信息。

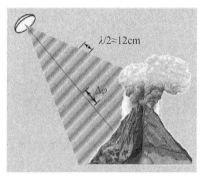

(a) 三维结构成像模式　　　　　　(b) 形变测量模式

图 1.21　TanDEM-L 采用的两种主要工作模式

TanDEM-L 将是继 SRTM 和 TanDEM-X 之后又一个具有里程碑意义的星载 InSAR 系统。地球的生态系统由很多生态圈及其之间错综复杂的关系组成。例如,生物圈、水圈和冰圈里的变化不仅会影响这些圈内部的平衡,也会影响大气层里的组成和变化;反过来,大气层里的变化会影响天气和气候,最终影响生物圈、水圈和冰圈。但目前对于这些复杂关系的了解和记录还不够充分,一个重要的原因就是这些复杂关系具有不同的空间时间特性,但相关的观测数据难以获取或者获取有限。对这些数据的获取,是一个连续、长期和系统的过程,只有这样才能够快速准确地检测出生物圈的变化。而目前的系统,无论是成像能力、测绘精度还是数据获取能力,都无法满足这一要求,而 TanDEM-L 的出现正好填补了这一空白。此外,TanDEM-L 还将用于获取全球数字地形模型(digital terrain model,DTM),该模型将是对 SRTM DEM 和 WorldDEM 的重要补充。科研人员对基于 SRTM X 波段获取的 DEM 进行研究后发现,由于 X 波段微弱的穿透性,植被区域的高程实际上是植被顶层以下 10%～20% 高度的高程信息,而非植被覆盖的地表高程,类似的情况在 TanDEM 的 WorldDEM 中也存在。尽管 TanDEM-X 对全球进行了至少两次测绘,但这两次都是在不同年份中相同的时间段进行的,因此,对于那些在第一次测绘中没有植被覆盖而在第二次测绘中长出植被的区域,无法得到它们的 DTM。而 TanDEM-L 工作在 L 波段,其具有较强的穿透能力,能够获取植被下地表反射的雷达回波,再加上多时相成像能力,能够同时获得 DEM 和 DTM (图 1.22 为 X 波段 DEM 和 L 波段 DTM 的对比图)。初步估计,TanDEM-L 获取的 DTM 精度标准和 WorldDEM 相同,它将为水文、冰川、冻土、林业和环境研究提供数据支撑。

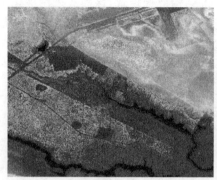
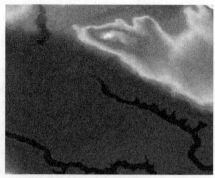

(a) X 波段 DEM   (b) L 波段 DTM

图 1.22 X 波段 DEM 和 L 波段 DTM 对比图

1.2.2 干涉相位滤波的发展现状

InSAR 相关处理技术是随着 InSAR 系统的发展而不断发展和完善的。20 世纪 80 年代,InSAR 相关处理技术的发展十分缓慢,一方面是在轨的 InSAR 系统较少并且能提供的数据有限,另一方面是由于当时 SAR 系统的性能指标无法满足 InSAR 的技术要求。20 世纪 90 年代,由于数据源的权限问题,这期间主要是 NASA 的部分学者开展了一些 InSAR 技术研究。例如,Zebker 等[114]基于机载 InSAR 数据获取的旧金山金门大桥附近地区的地形图,以及 Goldstein 等[28]利用 SEASAT 卫星数据获取的美国死亡谷 Cottonball 盆地的三维地形图。自 1991 年 ERS-1 卫星发射起,大量的星载和机载 InSAR 系统被研制出来并陆续投入使用,这些系统的成功发射为各国科研人员提供了大量可用于 InSAR 处理的数据,极大地促进了 InSAR 数据处理技术的发展。随后,各环节的数据处理算法如雨后春笋般涌现,对干涉相位滤波的研究主要也是从这个时候发展起来的,其主要干涉相位滤波算法的演变和发展史如图 1.23 所示。下面主要从时间先后顺序上对现有干涉相位滤波算法进行分类介绍。

1. 均值滤波和中值滤波

早期干涉相位滤波算法的研究主要围绕经典的均值滤波和中值滤波开展。从理论上讲,在平坦的同质区域,如果噪声是独立加性高斯噪声,那么均值滤波是最优的;如果噪声是拉普拉斯白噪声,那么中值滤波是最优的。但由于干涉相位的周期性(干涉相位缠绕在 $-\pi$ 和 π 之间),直接对干涉相位进行均值滤波或中值滤波会改变干涉相位的分布区间,这是不允许的。因此,干涉相位滤波都是先将干涉相位变换

图 1.23 主要干涉相位滤波算法的演变和发展史

MAP:最大后验(maximum a posteriori);MRF:可尔可夫随机场(Markov random field);IMAP:改进的最大后验(improved maximum a posteriori);ICI:置信区间交集(intersection of confidence intervals)

到复数域,然后基于整个复干涉相位或者复干涉相位的实部和虚部分别进行。

Eichel 等[115]和 Lanari 等[116]分别于 1993 年和 1996 年提出了基于复干涉相位

的圆周期均值滤波算法和圆周期中值滤波算法。算法的核心是计算滤波窗口内像元的主矢量,使得窗口内所有像素点以该主矢量为轴形成对称分布,然后进行滤波。Lee 等[117]将干涉相位噪声方差与经典的 Sigma 滤波算法和基于局部统计特性的滤波算法[118]关联起来,提出了适用于干涉相位滤波的两种改进算法,这两种算法都可以看做基于噪声方差的自适应均值滤波算法。Candeias 等[119]将形态学滤波算法和中值滤波算法应用到干涉相位滤波中,旨在滤除噪声的同时不损失有用信号。穆东等[120]考虑干涉相位的空变性,提出基于相干系数加权的鲁棒加权圆周期均值滤波算法,算法在干涉条纹连续性的保持上优于圆周期均值滤波算法。徐华平等[121]基于多视平均滤波(均值滤波)算法提出了极限平均视数的概念,并提出结合多视平均和非线性滤波的相位滤波算法。廖明生等[122]基于干涉相位的特点,提出基于中值滤波和梯度自适应加权滤波的二级干涉相位滤波算法。Yang 等[123]提出基于相干系数的加权最小二乘与自适应中值相结合的干涉相位滤波算法。葛仕奇等[124]提出一种基于最短子区间搜索的干涉相位模数估计算子对经典的模数滤波算法进行改进,进而提出一种局部相位中心随干涉相位质量自适应变化的中值滤波算法。2015 年,Pepe 等[125]提出一个非线性迭代均值滤波算法用以提高形变相位的相干性。

2. 基于最大似然的滤波算法

1992 年,Rodriguez 等[126]提出一种基于均值滤波的最大似然估计(maximum likelihood estimator,MLE)滤波算法。该算法需要同一场景的多个干涉相位数据作为输入,先分别对这些相位的实部和虚部进行均值滤波再将结果进行融合,最后用反正切函数得到最终滤波结果,滤波效果主要取决于干涉相位的数量。Seymour 等[127]基于圆高斯随机变量的假设提出了联合干涉相位滤波、相干系数估计和圆高斯信号方差估计的最大似然滤波算法,并推导了该算法的 Cramer-Rao 界限,后来该算法成为 NL-InSAR 算法的基础。Reeves 等[128]提出一种基于复干涉图幅度加权的最大似然相位滤波算法,并采用迭代的方式求解。Poggi 等[129]将无旋场假设作为先验条件结合最大似然滤波算法提出了 MAP 干涉相位滤波算法,这是关于利用 MAP 准则进行干涉相位滤波的最早报道。

3. 基于马尔可夫随机场的滤波算法

2002 年,Ferraiuolo 等[130]提出基于 MAP 和 MRF 的滤波算法,算法通过 MRF 的 Gibbs 模型引入无旋性和平滑性两个条件,确保在滤波的同时不改变条纹的分布。之后,Ferraiuolo 等[131]对该算法进行了改进和优化。Suksmono 等[132]提出了复马尔可夫随机场(complex-valued MRF,CMRF)的滤波算法,算法基于误差能量最小化准则先对不含残差点的部分利用 5 阶 CMRF 进行滤波,然后对包含残差点的部分进行更新。然而,该算法的滤波效果取决于模型参数估计的准确度,而且滤波后的相位仍然存在部分噪声。针对这些问题,Li 等[133]提出了质量图引导的改进算法,采用不规则窗和质量图引导来提升算法的滤波性能。

4. 基于条纹方向的滤波算法

Lee 等[134,135]验证了干涉相位的实数域加性相位噪声模型并提出基于局部统计特性的方向窗滤波算法,这就是经典的 Lee 干涉相位滤波算法。算法利用 16 个方向窗和极值准则确定干涉条纹的方向,然后沿该方向进行自适应维纳滤波。这种沿条纹方向进行平滑的滤波方式,无论在噪声滤除还是细节保持能力上都比均值滤波要好,并且为以后基于条纹方向的滤波算法的研究奠定了基础。全刚等[136]对 Lee 滤波算法进行了改进,在判断低相干区域的条纹方向时不仅利用方向窗还用到了相干系数图,最后沿着条纹方向进行简单的均值滤波,该算法比 Lee 滤波算法在密集条纹的处理上更有优势。Wu 等[137]提出改进的 Lee 滤波算法,用局部条纹频率估计和插值方法获得更加准确的条纹方向。于起峰[138]在电子散斑干涉测量研究中首次提出旋滤波的概念。之后,伏思华等[139]和邹博等[140]将旋滤波应用到干涉相位滤波中。2007 年,Yu 等[141]提出基于条纹方向和密度的自适应干涉相位旋滤波算法,算法对条纹的自适应性优于 Lee 算法。随后,Fu 等[142]对该算法进行了进一步优化。Lee 滤波算法在密集条纹和低相干区域无法准确判断条纹的方向,导致部分异质像素点参与了滤波,破坏了密集条纹。针对这个问题,Chao 等[143]利用阈值和更加精细的策略对异质像素点进行剔除,增强了 Lee 算法在密集条纹处理上的性能。

5. 基于傅里叶变换的滤波算法

1998 年,Goldstein 等[144]利用有用信号和噪声在频谱上的差异提出了首个频域干涉相位滤波算法——Goldstein 算法。算法基于有用信号的频谱是窄带信号、主要分布在低频而噪声是宽带信号这一特点,对干涉相位的频谱进行加权从而抑制噪声,算法特别适合处理条纹密集区域。但由于滤波幂指数是固定的,算法缺乏自适应性。Baran 等[145]将相干系数作为自适应因子引入 Goldstein 滤波算法中,提高了算法的自适应能力,在一定程度上避免了高相干区域的过滤波和低相干区域的欠滤波问题。Li 等[146]考虑干涉相位视数的影响将噪声标准差作为自适应因子引入 Goldstein 算法,并通过一个经过仿真确定的幂指数来增加新算法的自适应性。Sun 等[147]利用噪声方差自适应地确定了 Goldstein 算法中的滤波幂指数和图像块大小。Zhao 等[148]基于 Baran 算法中相干系数是有偏的这一问题,提出基于伪相干系数的自适应迭代 Goldstein 算法。Jiang 等[149]对现有各改进 Goldstein 算法进行总结,指出用于滤波的指标的有偏估计和这些指标与滤波参数之间关系的复杂性是这些算法的问题所在。之后,用一个无偏估计器估计相干系数进而得到噪声的标准差,并用仿真的方式确定噪声标准差和滤波参数之间的多项式关系,算法无论在同质区域还是复杂的异质区域都优于现有各改进 Goldstein 算法。不久,Jiang 等[150]又提出另一个无偏相干系数估计算法并将之用于提升 Baran 算法的性能。Song 等[151]提出了基于自适应邻域(adaptive neighborhood,AN)的 Goldstein 滤波算法,算法先对所有像素点进行 AN 分类,然后用同一类的像素对应的相干系数作为滤波参数。干涉相位与实际地形高程是相关的,因此是非平稳信号。基于此,Qian[152]将加窗傅里叶变换(windowed Fourier transform,WFT)应用于干涉相位滤波提出两个算法:加窗傅里叶脊(windowed Fourier ridges,WFR)和加窗傅里叶滤波(windowed Fourier filtering,WFF),这是将加窗傅里叶变换用于干涉相位滤波的首次报道。基于 WFF 算法中滤波阈值固定的问题,Fattahi 等[153]提出基于自适应阈值的改进算法。郭媛等[154]利用快速傅里叶变换(fast fourier transform,FFT)算法提升了 WFF 算法的效率。

6. 基于小波变换的滤波算法

2002 年,López-Martínez 等[155]推导出复干涉相位的分布模型,并在分析模型统计特性的基础上提出了首个基于小波变换的干涉相位滤波算法(wavelet interferometric phase filter,WInPF)。该算法不同于以往基于窗口的滤波算法,能够在有效滤除噪声的同时不损失有用信号的细节信息,并且可以避免低相干区域的处理。岳焕印等[156,157]提出两种基于静态小波分解的干涉相位滤波算法。汪鲁才等[158]提出一种基于小波包分析的干涉相位滤波算法,算法中采用熵标准实现最佳的信号和噪声分离。王沛等[159]提出了基于贝叶斯阈值的静态小波域干涉相位滤波算法,算法能够自适应地计算贝叶斯阈值用于分类静态小波系数,并根据相干系数自适应地选择小波变换的最优尺度。何敏等[160]提出基于小波域隐马尔可夫树(hidden Markov tree,HMT)模型的干涉相位滤波算法。Zha 等[161]提出了结合小波包变换和维纳滤波的相位滤波算法。Bian 等[162]提出两个基于检测与估计理论的小波域干涉相位滤波算法。

7. 基于条纹频率估计的滤波算法

1995 年,Spagnolini[163]首次提出基于局部条纹频率估计的算法。Trouvé 等[164,165]利用该算法进行了相位滤波。朱岱寅等[166]用 Chirp-Z 变换提高了局部频率的估计精度和效率。Cai 等[167]提出基于局部条纹频率估计的多分辨率干涉相位滤波算法,算法根据相干积累原理能自适应地调整用于条纹频率估计的窗口形状和大小。Suo 等[168]利用包含预滤波、局部条纹补偿、局部相位解缠和无效频率剔除的技术,提高了局部条纹频率估计的精度。

8. 基于多项式的滤波算法

2002 年,Ma 等[169]首次将基于多项式拟合的算法用于干涉相位滤波。郭春生等[170]利用相位差分算子[171]来估计大干涉相位数据块的多项式模型系数。Bioucas-Dias 等[172]基于局部多项式拟合和 ICI 算法提出了著名的基于局部平滑和自适应正则化的相位估计(phase estimation using adaptive regularization based on local smoothing,PEARLS)滤波算法,特别适合陡峭地形的处理。

9. 基于"分而治之"策略的滤波算法

2006 年,靳国旺等[173]将无线电技术中的零中频概念引入相位滤波中,提出了零中频矢量滤波算法。Meng 等[174]提出基于分步处理的相位滤波算法,算法将干涉相位分解为一个低频部分和一个高频部分,然后用两个滤波算法对这两部分分别进行处理并将结果相加。Wang 等[175]结合空域滤波和频域滤波提出自适应的快速相位滤波算法。

10. 基于同质点检测的滤波算法

2006 年,Vasile 等[176]提出基于强度图像的 AN 干涉相位滤波算法,该算法基于 SAR 强度图像和区域增长算法为每一个干涉相位中的像素点确定其 AN,然后用这些邻域内的同质像素点进行均值或者维纳滤波,从而在去噪的同时避免分辨率的损失。Deledalle 等[177,35]基于非局部均值技术提出了 NL-InSAR 滤波算法,该算法是一个加权迭代最大似然滤波算法,能够联合估计 SAR 图像、干涉相位和相干系数图。算法的本质仍然是寻找同质像素点进行平均,但由于采用了非局部技术,NL-InSAR 算法的性能大大超越了以往所有滤波算法。不久,Deledalle 等[178]对 NL-InSAR 算法进行了优化。Parizzi 等[179]和 Ferretti 等[180]基于相同的思路进行了研究,分别提出自适应均值滤波算法和 DespecKS 算法。郭交等[181]提出一种基于区域增长策略的滤波算法,算法基于相位变化最小的准则寻找同质像素点然后进行平均。Chen 等[182]还提出基于 t 分布(t-distribution)的迭代非局部均值相位滤波算法。Schmitt 等[183]提出了用于小数据集机载 InSAR 数据的自适应滤波算法。Zhu 等[31]将 NL-InSAR 滤波算法应用到 TanDEM-X 的数据处理中并提出两点改进:①计算基于图像块的相似性时加入了图像块中几何结构对称性的影响;②补偿有相位差的相似像素点。改进后的算法能够检测出更多的同质像素点,从而提高了算法的滤波性能。这是 DLR 首次将一个滤波算法进行改进并且应用到 TanDEM-X 数据的处理中,之后一直致力于该算法的优化[31,32,38,39,184]。Cao 等[185]将相干系数和欧几里得中值(Euclidean median)引入处理光学图像的基于块局部最优维纳(patch-based locally optimal Wiener,PLOW)算法[186]得到了适合干涉相位滤波的算法,算法能够自适应地跳过低相干区域而有效地滤除其他区域的噪声。Li 等[187]提出一个适用于城区、植被等异质场景的非局部均值滤波算法,该算法利用相干系数、干涉相位和 SAR 强度图像的联合分布函数作为检测同质像素点的依据。Lin 等[188]提出一种基于高阶奇异值分解与维纳滤波相结合的非局部均值滤波算法。

11. 基于稀疏的滤波算法

2015 年,Hao 等[36]提出第一个基于稀疏编码的干涉相位滤波算法 SpInPHASE。该算法先将复干涉相位进行分块,然后对这些分块用原子进行稀疏表示。为了达到最优的去噪效果,这些原子需要不断地进行迭代更新,算法具有极强的去噪能力和相位跳变的保持能力,性能优于 NL-InSAR 算法。Xu 等[189]利用小波变换的稀疏性和干涉数据的相干性,提出了基于小波域稀疏表示的 MAP 相位滤波算法。该算法先对 SAR 幅度图像和干涉相位在小波域进行联合稀疏表示,然后验证小波域图像服从复拉普拉斯分布的特性,并以该分布作为先验信息进行联合 SAR 图像相干斑抑制和干涉相位滤波处理,算法无论在自然场景还是在城区都有很好的滤波效果。

12. 滤波结果评价指标

残差点是影响相位解缠进而降低 DEM 和形变精度的重要原因,也是评价相位滤波算法性能的重要指标。1998 年,Ghiglia 等[190]对残差点的定义进行了详细介绍。2004 年,Li 等[191]提出了新的滤波评价指标——绝对相位梯度和(sum of phase difference,SPD)。该指标以每个像素点与相邻像素点的绝对梯度为基础,由于噪声会增大像素点与相邻像素点的梯度(统计意义上),因此该指标能反映相位中的噪声水平。

1.3　本书内容安排

通过对国内外研究现状的总结可以看出,国外在机载与星载 InSAR 系统的发展上具有很强的规划性和传承性,先进的软硬件技术得以积累。其目前的在轨系统无论从精度还是从稳定性上都已经达到很高的水平,这些系统获取的大量实测数据支撑着 InSAR 处理技术的全面发展。纵观国际上原创的干涉相位滤波算法,大部分都是国外科研人员在这些数据的基础上提出来的。反观国内,在机载 InSAR 系统的研制上起步较晚并且目前还没有能进行全球测绘的星载 InSAR 系统。受制于数据源,在算法研究上与国外先进水平差距仍然较大,大部分算法仍然以改进现有算法为主。本书以实际工程应用为导向,针对海量实测数据处理的高效高精度需求,提出一些新的算法。全书共 6 章,各章节的主要内容安排如下。

第 1 章总结国内外主要的机载、星载 InSAR 系统和干涉相位滤波算法的发展现状,指出当前干涉相位滤波算法用于海量实测数据处理时存在的问题,并介绍本书的研究内容。

第 2 章是 InSAR 原理和干涉相位统计特性。介绍 InSAR 的几何原理和全流程数据处理的主要步骤,分析干涉相位的统计特性和干涉相位滤波的原理。

第 3 章首先从干涉相位的噪声模型、噪声类型、滤波目的等方面对干涉相位滤波独有的特点进行系统总结;其次,将现有主要和重要的干涉相位滤波算法分成空域算法、变换域算法和基于"分而治之"策略的算法三大类,对这些算法的基本原理和算法步骤进行详细介绍,并对算法的本质和缺点进行分析说明。对迭代滤波的类型和原理进行介绍,同时指出,作为一种简单而实用的方法,许多干涉相位滤波算法都采用迭代滤波;再次,对现有干涉相位滤波结果评价方法进行总结,详细介绍现有定量评价指标,首次提出绝对滤波力度、相对滤波力度、噪声抑制能力和细节保持能力 4 个评价指标,并基于前人的工作对 4 个指标进行定量化,使之能用于滤波结果的定量比较;最后,利用仿真数据展示部分评价指标的作用和部分算法的性能。

第 4 章研究改进的基于块局部最优维纳(modified PLOW,MPLOW)算法。首先,给出 PLOW 算法介绍,并对 PLOW 算法如何利用几何相似性和灰度相似性来获取高精度滤波结果进行详细说明;其次,对 PLOW 算法不适用于干涉相位滤波的原因进行详细分析,提出基于相干系数的图像块分类、基于相干系数加权的类均值估计和基于局部自适应均值的类噪声协方差估计的 3 个针对性的改进措施,得到适用于干涉相位滤波的 MPLOW 算法;最后,利用仿真数据和实测数据对 MPLOW 算法的性能进行验证。实验结果表明,MPLOW 算法的滤波精度接近 SpInPHASE 算法,但前者的效率约为后者的 6.6 倍。

第 5 章研究基于 Twicing 迭代滤波的自适应空频干涉相位(adaptive spatial and frequency domains interferometric phase filter,ASFIPF)滤波算法。首先,对 3 个基于"分而治之"策略的干涉相位滤波算法进行回顾和分析,指出这些算法存在的问题:一是这些算法提取相位信号低频分量的手段未能充分利用信号和噪声在频域不同的统计特性以及对噪声鲁棒性差;二是这些算法提取相位信号高频分量的手段不够精细。其次,针对存在的问题,提出 ASFIPF 算法。算法在提取相位信号低频分量时采用基于频域坐标的频谱幅度硬阈值处理和频谱幅度指数操作,在提取相位信号高频分量时采用改进的快速非局部均值算法。为了得到高精度的滤波结果,部分滤波参数与相干系数和伪相干系数关联起来,其他滤波参数通过仿真数据和 2σ 准则、最小方差准则来确定。最后,利用仿真数据和实测数据对 ASFIPF 算法的性能进行验证。实验结果表明,ASFIPF 算法的滤波精度与

SpInPHASE 算法相近,甚至在很多情况下都优于 SpInPHASE 算法,并且 ASFIPF 算法的效率是 SpInPHASE 算法的 93.7 倍。

第6章研究基于 Twicing 迭代滤波的自适应频域迭代干涉相位(adaptive and iterative phase filtering in the frequency domain,AIPFFD)滤波算法。首先,基于现有频域迭代滤波算法,确定基于频域坐标的频谱幅度硬阈值处理和频谱幅度指数操作的迭代滤波框架,并用一个仿真数据分析该迭代滤波的有效性和局限性。其次,为达到高效高精度的目的,提出 AIPFFD 算法。AIPFFD 算法只进行 2 次滤波,通过相同的滤波框架和不同的滤波参数快速获取高精度的滤波结果。算法的部分滤波参数与相干系数和伪相干系数关联起来,其他滤波参数通过仿真数据和 2σ 准则、最小方差准则来确定。最后,利用仿真数据和实测数据对 AIPFFD 算法的性能进行验证。实验结果表明,AIPFFD 算法的滤波精度与 SpInPHASE 算法相近,甚至在部分情况下优于 SpInPHASE 算法,并且 AIPFFD 算法的效率是 SpInPHASE 算法的 47.5 倍。

参 考 文 献

[1] Wiley C A. Synthetic aperture radars: A paradigm for technology evolution[J]. IEEE Transactions on Aerospace and Electronic Systems,1985,21(3):440—443.

[2] Brown W E. Applications of Seasat SAR digitally corrected imagery for sea ice dynamics [C]//Proceedings of American Geophysical Union Spring 1981 Meeting,Baltimore,1981.

[3] Elachi C. Spaceborne imaging radar: Geologic and oceanographic applications[J]. Science, 1980,209(4461):1073—1082.

[4] Evans D L, Alpers W, Cazenave A, et al. Seasat-A 25-year legacy of success[J]. Remote Sensing of Environment,2005,94(3):384—404.

[5] Elachi C. Spaceborne Radar Remote Sensing:Applications and Techniques[M]. New York: IEEE Press,1988.

[6] Curlander J C, McDonough R N. Synthetic Aperture Radar: Systems and Signal Processing [M]. New York:John Wiley,1991.

[7] Henderson F M, Lewis A J. Manual of Remote Sensing: Principles and Applications of Imaging Radar[M]. New York:John Wiley,1998.

[8] Rogers A E, Ingalls R P. Venus:Mapping the surface reflectivity by radar interferometry[J]. Science,1969,165(3895):797—799.

[9] Zisk S H. A new earth-based radar technique for the measurement of lunar topography[J]. The Moon,1972,4(3):296—300.

[10] Shapiro I I, Zisk S H, Rogers A E E,et al. Lunar topography:Global determination by radar [J]. Science,1972,178(4064):939—948.

[11] Bamler R, Hartl P. Synthetic aperture radar interferometry[J]. Inverse Problems,1998, 14(4):R1—R54.

[12] Massonnet D,Rossi M,Carmona C,et al. The displacement field of the landers earthquake mapped by radar interferometry[J]. Nature,1993,364(6433):138—142.

[13] Wadge G. A strategy for the observation of volcanism on earth from space[J]. Philosophical Transactions of the Royal Society of London,2003,361(1802):145—156.

[14] Massonnet D,Briole P,Arnaud A. Deflation of Mount Etna monitored by spaceborne radar interferometry[J]. Nature,1995,375(6532):567—570.

[15] Rosen P A,Hensley S,Zebker H A,et al. Surface deformation and coherence measurements of Kilauea Volcano, Hawaii, from SIR-C radar interferometry[J]. Journal of Geophysical Research Atmospheres,1996,101(E10):23109—23126.

[16] Stevens N F, Wadge G. Towards operational repeat-pass SAR interferometry at active volcanoes[J]. Natural Hazards,2004,33(1):47—76.

[17] Wright T J, Ebinger C, Biggs J, et al. Magma-maintained rift segmentation at continental rupture in the 2005 afar dyking episode[J]. Nature,2006,442(7100):291—294.

[18] Tomás R, Márquez Y, Lopez-Sanchez J M, et al. Mapping ground subsidence induced by aquifer overexploitation using advanced differential SAR interferometry:Vega media of the Segura River(SE Spain) case study[J]. Remote Sensing of Environment, 2005, 98(2/3): 269—283.

[19] Herrera G, Tomás R, Lopez-Sanchez J M, et al. Advanced DInSAR analysis on mining areas:La Union case study(Murcia, SE Spain)[J]. Engineering Geology, 2007, 90(3/4): 148—159.

[20] Tomás R, Romero R, Mulas J, et al. Radar interferometry techniques for the study of ground subsidence phenomena:A review of practical issues through cases in Spain[J]. Environmental Earth Sciences,2014,71(1):163—181.

[21] Colesanti C,Wasowski J. Investigating landslides with space-borne synthetic aperture radar (SAR)interferometry[J]. Engineering Geology,2006,88(3):173—199.

[22] Herrera G,Tomás R,Vicente F,et al. Mapping ground movements in Open Pit mining areas using differential SAR interferometry[J]. International Journal of Rock Mechanics and Mining Sciences,2010,47(7):1114—1125.

[23] Tomás R,Li Z,Liu P,et al. Spatiotemporal characteristics of the Huangtupo Landslide in the Three Gorges Region(China) constrained by radar interferometry[J]. Geophysical Journal International,2014,197(1):213—232.

[24] Goldstein R M,Engelhardt H,Kamb B,et al. Satellite radar interferometry for monitoring ice sheet motion:Application to an Antarctic ice streamy[J]. Science, 1993, 262(5139): 1525—1530.

[25] Tomás R,García-Barba J,Cano M,et al. Subsidence damage assessment of a gothic church using differential interferometry and field data[J]. Structure Health Monitoring, 2012, 11(6):751—762.

[26] Yu B,Liu G X,Zhang R,et al. Monitoring subsidence rates along road network by persistent scatterer SAR interferometry with high-resolution TerraSAR-X imagery[J]. Journal of

Modern Transportation,2013,21(4):236—246.

[27] Herrera G,Tomás R,Monells D,et al. Analysis of subsidence using TerraSAR-X data: Murcia case study[J]. Engineering Geology,2010,116(3/4):284—295.

[28] Goldstein R M,Zebker H A,Werner C L. Satellite radar interferometry:Two-dimensional phase unwrapping[J]. Radio Science,1988,23(4):713—720.

[29] Rabus B,Eineder M,Roth A,et al. The shuttle radar topography mission—A new class of digital elevation models acquired by spaceborne radar[J]. ISPRS Photogrammetry and Remote Sensing,2003,57(4):241—262.

[30] Krieger G,Moreira A,Fiedler H,et al. TanDEM-X:A satellite formation for high-resolution SAR interferometry[J]. IEEE Transactions on Geoscience and Remote Sensing,2007, 45(11):3317—3341.

[31] Zhu X X,Bamler R,Lachaise M,et al. Improving TanDEM-X DEMs by non-local InSAR filtering[C]//Proceedings of the 10th European Conference on Synthetic Aperture Radar, Berlin,2014:1125—1128.

[32] Zhu X X,Lachaise M,Adam F,et al. Beyond the 12m TanDEM-X DEM[C]//Proceedings of the 2014 IEEE International Geoscience and Remote Sensing Symposium,Berlin,2014.

[33] http://www. geo-airbusds. com/worlddem[2016-09-05].

[34] Lachaise M,Fritz T. Update of the interferometric processing algorithms of the TanDEM-X high resolution DEMs[C]//Proceedings of the 11th European Conference on Synthetic Aperture Radar,Berlin,2016:554—557.

[35] Deledalle C A,Denis L,Tupin F. NL-InSAR:Nonlocal interferogram estimation[J]. IEEE Transactions on Geoscience and Remote Sensing,2011,49(4):1441—1452.

[36] Hao H X,Bioucas-Dias J M,Katkovnik V. Interferometric phase image estimation via sparse coding[J]. IEEE Transactions on Geoscience and Remote Sensing, 2015, 53 (5): 2587—2602.

[37] Buades A,Coll B,Morel J M. A review of image denoising algorithms,with a new one[J]. SIAM Journal on Multiscale Modeling and Simulation,2005,4(2):490—530.

[38] Shi Y L,Zhu X X,Bamler R. Optimized parallelization of non-local means filter for image noise reduction of InSAR image[C]//Proceedings of the 2015 IEEE International Conference on Information and Automation,Lijiang,2015.

[39] Baier G,Zhu X X,Lachaise M,et al. Nonlocal InSAR filtering for DEM generation and addressing the staircasing effect[C]//Proceedings of the 11th European Conference on Synthetic Aperture Radar,Berlin,2016.

[40] 黄海风. 分布式星载 SAR 干涉测高系统技术研究[D]. 长沙:国防科学技术大学博士学位论文,2005.

[41] 孙造宇. 星载分布式 InSAR 信号仿真与处理研究[D]. 长沙:国防科学技术大学博士学位论文,2007.

[42] 张永胜. 星载分布式 InSAR 概念系统结构与误差研究[D]. 长沙:国防科学技术大学博士学位论文,2007.

[43] 王青松. 天基 InSAR 系统性能分析与仿真技术研究[D]. 长沙:国防科学技术大学硕士学位论文,2008.

[44] 蔡斌. 分布式星载 InSAR 与 SAR-GMTI 信号处理研究[D]. 长沙:国防科学技术大学博士学位论文,2009.

[45] 孟智勇. 分布式卫星 InSAR 系统性能分析与仿真技术研究[D]. 长沙:国防科学技术大学硕士学位论文,2010.

[46] 李廷伟. 单/双基地极化干涉 SAR 信号建模、检测及参数反演算法研究[D]. 长沙:国防科学技术大学博士学位论文,2010.

[47] 韦海军. 星载 SAR 干涉测量 DEM 精度提高数据处理技术[D]. 长沙:国防科学技术大学博士学位论文,2011.

[48] 王青松. 星载干涉合成孔径雷达高效高精度处理技术研究[D]. 长沙:国防科学技术大学博士学位论文,2011.

[49] 张永俊. 星载分布式 InSAR 系统误差理论与优化设计算法研究[D]. 长沙:国防科学技术大学博士学位论文,2011.

[50] http://www. tsgc. utexas. edu/trcp/airsar. html[2016-09-05].

[51] Rosen P A, Hensley S, Wheeler K, et al. UAVSAR:A new NASA airborne SAR system for science and technology research[C]//Proceedings of the 2006 IEEE Radar Conference,New York,2006.

[52] https://www. nasa. gov/topics/earth/features/UAVSARimage20100623. html[2016-09-05].

[53] http://www. dlr. de/hr/en/desktopdefault. aspx/tabid-2326/3776_read-5679/[2016-09-05].

[54] Schwäbisch M,Moreira J. The high resolution airborne interferometric SAR AeS-1[C]// Proceedings of the 4th International Airborne Remote Sensing Conference and Exhibition/ 21st Canadian Symposium on Remote Sensing,Ottawa,1999.

[55] Wimmer C,Siegmund R,Schwäbisch M,et al. Generation of high precision DEMs of the Wadden Sea with airborne interferometric SAR[J]. IEEE Transactions on Geoscience and Remote Sensing,2000,38(5):2234—2245.

[56] Zebker H A,Madsen S N,Martin J,et al. The TOPSAR interferometric radar topographic mapping instrument[J]. IEEE Transactions on Geoscience and Remote Sensing, 1992, 30(5):933—940.

[57] Madsen S N,Martin J M,Zebker H A. Analysis and evaluation of the NASA/JPL TOPSAR across-track interferometric SAR system[J]. IEEE Transactions on Geoscience and Remote Sensing,1995,33(2):383—391.

[58] Perna S,Berardino P,Britti F,et al. Capabilities of the TELAER airborne SAR system upgraded to the multi-antenna mode[C]//Proceedings of the 2012 IEEE International Geoscience and Remote Sensing Symposium,Munich,2012.

[59] Perna S,Amaral T,Berardino P,et al. TELAER airborne SAR system upgraded to the interferometric mode:Flight-test results[C]//Proceedings of the 2014 IEEE International Geoscience and Remote Sensing Symposium,Berlin,2014.

[60] Cantalloube H,Dubois-Fernandez P. Airborne X-band SAR imaging with 10cm resolution

technical challenges and preliminary results［C］//Proceedings of the 5th European Conference on Synthetic Aperture Radar,Ulm,2004.

［61］ Dupuis X, Angelliaume S, Oriot H, et al. Very high resolution interferogram acquisition campaign and processing[C]//Proceedings of the 2007 IEEE International Geoscience and Remote Sensing Symposium,Barcelona,2007.

［62］ Bonin G,Dreuillet P. The airborne SAR-system:SETHI-airborne microwave remote sensing imaging system[C]//Proceedings of the 7th European Conference on Synthetic Aperture Radar,Friedrichshafen,2008.

［63］ Bonin G, Dubois-Fernandez P, Dreuillet P, et al. The new ONERA multispectral airborne SAR system in 2009[C]//Proceedings of the 2009 IEEE International Radar Conference, Pasadena,2009.

［64］ Kobayashi T,Umehara T,Satake M,et al. Airborne dual-frequency polarimetric and inter-ferometric SAR[J]. IEICE Transactions on Communications,2000,E83B(9):1945—1954.

［65］ Uratsuka S,Satake M,Kobayashi T,et al. High-resolution dual-bands interferometric and polarimetric airborne SAR(Pi-SAR)and its applications[C]//Proceedings of the 2002 IEEE International Geoscience and Remote Sensing Symposium,Toronto,2002.

［66］ Nadai A,Uratsuka S,Umehara T,et al. Development of X-band airborne polarimetric and interferometric SAR with sub-meter spatial resolution[C]//Proceedings of the 2009 IEEE International Geoscience and Remote Sensing Symposium,Cape Town,2009.

［67］ Fujimura T,Ono K,Nagata H,et al. A new small airborne SAR based on Pi-SAR2[C]//Proceedings of the 2013 IEEE International Geoscience and Remote Sensing Symposium, Melbourne,2013.

［68］ Esposito C,Amaral T,Lanari R,et al. Generation of high resolution interferograms in urban areas via airborne SAR sensors[C]//Proceedings of the Joint Urban Remote Sensing Event 2013,São Paulo,2013.

［69］ Fornaro G, Lanari R, Sansosti E, et al. Airborne differential interferometry:X-band experiments［C］//Proceedings of the 2004 IEEE International Geoscience and Remote Sensing Symposium,Anchorage,2004.

［70］ Gamara de Macedo K A,Wimmer C,Barreto T L M,et al. Long-term airborne DInSAR measurement at X-and P-bands:A case study on the application of surveying geohazard threats to pipelines[J]. IEEE Journal of Selected Topics in Applied Earth Observations and Remote Sensing,2012,5(3):990—1005.

［71］ 安道祥. 高分辨率 SAR 成像处理技术研究[D]. 长沙:国防科学技术大学博士学位论文,2011.

［72］ 王亮. 基于实测数据的机载超宽带合成孔径雷达信号处理技术研究[D]. 长沙:国防科学技术大学博士学位论文,2007.

［73］ 王亮,张禹田. 机载重航过超宽带 InSAR 干涉图生成[J]. 无线电工程,2009,39(5):10—13.

［74］ Jordan R L. The Seasat-A synthetic aperture radar system[J]. IEEE Journal of Oceanic

Engineering,1980,5(2):154—164.

[75] NASA. Press kit of SeaSat-A. http://www. scribd. com/doc/48929892/Seasat-A-Press-Kit [2016-09-06].

[76] Gabriel A K, Goldstein R M, Zebker H A. Mapping small elevation changes over large areas:Differential radar interferometry[J]. Journal of Geophysical Research Atmospheres, 1989,94(B7):9183—9191.

[77] Garrett D,Young D,White T. STS-2,second space shuttle mission. http://www. jsc. nasa. gov/history/shuttle_pk/pk/Flight_002_STS-002_Press_Kit. pdf[2016-09-06].

[78] Cimino J,Elachi C,Settle M. SIR-B the second shuttle imaging radar experiment[J]. IEEE Transactions on Geoscience and Remote Sensing,1986,GE-24(4):445—452.

[79] Jordan R L,Huneycutt B L,Werner M. The SIR-C/X-SAR synthetic aperture radar system [J]. Proceedings of the IEEE,1991,33(4):829—839.

[80] Stofan E R, Evans D L, Schmullius C, et al. Overview of results of spaceborne imaging radar-C, X-band synthetic aperture radar (SIR-C/X-SAR) [J]. IEEE Transactions on Geoscience and Remote Sensing,1995,33(4):817—828.

[81] Duchossois G. The ERS-1 mission objectives[J]. Magazine ESA Bulletin,1991,65:16—26.

[82] Ege H. Industrial cooperation on ERS-1[J]. Magazine ESA Bulletin,1991,65:88—94.

[83] Francis C R,Graf G,Edwards P G,et al. The ERS-2 spacecraft and its payload[J]. Magazine ESA Bulletin,1995,83:13—31.

[84] Duchossois G,Martin P. ERS-1 and ERS-2 tandem operations[J]. Magazine ESA Bulletin, 1995,83:54—60.

[85] Ferretti A, Prati C, Rocca F. Permanent scatterers in SAR interferometry [J]. IEEE Transactions on Geoscience and Remote Sensing,2001,39(1):8—20.

[86] Lanari R, Mora O, Manunta M, et al. A small-baseline approach for investigating deformations on full-resolution differential SAR interferograms[J]. IEEE Transactions on Geoscience and Remote Sensing,2004,42(7):1377—1386.

[87] Ferretti A,Prati C,Rocca F. Permanent scatterers in SAR interferometry[C]//Proceedings of the 1999 IEEE International Geoscience and Remote Sensing Symposium,Hamburg,1999.

[88] Wan J S, Won J S, Lee H J, et al. SAR investigation over the Baegdu Stratovolcanic Mountain:Preliminary results[C]//Proceedings of the 2000 IEEE International Geoscience and Remote Sensing Symposium,Hawaii,2000.

[89] Mora O, Mallorqui J J, Duro J, et al. Long-term subsidence monitoring of urban areas using differential interferometric SAR techniques[C]//Proceedings of the 2001 IEEE International Geoscience and Remote Sensing Symposium,Sydney,2001.

[90] Chang H C, Ge L L, Rizos C. ERS tandem DInSAR:The change of ground surface in 24 hours[C]//Proceedings of the 2005 IEEE International Geoscience and Remote Sensing Symposium,Seoul,2005.

[91] Nitti D, Bovenga F, Nutricato R, et al. InSAR derived deformation patterns related to the Aigion Earthquake(Greece)[C]//Proceedings of the 2006 IEEE International Geoscience

and Remote Sensing Symposium, Denver, 2006.

[92] Werner M. Shuttle radar topography mission(SRTM)-mission overview[C]//Proceedings of the 3rd European Conference on Synthetic Aperture Radar, Munich, 2000:209—212.

[93] Werner M. Shuttle radar topography mission(SRTM): Mission overview[J]. Frequenz, 2001,55(3/4):75—79.

[94] Hamazaki T. Overview of the advanced land observing satellite(ALOS): Its mission requirements, sensors, and a satellite system[C]//Proceedings of the ISPRS Joint Workshop Sensors and Mapping from Space 1999, International Society for Photogrammetry and Remote Sensing(ISPRS), Hannover, 1999.

[95] Hashimoto M, Enomoto M, Fukushima Y. Coseismic deformation from the 2008 Wenchuan, China, earthquake derived from ALOS/PALSAR images[J]. Tectonophysics, 2010, 491(1): 59—71.

[96] Tobita M, Nishimura T, Kobayashi T, et al. Estimation of coseismic deformation and a fault model of the 2010 Yushu earthquake using PALSAR interferometry data[J]. Earth and Planetary Science Letters, 2011, 307(3):430—438.

[97] https://www.asf.alaska.edu/sar-data/palsar/[2016-09-07].

[98] http://www.aw3d.jp/en/[2016-09-07].

[99] Shimada M. Advanced land observation satellite(ALOS)and its follow-on satellite, ALOS-2 [C]//Proceedings of the 4th International PolInSAR 2009 Workshop, Frascati, 2009: 26—30.

[100] Lindsey E O, Natsuaki R, Xu X H, et al. Line of sight displacement from ALOS-2 interferometry: Mw 7.8 Gorkha Earthquake and Mw 7.3 Aftershock[J]. Geophysical Research Letters, 2015, 42(16):6655—6661.

[101] Parashar S, Srivastava S, Mahmood A, et al. RADARSAT-1 mission[C]//Proceedings of the 2012 IEEE International Geoscience and Remote Sensing Symposium, Munich, 2012.

[102] Morena L C, James K V, Beck J. An introduction to the RADARSAT-2 mission[J]. Canadian Journal of Remote Sensing, 2004, 30(3):221—234.

[103] Forster R R, Jezek K C, Koenig L, et al. Measurement of glacier geophysical properties from InSAR wrapped phase[J]. IEEE Transactions on Geoscience and Remote Sensing, 2003, 41(11):2595—2604.

[104] COSMO-SkyMedmission-COSMO-SkyMed system description & user guide. http://www.egeos.it/products/pdf/csk-user_guide.pdf[2016-09-08].

[105] https://directory.eoportal.org/web/eoportal/satellite-missions/c-missions/cosmo-skymed [2016-09-08].

[106] Krieger G, Hajnsek I, Papathanassiou K, et al. Interferometric synthetic aperture radar (SAR)missions employing formation flying[J]. Proceedings of the IEEE, 2010, 98(5): 816—843.

[107] Zink M, Bachmann M, Brautigam B, et al. TanDEM-X: The new global DEM takes shape [J]. IEEE Geoscience and Remote Sensing Magazine, 2014, 2(2):8—23.

[108] Tridon D B, Bachmann M, Martone M, et al. The future of TanDEM-X: Final DEM and beyond[C]//Proceedings of the 11th European Conference on Synthetic Aperture Radar, Berlin, 2016.

[109] Davidson M W J, Attema E, Rommen B, et al. ESA Sentinel-1 SAR mission concept[C]// Proceedings of the 6th European Conference on Synthetic Aperture Radar, Dresden, 2006.

[110] Attema E, Davidson M, Snoeij P, et al. Sentinel-1 mission overview[C]//Proceedings of the 2009 IEEE International Geoscience and Remote Sensing Symposium, Cape Town, 2009.

[111] Nagler T, Rott H, Hetzenecker M, et al. Monitoring ice motion of the Antarctic and Greenland ice sheets at high spatial and temporal resolution by means of Sentinel-1 SAR [C]//Proceedings of the Living Planet Symposium 2016, Prague, 2016.

[112] Moreira A, Hajnsek I, Krieger G, et al. TanDEM-L: Monitoring the earth's dynamics with InSAR and Pol-InSAR[C]//Proceedings of the 4th International Workshop on Science and Applications of SAR Polarimetry and Polarimetric Interferometry, Frascati, 2009.

[113] Moreira A, Krieger G, Hajnsek I, et al. TanDEM-L: A highly innovative bistatic SAR mission for global observation of dynamic processes[J]. IEEE Geoscience and Remote Sensing Magazine, 2015, 3(2): 8—23.

[114] Zebker H A, Goldstein R M. Topographic mapping from interferometric SAR observations [J]. Journal of Geophysical Research, 1986, 91: 4993—5001.

[115] Eichel P H, Ghiglia D C, Jakowatz C V J. Spotlight SAR interferometry for terrain elevation mapping and interferometric change detection[R]. Albuquerque: Sandia National Labs, 1993.

[116] Lanari R, Fornaro G, Riccio D, et al. Generation of digital elevation models by using SIR-C&X-SAR multifrequency two-pass interferometry: The Etna case study[J]. IEEE Transactions on Geoscience and Remote Sensing, 1996, 34(5): 1097—1114.

[117] Lee J S, Ainsworth T L, Grunes M R, et al. Noise filtering of interferometric SAR images [C]//Proceedings of the 1994 SPIE European Symposium on Image and Signal Processing for Remote Sensing, Rome, 1994.

[118] Lee J S. Digital image enhancement and noise filtering by use of local statistics[J]. IEEE Transactions on Pattern Analysis and Machine Intelligence, 1980, 2(2): 165—168.

[119] Candeias A L B, Mura J C, Dutra L V, et al. Interferogram phase noise reduction using morphological and modified median filters [C]//Proceedings of the 1995 IEEE International Geoscience and Remote Sensing Symposium, Firenze, 1995.

[120] 穆东,朱兆达,张焕春. 干涉 SAR 相位条纹的鲁棒加权圆周期滤波[J]. 数据采集与处理, 2001, 16(3): 299—303.

[121] 徐华平,周荫清,陈杰,等. 干涉 SAR 中相位图的噪声抑制[J]. 北京航空航天大学学报, 2001, 27(1): 16—19.

[122] 廖明生,林珲,张祖勋,等. InSAR 干涉条纹图的复数空间自适应滤波[J]. 遥感学报, 2003, 7(2): 98—105.

[123] Yang J, Xiong T, Peng Y. A fuzzy approach to filtering interferometric SAR data[J]. Inter-

national Journal of Remote Sensing,2007,28(6):1375—1382.

[124] 葛仕奇,丁泽刚,陈亮,等. 基于模数的干涉相位自适应中值滤波法[J]. 电子与信息学报, 2012,34(4):917—922.

[125] Pepe A, Yang Y, Manzo M, et al. Improved EMCF-SBAS processing chain based on advanced technique for the noise-filtering and selection of small baseline multi-look DInSAR interferograms[J]. IEEE Transactions on Geoscience and Remote Sensing,2015, 53(8):4394—4417.

[126] Rodriguez E, Martin J M. Theory and design of interferometric synthetic aperture radar [J]. Radar and Signal Processing IEE Proceedings F-Radar and Signal Processing,1992, 139(2):147—159.

[127] Seymour M, Cumming I. Maximum likelihood estimation for SAR interferometry[C]// Proceedings of the 1994 IEEE International Geoscience and Remote Sensing Symposium, Pasadena,1994.

[128] Reeves B, Homer J, Stickley G, et al. Spatial vector filtering to reduce noise in interfe rometric phase images[C]//Proceedings of the 1999 IEEE International Geoscience and Remote Sensing Symposium,Hamburg,1999.

[129] Poggi G,Ragozini A R P,Servader D. A Bayesian approach for SAR interferometric phase restoration[C]//Proceedings of the 2000 IEEE International Geoscience and Remote Sensing Symposium,Honolulu,2000.

[130] Ferraiuolo G, Poggi G. MAP-MRF filtering of SAR interferometric phase fields[C]// Proceedings of the 2002 IEEE International Geoscience and Remote Sensing Symposium, Toronto,2002.

[131] Ferraiuolo G,Poggi G. A Bayesian filtering technique for SAR interferometric phase fields [J]. IEEE Transactions on Geoscience and Remote Sensing,2004,13(10):1368—1378.

[132] Suksmono A B,Hirose A. Adaptive noise reduction of InSAR images based on a complex-valued MRF model and its application to phase unwrapping[J]. IEEE Transactions on Geo-science and Remote Sensing,2002,40(3):699—709.

[133] Li H Y,Song H J,Wang R,et al. A modification to the complex-valued MRF modeling filter of interferometric SAR phase[J]. IEEE Geoscience and Remote Sensing Letters, 2014,12(3):681—685.

[134] Lee J S,Papathanassiou K P,Ainsworth T L,et al. A new technique for noise filtering of SAR interferogram phase images [C]//Proceedings of the 1997 IEEE International Geoscience and Remote Sensing Symposium,Singapore,1997.

[135] Lee J S,Papathanassiou K P,Ainsworth T L,et al. A new technique for noise filtering of SAR interferometric phase images[J]. IEEE Transactions on Geoscience and Remote Sensing,1998,36(5):1456—1465.

[136] 全刚,荆麟角. 干涉合成孔径雷达相位滤波的一种新算法[J]. 电子与信息学报,2002, 24(5):711—715.

[137] Wu N,Feng D Z,Li J X. A locally adaptive filter of interferometric phase images[J]. IEEE

Geoscience and Remote Sensing Letters,2006,3(1):73—77.

[138] 于起峰. 基于图像的精密测量与运动测量[M]. 北京:科学出版社,2002.

[139] 伏思华,于起峰,杨夏. 基于旋滤波的 InSAR 干涉条纹图滤波算法[J]. 现代雷达,2007,29(8):72—74.

[140] 邹博,梁甸农,董臻. 旋滤波降噪在干涉 SAR 相位解缠中的应用研究[J]. 现代雷达,2006,28(12):58—61.

[141] Yu Q F,Yang X,Fu S H,et al. An adaptive contoured window filter for interferometric synthetic aperture radar[J]. IEEE Geoscience and Remote Sensing Letters,2007,4(1):23—26.

[142] Fu S H,Long X J,Yang X,et al. Directionally adaptive filter for synthetic aperture radar interferometric phase images[J]. IEEE Transactions on Geoscience and Remote Sensing,2013,51(1):552—559.

[143] Chao C F,Chen K S,Lee J S. Refined filtering of interferometric phase from InSAR data [J]. IEEE Transactions on Geoscience and Remote Sensing,2013,51(12):5313—5323.

[144] Goldstein R M,Werner C L. Radar interferogram filtering for geophysical applications[J]. Geophysical Research Letters,1998,25(21):4035—4038.

[145] Baran I,Stewart M P,Kampes B M,et al. A modification to the Goldstein radar interferogram filter[J]. IEEE Transactions on Geoscience and Remote Sensing,2003,41(9):2114—2118.

[146] Li Z W,Ding X L,Huang C,et al. Improved filtering parameter determination for the Goldstein radar interferogram filter[J]. ISPRS Photogrammetry and Remote Sensing,2008,63(6):621—634.

[147] Sun Q,Li Z W,Zhu J J,et al. Improved Goldstein filter for InSAR noise reduction based on local SNR[J]. Journal of Central South University,2013,20(7):1896—1903.

[148] Zhao C Y,Zhang Q,Ding X L,et al. An iterative Goldstein SAR interferogram filter[J]. International Journal of Remote Sensing,2011,33(11):3443—3455.

[149] Jiang M,Ding X L,Tian X,et al. A hybrid method for optimization of the adaptive Goldstein filter[J]. ISPRS Photogrammetry and Remote Sensing,2014,98:29—43.

[150] Jiang M,Ding X L,Li Z W,et al. The improvement for Baran phase filter derived from unbiased InSAR coherence [J]. IEEE Journal of Selected Topics in Applied Earth Observation and Remote Sensing,2014,7(7):3002—3010.

[151] Song R,Guo H D,Liu G,et al. Improved Goldstein SAR interferogram filter based on adaptive-neighborhood technique[J]. IEEE Geoscience and Remote Sensing Letters,2015,12(1):140—144.

[152] Qian K M. Two-dimensional windowed Fourier transform for fringe pattern analysis: Principles, applications and implementations[J]. Optics and Lasers Engineering,2007,45(2):304—317.

[153] Fattahi H,Zoej M J V,Mobasheri M R,et al. Windowed Fourier transform for noise reduction of SAR interferograms[J]. IEEE Geoscience and Remote Sensing Letters,2009,

6(3):418—422.

[154] 郭媛,毛琦,陈小天,等. 干涉条纹快速加窗傅里叶滤波方法的研究[J]. 光学学报,2014, 34(6):151—155.

[155] López-Martínez C,Fàbregas X. Modeling and reduction of SAR interferometric phase noise in the wavelet domain[J]. IEEE Transactions on Geoscience and Remote Sensing,2002, 40(12):2553—2566.

[156] 岳焕印,郭华东,范典,等. 基于静态小波分解的 SAR 干涉图滤波[J]. 高技术通讯,2002, 12(5):5—9.

[157] 岳焕印,郭华东,王长林,等. SAR 干涉图的静态小波域 MAP 法滤波[J]. 遥感学报, 2002,6(6):456—463.

[158] 汪鲁才,王耀南. 基于小波包分析的 InSAR 干涉图滤波算法研究[J]. 湖南科技大学学报 (自然科学版),2005,20(2):72—75.

[159] 王沛,王岩飞,张冰尘,等. 基于贝叶斯阈值的静态小波域干涉相位图滤波[J]. 电子与信 息学报,2007,29(11):2706—2710.

[160] 何敏,何秀凤. 基于小波域 HMT 模型 InSAR 干涉图噪声滤波研究[J]. 遥感技术与应 用,2007,22(4):531—535.

[161] Zha X J,Fu R S,Dai Z Y,et al. Noise reduction in interferograms using the wavelet packet transform and Wiener filtering[J]. IEEE Geoscience and Remote Sensing Letters,2008, 5(3):404—408.

[162] Bian Y,Mercer B. Interferometric SAR phase filtering in the wavelet domain using simultaneous detection and estimation[J]. IEEE Transactions on Geoscience and Remote Sensing,2011,49(4):1396—1416.

[163] Spagnolini U. 2-D phase unwrapping and instantaneous frequency estimation[J]. IEEE Transactions on Geoscience and Remote Sensing,1995,33(3):579—589.

[164] Trouvé E,Carame M,Maitre H. Fringe detection in noisy complex interferograms[J]. Applied Optics,1996,35(20):3799—3806.

[165] Trouvé E,Nicolas J M,Maitre H. Improving phase unwrapping techniques by the use of local frequency estimates[J]. IEEE Transactions on Geoscience and Remote Sensing,1998, 36(6):1963—1972.

[166] 朱岱寅,朱兆达,谢秋成. 一种基于局部频率估计的地形自适应干涉图滤波器[J]. 电子学 报,2002,30(12):1853—1856.

[167] Cai B,Liang D N,Dong Z. A new adaptive multiresolution noise-filtering approach for SAR interferometric phase images[J]. IEEE Geoscience and Remote Sensing Letters,2008, 5(2):266—270.

[168] Suo Z Y,Li Z F,Bao Z. A new strategy to estimate local fringe frequencies for InSAR phase noise reduction[J]. IEEE Geoscience and Remote Sensing Letters,2010,7(4): 771—775.

[169] Ma D B,Liu M,Deng Y Q,et al. A piece-wise polynomial fitting method to filter the inter-ferogram phase noise[C]//Proceedings of the 2002 IEEE International Geoscience and

Remote Sensing Symposium, Toronto, 2002.

[170] 郭春生, 朱兆达, 朱岱寅. 基于 PD 算子的 InSAR 干涉图滤波研究[J]. 南京航空航天大学学报, 2003, 35(1): 72—76.

[171] Friedlander B, Francos J M. An estimation algorithm for 2-D polynomial phase signals[J]. IEEE Transactions on Image Processing, 1996, 5(6): 1084—1087.

[172] Bioucas-Dias J, Katkovnik V, Astola J, et al. Absolute phase estimation: Adaptive local denoising and global unwrapping[J]. Applied Optics, 2008, 47(29): 5358—5369.

[173] 靳国旺, 徐青, 张燕, 等. InSAR 干涉图的零中频矢量滤波算法[J]. 测绘学报, 2006, 35(1): 24—29.

[174] Meng D, Sethu V, Ambikairajah E, et al. A novel technique for noise reduction in InSAR images[J]. IEEE Geoscience and Remote Sensing Letters, 2007, 4(2): 226—230.

[175] Wang Q S, Huang H F, Yu A X, et al. An efficient and adaptive approach for noise filtering of SAR interferometric phase images[J]. IEEE Geoscience and Remote Sensing Letters, 2011, 8(6): 1140—1144.

[176] Vasile G, Trouvé E, Lee J S, et al. Intensity-driven adaptive-neighborhood technique for polarimetric and interferometric SAR parameters estimation[J]. IEEE Transactions on Geoscience and Remote Sensing, 2006, 44(6): 1609—1621.

[177] Deledalle C A, Tupin F, Denis L. A non-local approach for SAR and interferometric SAR denoising[C]//Proceedings of the 2010 IEEE International Geoscience and Remote Sensing Symposium, Honolulu, 2010.

[178] Deledalle C A, Denis L, Tupin F, et al. NL-SAR: A unified nonlocal framework for resolution-preserving (Pol)(In)SAR denoising[J]. IEEE Transactions on Geoscience and Remote Sensing, 2015, 53(4): 2021—2038.

[179] Parizzi A, Brcic R. Adaptive InSAR stack multilooking exploiting amplitude statistics: A comparison between different techniques and practical results[J]. IEEE Geoscience and Remote Sensing Letters, 2011, 8(3): 441—445.

[180] Ferretti A, Fumagalli A, Novali F, et al. A new algorithm for processing interferometric data-stacks: SqueeSAR[J]. IEEE Transactions on Geoscience and Remote Sensing, 2011, 49(4): 3460—3470.

[181] 郭交, 李真芳, 刘艳阳, 等. 一种 InSAR 干涉相位图的自适应滤波算法[J]. 西安电子科技大学学报(自然科学版), 2011, 38(4): 77—82.

[182] Chen R P, Yu W D, Wang R, et al. Interferometric phase denoising by pyramid nonlocal means filter[J]. IEEE Geoscience and Remote Sensing Letters, 2013, 10(4): 826—830.

[183] Schmitt M, Stilla U. Adaptive multilooking of airborne single-pass multi-baseline InSAR stacks[J]. IEEE Transactions on Geoscience and Remote Sensing, 2014, 52(1): 305—312.

[184] Baier G, Zhu X X. Region growing based on nonlocal filtering for InSAR[C]//Proceedings of the 2015 IEEE International Geoscience and Remote Sensing Symposium, Milan, 2015.

[185] Cao M Y, Li S Q, Wang R, et al. Interferometric phase denoising by median patch-based locally optimal Wiener filter[J]. IEEE Geoscience and Remote Sensing Letters, 2015,

12(8):1730—1734.

[186] Chatterjee P,Milanfar P. Patch-based near-optimal image denoising[J]. IEEE Transactions on Image Processing:A Publication of the IEEE Signal Processing Society,2012,21(4): 1635—1649.

[187] Li J W, Li Z F, Bao Z, et al. Noise filtering of high-resolution interferograms over vegetation and urban areas with a refined nonlocal filter[J]. IEEE Geoscience and Remote Sensing Letters,2015,12(1):77—81.

[188] Lin X, Li F F, Meng D D, et al. Nonlocal SAR interferometric phase filtering through higher order singular value decomposition[J]. IEEE Geoscience and Remote Sensing Letters,2015,12(4):806—810.

[189] Xu G, Xing M D, Xia X G, et al. Sparse regularization of interferometric phase and amplitude for InSAR image formation based on Bayesian representation [J]. IEEE Transactions on Geoscience and Remote Sensing,2015,53(4):2123—2136.

[190] Ghiglia D,Pritt M. Two-dimensional Phase Unwrapping:Theory,Algorithms and Software [M]. New York:John Wiley,1998.

[191] Li Z L,Zou W B,Ding X L,et al. A quantitative measure for the quality of InSAR inter-ferograms based on phase differences [J]. Photogrammetric Engineering and Remote Sensing,2004,70(10):1131—1137.

第 2 章　InSAR 原理和数据统计特性

2.1　引　　言

SAR 是一种基于相干成像的、高分辨率微波成像雷达。作为一种能主动发射具有一定穿透性信号的传感器，它能全天时全天候地进行空间对地观测，获取地物在微波波段的散射特性。然而，受成像几何的影响，SAR 图像中的一个像素点往往是被照射场景多个物理和几何参数共同作用的结果，基于单幅 SAR 图像的处理无法将这些参数信息全部提取出来。这就要求在数据获取时，采用不同的波段、极化方式、入射角和在不同的时间对同一场景进行多次观测，并将这些观测结果进行联合处理以获取尽可能多的参数信息。

InSAR[1,2] 就是以不同视角下或不同时间下获取的两幅或多幅 SAR 图像所形成的干涉相位作为信息源，进而反演得到地物参数的一项技术。这些可获得的参数包括 DEM，由火山喷发、地震等引起的地表形变，冰川、洋流运动和植被信息等。其中，以获取 DEM 为目的的干涉测量方式称为交轨干涉测量（cross-track interferometry，CTI），是指用于干涉信号收发的两副天线所形成的基线与平台的飞行轨迹垂直。由于两副天线接收的回波具有一定的相干性，且经历的空间传播路径有一定的差异，因此路径差会造成干涉处理后两幅图像之间的相位差。由于该路径差与地形高程是相关联的，因此如果能够获取干涉测量系统的几何参数，就可以由相位差得到地形的高程信息。于是，利用 InSAR 技术就可以获取地面除距离向和方位向坐标之外的第三维高程信息。交轨干涉测量模式的实现方式主要有单平台单天线重复航过和单平台双天线单次航过两种。

本章首先以星载重复航过 InSAR 系统为例介绍 InSAR 原理和数据处理流程，然后介绍干涉信号模型和干涉相位统计特性。

2.2　InSAR 原理和数据处理流程

2.2.1　InSAR 原理

星载重复航过 InSAR 系统的几何示意图如图 2.1 所示。令 A_1 和 A_2 分别表示卫星两次对同一地区成像的天线相位中心位置，基线 B 是 A_1 和 A_2 之间的连线，α 是 B 和水平方向的夹角，θ 是入射角，H 是天线的高度，h 是被照射目标 T 的高

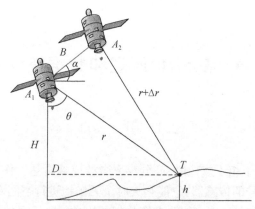

图 2.1　InSAR 几何示意图

度。两副天线接收的 SAR 回波信号可以分别表示为

$$s_1(r) = u_1(r)\exp(\mathrm{j}\varphi_1) \tag{2.1}$$

$$s_2(r+\Delta r) = u_2(r+\Delta r)\exp(\mathrm{j}\varphi_2) \tag{2.2}$$

式中，s_1、s_2 为通常所说的主、辅 SAR 图像；u_1、u_2 为信号强度；φ_1、φ_2 为信号相位，由电磁波传播路径决定的波程相位和目标散射特性造成的随机相位两部分组成，即

$$\varphi_1 = -\frac{2\pi}{\lambda}2r + \varphi_{\mathrm{scat1}} \tag{2.3}$$

$$\varphi_2 = -\frac{2\pi}{\lambda}2(r+\Delta r) + \varphi_{\mathrm{scat2}} \tag{2.4}$$

式中，λ 为雷达工作波长；φ_{scat1}、φ_{scat2} 为由目标散射特性造成的随机相位。由于不同视角下获取的主、辅 SAR 图像在距离向和方位向均存在一定的位移和拉伸，为了进行干涉，必须将主、辅 SAR 图像进行配准。将配准后的主、辅 SAR 图像进行复共轭相乘即得到复干涉图。

$$s_1(r)s_2^*(r+\Delta r) = |u_1(r)u_2^*(r+\Delta r)|\exp[\mathrm{j}(\varphi_1-\varphi_2)] \tag{2.5}$$

　　假设主、辅图像所对应的散射特性造成的随机相位 φ_{scat1}、φ_{scat2} 相等，并考虑实际获取干涉相位的模糊性，则干涉相位可以表示为

$$\varphi = \varphi_1 - \varphi_2 + 2\pi N = \frac{4\pi}{\lambda}\Delta r + 2\pi N, \quad N=0, \pm 1, \pm 2, \cdots \tag{2.6}$$

式中，$\varphi \in (-\pi, \pi]$ 为缠绕相位（干涉相位），需要通过相位解缠及绝对相位偏差补偿才能得到绝对干涉相位 φ_{abs}。φ_{abs} 与两天线的斜距差 Δr 是一一对应的关系，即

$$\varphi_{\mathrm{abs}} = \frac{4\pi}{\lambda}\Delta r \tag{2.7}$$

　　下面利用图 2.1 中的几何关系推导 φ_{abs} 与 h 的关系。在三角形 A_1A_2T 中，利用余弦定理可得

$$(r+\Delta r)^2 = r^2 + B^2 - 2rB\cos\left(\frac{\pi}{2} - \theta + \alpha\right)$$
$$= r^2 + B^2 - 2rB\sin(\theta - \alpha) \tag{2.8}$$

将式(2.8)左边展开并进行化简可得

$$\theta = \arcsin\frac{B^2 - 2r\Delta r - (\Delta r)^2}{2rB} + \alpha \tag{2.9}$$

那么根据直角三角形 A_1DT 可得 T 点的高程为

$$h = H - A_1D = H - r\cos\theta \tag{2.10}$$

将式(2.7)、式(2.9)代入式(2.10)可得

$$h = H - r\cos\left[\arcsin\frac{16\pi^2 B^2 - 8\pi r\lambda\varphi_{\mathrm{abs}} - \lambda^2\varphi_{\mathrm{abs}}^2}{32\pi^2 rB} + \alpha\right] \tag{2.11}$$

式中，λ 已知；r、B 和 α 可通过外部测量得到；φ_{abs} 通过解缠相位得到。这就是通过 InSAR 获取地面高程的几何原理。

为了进一步理解干涉相位与地形变化的关系，科研人员通常将干涉相位分解为平地相位和高程相位两部分[1]。平地相位是指地面目标点在高程不变的情况下，斜距变化所引起的干涉相位变化。高程相位是指地面目标点在斜距不变的情况下，高程变化所引起的干涉相位变化。下面就干涉相位的这两种成分进行分析（图 2.2）。

图 2.2(a)显示了高程不变、斜距变化 Δr 情况下干涉相位的变化。在目前的星载 InSAR 系统中，基线 B 和斜距差 Δr 一般为几百米，而斜距 r 为百千米量级，因此 $B \ll r$，$\Delta r \ll r$，将式(2.8)开展并省略掉 $(\Delta r)^2$ 项可得

$$\Delta r = -B\sin(\theta - \alpha) + \frac{B^2}{2r} \tag{2.12}$$

由 $B^2 \ll 2r$ 并根据式(2.7)可得，目标 T 处的干涉相位为

$$\varphi = -\frac{4\pi}{\lambda}B\sin(\theta - \alpha) \tag{2.13}$$

式中，$B\sin(\theta - \alpha)$ 为基线 B 沿视线方向的投影。

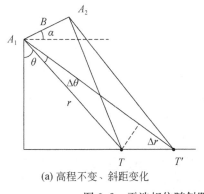
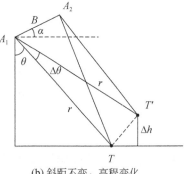

(a) 高程不变、斜距变化　　　　　(b) 斜距不变、高程变化

图 2.2　干涉相位随斜距和高程变化的几何示意图

同理,目标 T' 处的干涉相位可以表示为

$$\varphi' = -\frac{4\pi}{\lambda}B\sin(\theta + \Delta\theta - \alpha) \tag{2.14}$$

因此,斜距变化 Δr 引起的干涉相位变化可以表示为

$$\Delta\varphi = \varphi' - \varphi = -\frac{4\pi}{\lambda}B[\sin(\theta + \Delta\theta - \alpha) - \sin(\theta - \alpha)] = -\frac{4\pi}{\lambda}B\cos(\theta - \alpha)\Delta\theta$$

$$\tag{2.15}$$

在图 2.2(a)所示的几何关系中,由于 $\Delta\theta$ 较小,可得

$$r\Delta\theta \approx r\sin\Delta\theta = \frac{\Delta r}{\tan\theta} \tag{2.16}$$

因此有

$$\Delta r = r\Delta\theta\tan\theta \tag{2.17}$$

在高程不变情况下,干涉相位与斜距变化之间的关系为

$$\frac{\Delta\varphi}{\Delta r} = -\frac{4\pi}{\lambda}\frac{B\cos(\theta - \alpha)}{r\tan\theta} = -\frac{4\pi B_{\perp}}{\lambda r\tan\theta} \tag{2.18}$$

式中, $B_{\perp} = B\cos(\theta - \alpha)$ 为基线 B 沿垂直视线方向的投影。由式(2.18)可以看出,没有高度变化的平坦地面随着距离变化也会产生线性变化的干涉相位称为平地相位。平地相位会造成干涉条纹过密,从而增大后续相位滤波与解缠的难度,因此在处理过程中要进行去平地相位处理。

下面分析高程变化与干涉相位变化之间的关系,如图 2.2(b)所示,目标点 T 与 T' 斜距相同,高程相差 Δh 。由式(2.15)可知,干涉相位变化为

$$\Delta\varphi = -\frac{4\pi}{\lambda}B_{\perp}\Delta\theta \tag{2.19}$$

根据图 2.2(b)所示几何关系可得

$$\Delta\theta = \frac{\Delta h}{r\sin\theta} \tag{2.20}$$

因此,在斜距不变的情况下,干涉相位与高程变化之间的关系为

$$\Delta\varphi = -\frac{4\pi B_{\perp}\Delta h}{\lambda r\sin\theta} \tag{2.21}$$

进一步,由式(2.21)定义的干涉相位高度灵敏度及模糊高度为

$$\frac{\Delta\varphi}{\Delta h} = -\frac{4\pi B_{\perp}}{\lambda r\sin\theta} \tag{2.22}$$

$$h_{amb} = -\frac{\lambda r\sin\theta}{2B_{\perp}} \tag{2.23}$$

模糊高度 h_{amb} 表示在斜距不变的情况下,引起 2π 相位变化所对应的高程变化。 h_{amb} 表征了干涉系统对高程变化的敏感程度,进而可以表征干涉系统的性能。

图 2.3 显示了 RADARSAT-2 对美国凤凰城局部地区的干涉结果。主、辅 SAR 图像分别获取于 2008 年 5 月 4 日和 2008 年 5 月 28 日,图 2.3(a)是去平地相位前的干涉相位,对其进行去平地处理,得到地形高程变化所引起的干涉相位如图 2.3(b)所示。数据所对应的基线长度 $B=469.69\mathrm{m}$,模糊高度 $h_{\mathrm{amb}}=37\mathrm{m}$。

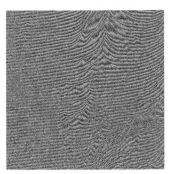 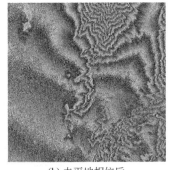

(a) 去平地相位前　　　　　　　　　　(b) 去平地相位后

图 2.3　去平地相位前后干涉相位对比图

2.2.2　InSAR 数据处理流程

由 2.2.1 节的介绍可以看出,通过 InSAR 技术获取 DEM 的几何原理并不复杂;但由于侧视成像几何和 InSAR 数据本身的特性,InSAR 数据处理的过程相当复杂。这些过程主要包括[1,2]图像配准、图像预滤波、相干系数图计算、平地相位去除、干涉相位滤波、干涉相位解缠、绝对相位获取、DEM 重建及后续处理等步骤。其完整的处理流程如图 2.4 所示。

1. 图像配准

由于两次获取数据时入射角的差异,两幅 SAR 图像的相干像元存在一定程度的偏移、拉伸和旋转,地面同一散射单元在两幅 SAR 图像中的坐标存在差异。此时,对两幅 SAR 图像直接进行共轭相乘将得不到任何有意义的信息。因此,在形成干涉图之前,需要对两幅图像进行配准,确保两幅 SAR 图像中的对应坐标对应于地面同一散射单元。配准精度会影响干涉相位的质量,通常要求配准误差小于 1/8 像素,此时造成的去相干(4% 左右)才满足 InSAR 处理精度的需求[2]。通常的配准包括基于外部辅助 DEM 和卫星轨道参数的几何配准,以及基于 SAR 图像的图像配准。

2. 图像预滤波

InSAR 干涉图像对在方位向和距离向均存在频谱位移,方位向的频谱位移主

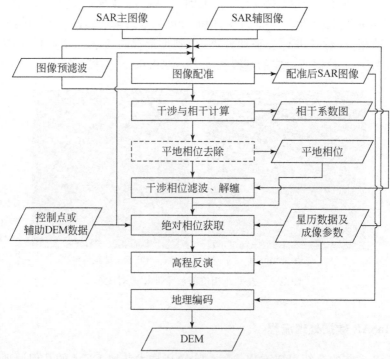

图 2.4　星载 InSAR 数据处理流程图

要是波束中心指向沿方位向变化造成的多普勒频移,距离向的频谱位移主要是两次回波信号的入射角差异导致的波数变化。方位向和距离向的频谱位移均会在干涉图中引入相位噪声。因此,在形成干涉相位之前需要对 SAR 图像在方位向和距离向进行预滤波处理,保留两幅 SAR 图像的公共谱成分,保证干涉相位的相干性。方位向预滤波一般在图像精配准前进行,距离向预滤波则在图像精配准后进行。

3. 干涉与相干计算

在 InSAR 数据处理中,相干系数图是一个非常重要的质量图,它表征干涉相位中每一个像素点质量的高低。因此,在很多数据处理步骤中可以将其作为输入参数,如干涉相位滤波和相位解缠。相干系数图是通过对配准后两幅 SAR 图像进行互相关计算得到的,常用的算法有最大似然法[3]、快速幅度法[4]和无偏法[5~9]。

4. 平地相位去除

配准后,SAR 图像对形成的干涉条纹密度一般较大,不利于后续干涉相位滤波和相位解缠处理。此时,需要对原始干涉相位去平地相位,使干涉条纹变得稀疏以利于处理。去除平地相位主要有三种方法[2]:第一种是根据干涉相位本身估计得到条纹频率,然后予以去除;第二种是根据卫星轨道参数和成像场景中心位置计算得到条纹频率,然后予以去除;第三种是利用外部辅助 DEM 来去除平地相位。需要注意的是,去平地相位并不是 InSAR 处理过程的必要步骤,而是根据相位图的条纹密度来决定的,当条纹较稀疏时可以不做去平地处理。

5. 干涉相位滤波

利用 InSAR 技术获取 DEM 以具有一定相干性的干涉相位为基础。然而,受各种去相干源[1,2]的影响,干涉相位图中往往包含较为严重的噪声,制约了后续相位解缠处理的效率和精度,影响最终得到的 DEM 产品质量。因此,必须有效地滤除相位噪声。受空变噪声的影响,干涉相位中不同区域的相位质量是不同的;此外,相位呈周期性变化,不能采用一般的光学图像滤波算法直接对相位进行降噪处理,需要研究针对干涉相位特点的滤波算法,既滤除噪声又不损坏有用信息。

6. 干涉相位解缠

实际获取的干涉相位值缠绕在区间 $(-\pi,\pi]$ 内,与真实相位相差 2π 的整数倍,将相位由 $(-\pi,\pi]$ 的主值恢复为无缠绕值的过程称为相位解缠。如果不加任何条件限制,那么相位解缠是一个有无穷多解的逆问题。现有基于单基线的相位解缠算法都是假设任意相邻两点的相位梯度不能超过 $\pm\pi$,在这个假设条件下,解缠相位可以以相位梯度积分的方式获得。但是,该假设并不总是处处成立,陡峭的地形和残差点都会增加相位解缠的难度。目前,相位解缠算法主要分为路径跟踪法和范数法。

7. 绝对相位获取

绝对相位是指与波程差相对应的相位,即式(2.7)中的相位。解缠相位在补偿平地相位后,与绝对相位之间还存在一个固定常数的偏差,通常依据地面控制点或外部辅助 DEM 数据来求取。

8. DEM 重建

DEM 重建包括高程反演和地理编码两部分。高程反演是由绝对相位获取 DEM 的过程,但此时获取的 DEM 仍然是在 SAR 图像的坐标系中,在使用前还需将其转换到地理坐标系下。这个坐标转换、采样和插值的过程称为地理编码。

以上就是基于 InSAR 技术获取 DEM 的主要数据处理流程。由于人们对 DEM 精度的要求越来越高,按照传统的 InSAR 处理流程得到的 DEM 产品精度已经很难满足实际应用要求,因此科研人员还会对获取的 DEM 进行平差处理,以进一步提升 DEM 产品的精度。

2.3　InSAR 数据统计特性

InSAR 是以干涉相位为基础进而反演得到 DEM 的。因此,干涉相位的质量及统计特性是后续处理的基础。本节首先分析 SAR 图像统计特性及相应的去相干源,然后介绍干涉相位与相干系数的统计关系。

2.3.1　SAR 信号统计特性及去相干源

回波数据经合成孔径聚焦成像后得到的 SAR 图像可以表示为

$$s_i = \text{Re}(s_i) + \text{jIm}(s_i) = u_i \exp(\text{j}\varphi_i), i=1,2 \tag{2.24}$$

式中,$\text{Re}(s_i)$、$\text{Im}(s_i)$ 分别为复信号 s_i 的实部和虚部;u_i、φ_i 分别为 s_i 的幅度和相位。当观测区域为无强散射点的均匀散射场景时,根据中心极限定理,s_i 可以看做一个复圆高斯随机变量[10],其实部和虚部是相互独立的,并且都服从零均值高斯分布。此时,实部和虚部的联合概率密度函数可以表示为[1]

$$\text{pdf}(s_i) = \text{pdf}\big[\text{Re}(s_i),\text{Im}(s_i)\big] = \frac{1}{2\pi\sigma_i^2}\exp\left\{-\frac{[\text{Re}(s_i)]^2 + [\text{Im}(s_i)]^2}{2\sigma_i^2}\right\}$$

$$\tag{2.25}$$

式中,$\sigma_i^2 = \sigma_{s_i}^2 = \sigma_{\text{Re}(s_i)}^2 = \sigma_{\text{Im}(s_i)}^2$。$s_i$ 的幅度 u_i 和相位 φ_i 的联合概率密度函数为

$$\text{pdf}(u_i,\varphi_i) = \frac{u_i}{2\pi\sigma_i^2}\exp\left(-\frac{u_i^2}{2\sigma_i^2}\right) \tag{2.26}$$

式中,$u_i \in [0,\infty)$;$\varphi_i \in (-\pi,\pi]$。幅度及相位的边缘概率密度函数为[1]

$$\text{pdf}(u_i) = \int_{-\pi}^{\pi}\text{pdf}(a,\varphi)\text{d}\varphi = \frac{u_i}{\sigma_i^2}\exp\left(-\frac{a^2}{2\sigma_i^2}\right),\quad u_i \in [0,\infty) \tag{2.27}$$

$$\text{pdf}(\varphi_i) = \int_0^{\infty}\text{pdf}(u_i,\varphi_i)\text{d}u_i = \frac{1}{2\pi},\quad \varphi_i \in (-\pi,\pi] \tag{2.28}$$

由式(2.26)～式(2.28)可知,s_i 的幅度与相位相互独立,幅度在 $[0,\infty)$ 上服从瑞利分布,均值和方差分别为 $\sigma_i\sqrt{\pi/2}$、$\sigma_i(4-\pi)/2$;相位在 $(-\pi,\pi]$ 上服从均匀分布,均值和方差分别为 0、$\pi^2/3$。

利用 s_1 和 s_2 进行干涉时,其联合概率密度分布函数可以表示为

$$\text{pdf}(s_1,s_2) = \frac{1}{\pi|\boldsymbol{C}_{s_1s_2}|}\exp\left(-\begin{bmatrix} s_1^* & s_2^* \end{bmatrix}\boldsymbol{C}_{s_1s_2}^{-1}\begin{bmatrix} s_1 \\ s_2 \end{bmatrix}\right) \tag{2.29}$$

式中,$\boldsymbol{C}_{s_1s_2}$ 为干涉协方差矩阵,可以表示为

$$\boldsymbol{C}_{s_1s_2} = E\left(\begin{bmatrix} s_1 \\ s_2 \end{bmatrix}\begin{bmatrix} s_1^* & s_2^* \end{bmatrix}\right) = \begin{bmatrix} E(|s_1|^2) & \gamma_c\sqrt{E(|s_1|^2)E(|s_2|^2)} \\ \gamma_c^*\sqrt{E(|s_1|^2)E(|s_2|^2)} & E(|s_2|^2) \end{bmatrix}$$

$$\tag{2.30}$$

式中，* 为复共轭；E 为求数学期望；γ_c 为用于干涉的两幅 SAR 图像 s_1 和 s_2 的复相干系数[1]，其表达式为

$$\gamma_c = \frac{E(s_1 s_2^*)}{\sqrt{E(|s_1|^2)E(|s_2|^2)}} = \gamma \exp(j\varphi) \tag{2.31}$$

式中，γ 为复相干系数的幅度，即通常所说的相干系数；φ 为复相干的相位。由于复相干系数 γ_c 的相位 φ 的统计特性与幅度 γ 是关联的，因此本节只分析各种因素对 γ 的影响。在 InSAR 数据处理中，相干系数是一个非常关键的量值，体现了干涉信号的本质，很大程度上决定了干涉相位误差的大小，是干涉相位质量的重要评价标准。要得到高精度的 DEM，两次观测获取的 SAR 图像必须具有很高的相干性。将影响两幅 SAR 图像相干性的因素称为去相干，去相干源总体上分为六大类[2]：

(1) 热噪声去相干 γ_{thermal}，主要受系统特征影响。

(2) 多普勒去相干 γ_{fdc}，主要由波束指向沿方位向差异引起。

(3) 基线去相干 γ_{geom}，主要由两副天线的视角差异引起。

(4) 体散射去相干 γ_{vol}，由电磁波在散射介质中的穿透引起。

(5) 时间去相干 γ_{temporal}，由图像对获取期间地表散射系数发生的变化造成。

(6) 数据处理去相干 $\gamma_{\text{processing}}$，主要源自 SAR 成像处理造成的干涉相位保持误差和图像配准、插值误差等。

不同去相干源对系统相干性的影响是按相乘的关系累积的，总体上去相干 γ_{total} 可以表示为

$$\gamma_{\text{total}} = \gamma_{\text{thermal}} \gamma_{\text{fdc}} \gamma_{\text{geom}} \gamma_{\text{vol}} \gamma_{\text{temporal}} \gamma_{\text{processing}} \tag{2.32}$$

相干系数是 InSAR 数据处理中重要的辅助参数，因此准确地估计相干系数是非常必要的。在 InSAR 数据处理技术发展的早期，一般采用基于矩形窗口的算法来估计相干系数，代表算法有最大似然法[3]和快速幅度法[4]。最大似然相干系数估计器为[3]

$$\hat{\gamma} = \frac{\left| \sum_{m=1}^{M} \sum_{n=1}^{N} s_1(m,n) s_2^*(m,n) \exp[-j\varphi(m,n)] \right|}{\sqrt{\sum_{m=1}^{M} \sum_{n=1}^{N} |s_1(m,n)|^2 \sum_{m=1}^{M} \sum_{n=1}^{N} |s_2(m,n)|^2}} \tag{2.33}$$

式中，M、N 为估计窗口的大小；$\varphi(m,n)$ 为每个像素的系统相位分量，可以通过外部辅助 DEM 数据或其他技术手段进行估计。利用式 (2.33) 进行相干系数估算的过程中，干涉相位 $\varphi(m,n)$ 的计算较为费时。为了提高计算效率，Guarnieri 等[4]提出了一种与相位无关的快速幅度算法，其表达式为

$$\hat{\gamma} = \begin{cases} \sqrt{2\rho - 1}, & \rho > 0.5 \\ 0, & \rho \leqslant 0.5 \end{cases} \tag{2.34}$$

式中，ρ 的计算公式为

$$\rho = \frac{\sum\limits_{m=1}^{M}\sum\limits_{n=1}^{N} |s_1(m,n)|^2 |s_2(m,n)|^2}{\sqrt{\sum\limits_{m=1}^{M}\sum\limits_{n=1}^{N} |s_1(m,n)|^4 \sum\limits_{m=1}^{M}\sum\limits_{n=1}^{N} |s_2(m,n)|^4}} \qquad (2.35)$$

然而，式(2.33)和式(2.34)都是假设估计窗内的像素是同质的，即服从同一分布，该假设在地形平坦区域是近似成立的。但在异质区域，由式(2.33)和式(2.34)得到的相干系数估计是有偏的，基于有偏相干系数处理得到的 DEM 产品，其精度势必受偏差的影响。为了矫正偏差，Guarnieri 等[4]在提出快速幅度算法的同时，还提出一种基于自动增益控制的算法来矫正式(2.34)的偏差，具体步骤如下：

（1）将配准后的主、辅 SAR 图像对应位置的像素点相加得到和图像，然后对和图像进行均值滤波得到 s_{h1}，滤波窗口大小根据实际需求选择。

（2）对滤波后的和图像 s_{h1} 添加一个常数偏移量得到 s_{h2}。

（3）将主、辅 SAR 图像分别除以 s_{h2}，再将结果代入式(2.35)和式(2.34)计算相干系数。

然而，式(2.35)并未考虑两幅 SAR 图像的相位差异。针对这个问题，Zebker 等[7]提出基于局部条纹补偿的无偏估计算法。具体步骤如下：

（1）将干涉相位进行分块，分块的大小以每一个分块中干涉条纹的数量和方向相近为宜。典型的分块大小为 8×8 或 16×16。

（2）利用傅里叶变换估计每一个分块的主条纹频率。

（3）将主条纹频率从对应分块中减去，再将所有分块重新拼接成去主频后的干涉相位。

（4）将去主频后的干涉相位代入式(2.33)计算相干系数，并用式(2.36)来矫正位于区间(0.14,0.43)内的相干系数：

$$\hat{\gamma}_r = -1.6185 + 23.3193\hat{\gamma} - 112.4498\hat{\gamma}^2 + 244.5408\hat{\gamma}^3 - 193.906\hat{\gamma}^4$$

$$(2.36)$$

式中，$\hat{\gamma}$ 为由式(2.33)得到的相干系数估计值。

2.3.2 干涉相位的统计特性

这里主要分析干涉信号和干涉相位的统计特性。

由 s_1 和 s_2 形成的复干涉图可以表示为

$$\upsilon = s_1 s_2^* = a\exp(j\varphi) \qquad (2.37)$$

式中，a 为复干涉图的幅度；φ 为复干涉图的相位。两者的联合概率密度函数为[11]

$$\mathrm{pdf}(a,\varphi) = \frac{2L(aL)^L}{\pi\zeta^{L+1}(1-\xi^2)\Gamma(L)}\exp\left[\frac{2\xi aL\cos(\varphi-\varphi_0)}{\zeta(1-\xi^2)}\right]K_{L-1}\left[\frac{2aL}{\zeta(1-\xi^2)}\right]$$

$$(2.38)$$

式中，φ_0 为无噪相位（真值相位）；L 为视数；Γ 为 Gamma 函数；$\zeta = \sqrt{E(|s_1|)E(|s_2|)}$；$\mathrm{K}_{L-1}$ 为改进的第三类 Bessel 函数。式(2.38)对幅度 a 积分，可以得到干涉相位 φ 的边缘概率密度函数为

$$\mathrm{pdf}(\varphi;\gamma,L,\varphi_0) = \frac{(1-\gamma)^L}{2\pi}\left\{ \frac{\Gamma(2L-1)}{[\Gamma(L)]^2 2^{2(L-1)}}\left[\frac{(2L-1)\beta}{(1-\beta^2)^{L+\frac{1}{2}}}\left(\frac{\pi}{2}+\arcsin\beta \right) + \frac{1}{(1-\beta^2)^L} \right] \right.$$

$$\left. + \frac{1}{(2L-1)}\sum_{r=0}^{L-2}\frac{\Gamma\left(L-\frac{1}{2}\right)}{\Gamma\left(L-\frac{1}{2}-r\right)}\frac{\Gamma(L-1-r)}{\Gamma(L-1)}\frac{1+(2r+1)\beta^2}{(1-\beta^2)^{r+2}} \right\}$$

$$\tag{2.39}$$

式中，$\beta = \gamma\cos(\varphi-\varphi_0)$。Lee 等[11]给出了式(2.39)另一种简洁的表达方式：

$$\mathrm{pdf}(\varphi;\gamma,L,\varphi_0) = \frac{\Gamma\left(L+\frac{1}{2}\right)(1-\gamma^2)^L\beta}{2\sqrt{\pi}\,\Gamma(L)(1-\beta^2)^{L+\frac{1}{2}}} + \frac{(1-\gamma^2)^L}{2\pi}\mathrm{F}\left(L,1;\frac{1}{2};\beta^2\right)$$

$$\tag{2.40}$$

式中，F 为高斯超几何分布函数，其表达式为

$$\mathrm{F}\left(L,1;\frac{1}{2};\beta^2\right) = \frac{\Gamma\left(\frac{1}{2}\right)}{\Gamma(L)\Gamma(1)}\sum_{i=0}^{\infty}\frac{\Gamma(L+i)\Gamma(1+i)}{\Gamma\left(\frac{1}{2}+i\right)}\frac{(\beta^2)^i}{i!} \tag{2.41}$$

由于干涉相位的概率密度函数 $\mathrm{pdf}(\varphi)$ 关于 φ_0 对称并以 2π 为周期，因此干涉相位的期望和方差分别为[12]

$$E(\varphi) = \varphi_0 \tag{2.42}$$

$$\sigma_\varphi^2 = \int_{-\pi}^{\pi}(\varphi-\varphi_0)^2\mathrm{pdf}(\varphi;\gamma,L,\varphi_0)\mathrm{d}\varphi \tag{2.43}$$

根据式(2.40)绘制视数为 1、2、4、8 和 16 时相位标准差和相干系数的关系曲线，如图 2.5 所示。根据最大似然准则，若用于估计的独立同分布样本为 L 个，则对应估计的标准差为原来的 $1/\sqrt{L}$。观察图 2.5 中相干系数较大的区域可以发现，当视数为 L 时，对应的相位标准差小于原来的 $1/\sqrt{L}$，原因在于复干涉图的幅度和相位之间具有相互关联性。由式(2.38)可以发现，靠近 φ_0 的干涉相位对应的幅度一般较大，远离 φ_0 的干涉相位对应的幅度一般较小。这就为利用幅度信号辅助干涉相位滤波奠定了基础。

当视数 $L=1$ 时，式(2.39)和式(2.40)可以简化为[11]

$$\mathrm{pdf}(\varphi) = \frac{1-\gamma^2}{2\pi}\frac{1}{1-\gamma^2\cos^2(\varphi-\varphi_0)}\left\{ 1 + \frac{\gamma\cos(\varphi-\varphi_0)\arccos[-\gamma\cos(\varphi-\varphi_0)]}{\sqrt{1-\gamma^2\cos^2(\varphi-\varphi_0)}} \right\}$$

$$\tag{2.44}$$

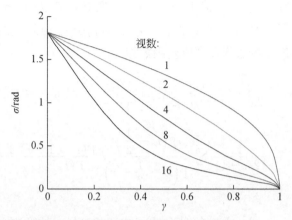

图 2.5　相位标准差和视数、相干系数的关系

不同相干系数与干涉相位概率密度分布的关系如图 2.6 所示。从图中可以看出,随着相干系数的增大,相位分布的标准差越来越小,干涉相位质量越来越好。当相干系数为 0 时,两幅 SAR 图像完全不相干,干涉相位呈均匀分布,此时干涉相位不包含任何有用信息。当相干系数趋向于 1 时,干涉相位的概率密度函数越来越尖锐,趋向于冲激函数。

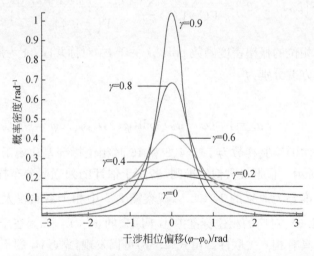

图 2.6　干涉相位的概率密度函数

当视数 $L=1$ 时,式(2.43)可以简化为

$$\sigma_{\varphi,L=1}^{2}=E\left[(\varphi-\varphi_{0})^{2}\right]=\frac{\pi^{2}}{3}-\pi\arcsin\gamma+\arcsin^{2}\gamma-\frac{\mathrm{Li}_{2}(\gamma^{2})}{2} \quad (2.45)$$

式中,$\mathrm{Li}_{2}(\gamma^{2})$ 表示为

$$\mathrm{Li}_2(\gamma^2) = \sum_{k=1}^{\infty} \frac{\gamma^{2k}}{k^2} \tag{2.46}$$

当视数 L 较大时，干涉相位方差的 Cramer-Rao 界为

$$\sigma_\varphi^2 = \frac{1}{2L} \frac{1-\gamma^2}{\gamma^2} \tag{2.47}$$

由式(2.47)可以看出，随着视数和相干系数的增大，干涉相位方差减小，因此可以通过增大相干系数和视数来减小干涉相位的标准差。在图像配准和图像预滤波时，可以采用高精度的算法来提高数据的相干性，但是作用有限。另一个更有效的办法是增加视数 L。需要特别指出的是，InSAR 处理的多视其核心就是均值滤波，增加视数就是增大均值滤波的窗口，即增加参与滤波的像素点。当窗口内的像素都服从同一分布时(同质区域)，如平地，多视可以在有效滤除噪声的同时不损失有用信息；但是当窗口内的像素服从不同分布时(异质区域，如城区)，如果不加区分地进行均值滤波，尽管可以滤除噪声，但同时会导致图像的分辨率下降(细节信息损失)。即便是在同质区域，干涉相位的缠绕性也可能导致密集分布的条纹，如果一味地增加视数 L，很可能会破坏条纹。因此，需要根据干涉相位的特性来研究滤波算法。

2.4　本章小结

本章首先介绍了 InSAR 测量的基本原理和主要的数据处理流程，在此基础上给出了 InSAR 测量信号模型及干涉相位统计特性。

参 考 文 献

[1] Bamler R, Hartl P. Synthetic aperture radar interferometry[J]. Inverse Problems, 1998, 14(4): R1—R54.

[2] 王超,张红,刘智. 星载合成孔径雷达干涉测量[M]. 北京:科学出版社,2002.

[3] Touzi R, Lopes A, Bruniquel J, et al. Coherence estimation for SAR imagery[J]. IEEE Transactions on Geoscience and Remote Sensing, 1999, 37(1): 135—149.

[4] Guarnieri A M, Prati C. SAR interferometry: A "quick and dirty" coherence estimator for data browsing[J]. IEEE Transactions on Geoscience and Remote Sensing, 1997, 35(3): 660—669.

[5] Jiang M, Ding X L, Tian X, et al. A hybrid method for optimization of the adaptive Goldstein filter[J]. ISPRS Photogrammetry and Remote Sensing, 2014, 98: 29—43.

[6] Jiang M, Ding X L, Li Z W, et al. The improvement for Baran phase filter derived from unbiased InSAR coherence[J]. IEEE Journal of Selected Topics in Applied Earth Observation and Remote Sensing, 2014, 7(7): 3002—3010.

[7] Zebker H A, Chen K. Accurate estimation of correlation in InSAR observations[J]. IEEE

Geoscience and Remote Sensing Letters, 2005, 2(2):124—127.

[8] Abdelfattah R, Nicolas J M. Interferometric SAR coherence magnitude estimation using second kind statistics[J]. IEEE Transactions on Geoscience and Remote Sensing, 2006, 44(7):1942—1953.

[9] Jiang M, Ding X L, Li Z. Hybrid approach for unbiased coherence estimation for multitemporal InSAR[J]. IEEE Transactions on Geoscience and Remote Sensing, 2014, 52(5):660—669.

[10] Goodman J W. Statistical analysis based on a certain multivariate complex Gaussian distribution (an introduction)[J]. Annals of Matchematical Statistics, 1963, 34(1):152—177.

[11] Lee J S, Hoppel K W, Mango S A, et al. Intensity and phase statistics of multilook polarimetric and interferometric SAR imagery[J]. IEEE Transactions on Geoscience and Remote Sensing, 1994, 32(5):1017—1028.

[12] Tough R J A. Interferometric Detection of Sea Ice Surface Features[M]. Malvern: Royal Signals and Radar Establishment, 1991.

第3章 干涉相位滤波特点、算法及评价指标

3.1 引 言

干涉相位滤波是继图像配准后干涉数据处理的又一重要环节,它是能进行正确相位解缠和获取高精度 DEM 或地形形变信息的保证。干涉相位滤波和光学图像滤波有相同之处,例如,它们的目的都是抑制噪声同时保持有用信号。因此,在研究干涉相位滤波的初期,科研人员主要是将光学图像滤波算法进行调整和改进,将之用于干涉相位滤波,这段时间主要是围绕均值滤波和中值滤波等经典算法进行的一系列改进。直到 1998 年和 2002 年干涉相位的实数域模型和复数域模型提出之后,针对干涉相位特点的滤波算法才陆续提出。时至今日,科研人员提出的干涉相位滤波算法多达几十种,但目前对这些算法系统总结归纳的工作开展得较少。

此外,对干涉相位滤波结果的评价也是一项重要工作,这不仅可以显示和对比滤波结果的好坏,更重要的是便于对算法进行全面了解,从而为算法的改进提供重要的参考。因此,评价指标的作用非常重要。但相比滤波算法,评价指标的数量较少,并且这些评价指标并不能全面反映滤波结果的性能,但目前对这些评价指标的总结分析工作开展得较少。

本章主要就干涉相位滤波的特点、现有算法的归纳总结和评价指标的归纳总结进行研究。主要内容安排如下:3.2 节总结干涉相位滤波的特点;3.3 节详细介绍目前主要的干涉相位滤波算法,并对算法的本质进行深入分析;3.4 节详细介绍目前用于干涉相位滤波评价的几种评价指标,对其优缺点进行深入分析;之后,基于现有定量评价指标提出 4 个新的评价指标;3.5 节用仿真数据对部分算法的性能和评价指标的作用进行验证和展示;3.6 节为本章小结。

3.2 干涉相位滤波的特点

本节总结干涉相位滤波的 5 个特点。

1. 干涉相位具有缠绕性

用配准后的主、辅 SAR 图像进行共轭相乘便可得到复干涉图

$$v = s_1 s_2^* = a\exp(\mathrm{j}\varphi) \tag{3.1}$$

式中，a 为复干涉图的幅度；φ 为干涉相位。对复干涉图取相位便可得到干涉相位

$$\varphi = \mathrm{angle}(v) \tag{3.2}$$

式中，angle 为取相位算子。由于该算子具有多对一的映射特性，因此 φ 是一个缠绕在区间 $(-\pi, \pi]$ 的非线性信号，如图 3.1 所示。图 3.1(a) 和 (b) 是一个干涉相位及其距离向的剖面图，可以看到干涉相位缠绕在一个有限的分布区间中，并且具有周期性，当相位值大于 π 或者小于 $-\pi$ 时，会重新映射回区间 $(-\pi, \pi]$。由 $-\pi$ 变化到 π 或 π 变化到 $-\pi$ 的点称为相位跳变点，从相位滤波的角度看，要避免对这些跳变点的处理，因为它们是有用信号的高频部分，如果破坏了这些跳变点，将无法进行正确的相位解缠。因此，干涉相位滤波必须要保留这些跳变点，即不改变干涉相位的分布区间，不能在实数域对相位本身直接进行滤波，而是要先将干涉相位转换到不含跳变点的域进行滤波，如复数域，再转换回来。为了进行直观说明，这里给出一个例子，如图 3.1(c)～(f) 所示。图 3.1(c) 是 3×3 均值滤波直接对相位进行处理的结果，图 3.1(d) 是其距离向剖面；图 3.1(e) 是先将相位转换到复数域再进行 3×3 均值滤波，最后变换回来的结果，图 3.1(f) 是其距离向剖面。经对比可以看出，对实数域干涉相位进行滤波会破坏跳变点，改变干涉相位的分布区间，因此是不可取的。

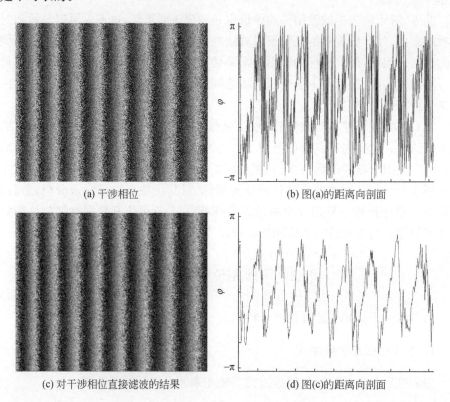

(a) 干涉相位　　　　　　　　　　　(b) 图(a)的距离向剖面

(c) 对干涉相位直接滤波的结果　　　　　　(d) 图(c)的距离向剖面

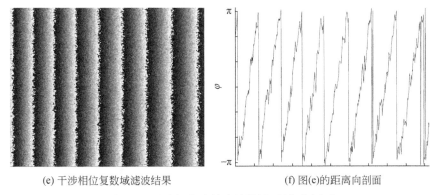

(e) 干涉相位复数域滤波结果　　　　　　　(f) 图(e)的距离向剖面

图 3.1　干涉相位及其滤波结果、距离向剖面

2. 干涉相位在实数域和复数域的统计特性不同

Lee 等[1]基于式(2.40)和 SIR-C 获取的 L 波段实测数据给出了干涉相位实数域的相位噪声模型

$$\varphi_z = \varphi_x + v \tag{3.3}$$

式中，φ_z 为干涉相位的观测值(含噪相位)；φ_x 为干涉相位的真值(无噪相位)；v 为加性噪声，其均值为 0、方差为 σ_v^2。φ_x 与 v 相互独立，噪声 v 的均值和方差也相互独立，σ_v 与相干系数 γ 和视数的关系如图 2.5 所示。式(3.3)是干涉相位的首个相位噪声模型，它的出现加深了科研人员对干涉相位统计特性的理解。受跳变点的影响，相位滤波一般在其他域进行，因此还需推导干涉相位在其他域的相位噪声模型。

随后，López-Martínez 等[2]推导了干涉相位复数域的相位噪声模型。复干涉相位可以表示为

$$\exp(j\varphi_z) = \cos\varphi_z + j\sin\varphi_z \tag{3.4}$$

下面以实部 $\cos\varphi_z$ 为例推导它的表达式。基于式(3.3)，$\cos\varphi_z$ 可以表示为

$$\cos\varphi_z = \cos(\varphi_x + v) = \cos\varphi_x\cos v - \sin\varphi_x\sin v \tag{3.5}$$

令 $v_1 = \cos v$，$v_2 = \sin v$，并结合式(2.40)得到 v_1 和 v_2 的概率密度函数分别为

$$\mathrm{pdf}(v_1) = \frac{1}{\pi\sqrt{1-v_1^2}} \frac{(1-\gamma^2)\{(1-\gamma^2 v_1^2)^{1/2} + \gamma v_1[\pi - \arccos(\gamma v_1)]\}}{(1-\gamma^2 v_1^2)^{3/2}},$$
$$-1 \leqslant v_1 \leqslant 1 \tag{3.6}$$

$$\mathrm{pdf}(v_2) = \frac{1}{\pi\sqrt{1-v_2^2}} \frac{(1-\gamma^2)\left\{\begin{array}{l}[1-\gamma^2(1-v_2^2)]^{1/2} \\ + \gamma\sqrt{1-v_2^2}\left[\dfrac{\pi}{2} - \arccos(\gamma\sqrt{1-v_2^2})\right]\end{array}\right\}}{[1-\gamma^2(1-v_2^2)]^{3/2}},$$
$$-1 \leqslant v_2 \leqslant 1 \tag{3.7}$$

令 v_1 和 v_2 的均值分别为 N_c 和 N_s，方差分别为 $\sigma_{v_1}^2$ 和 $\sigma_{v_2}^2$，根据式(3.5)和式(3.6)可以求得

$$N_c = \frac{\pi}{4}\gamma F\left(\frac{1}{2},\frac{1}{2};2;\gamma^2\right)$$
$$N_s = 0 \tag{3.8}$$

式中，γ 和 N_c 及 γ 和 $\sigma_{v_1}^2$、$\sigma_{v_2}^2$ 的关系分别如图 3.2(a) 和 (b) 所示。可以看出，N_c 与 γ 成正比，$\sigma_{v_1}^2$ 或 $\sigma_{v_2}^2$ 与 γ 成反比。

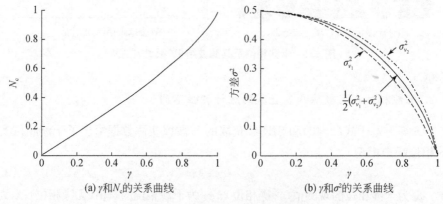

(a) γ 和 N_c 的关系曲线　　　　　(b) γ 和 σ^2 的关系曲线

图 3.2　γ 和 N_c、σ^2 的关系曲线

v_1 和 v_2 可以进一步分解为其均值和随机变量之和：

$$v_1 = \cos v = N_c + v_1'$$
$$v_2 = \sin v = N_s + v_2' \tag{3.9}$$

将式(3.9)代入式(3.5)可得

$$\cos\varphi_z = N_c\cos\varphi_x + v_1'\cos\varphi_x - v_2'\sin\varphi_x$$
$$= N_c\cos\varphi_x + v_c \tag{3.10}$$

式中，$v_c = v_1'\cos\varphi_x - v_2'\sin\varphi_x$。经过相同的推导，复干涉相位的虚部可以表示为

$$\sin\varphi_z = N_c\sin\varphi_x + v_s \tag{3.11}$$

式中，$v_s = v_1'\sin\varphi_x + v_2'\cos\varphi_x$。可以证明，$v_c$ 和 v_s 可以看做具有相同统计特性的 0 均值加性噪声，它们都与 φ_x 相互独立。v_c 的方差可以表示为

$$\sigma_{v_c}^2 = E\left[(v_1'\cos\varphi_x - v_2'\sin\varphi_x)^2\right]$$
$$= \sigma_{v_1}^2 E(\cos^2\varphi_x) + \sigma_{v_2}^2 E(\sin^2\varphi_x) \tag{3.12}$$

式中，$E(v_1'v_2') = 0$。如果将 φ_x 看做一个随机变量，那么

$$\sigma_{v_c}^2 = \frac{1}{2}(\sigma_{v_1}^2 + \sigma_{v_2}^2) \tag{3.13}$$

如果将 φ_x 看做一个非随机变量，那么式(3.13)中的等号不再成立，此时 $\sigma_{v_c}^2$ 和 $\sigma_{v_s}^2$ 的大小相近，式(3.13)可以看做对 $\sigma_{v_c}^2$ 真值的一个近似，$\sigma_{v_s}^2$ 也有相同的表达式。因

此,式(3.10)和式(3.11)就构成了干涉相位复数域的相位噪声模型。与实数域相位噪声模型不同,复数域相位噪声模型中的噪声和相位信号并不是独立的,因为 N_c、v_c 和 v_s 均与相干系数 γ 有关,其中 v_c 和 v_s 的方差可以表示为

$$\sigma_{v_c}^2 = \sigma_{v_s}^2 = \frac{1}{2}(1 - |\rho|)^{0.68} \tag{3.14}$$

3. 干涉相位中的噪声具有很强的空变性

一幅图像中,如果噪声的方差(强度)处处相同,那么称为空不变噪声;如果噪声的方差是变化的,那么称为空变噪声。目前,绝大多数光学图像的滤波算法都是基于加性空不变高斯噪声的假设提出的。然而,实际上由电子设备获取的光学图像中,既有加性的高斯噪声又有乘性的非高斯噪声,因此光学图像中的噪声具有一定的空变性[3,4]。从实测数据处理结果来看[5~8],这种空变性不强,部分高性能的光学图像滤波算法可以滤掉大部分噪声。

从式(2.32)可以看出,干涉相位中的噪声是多个去相干因素共同作用的结果,再加上侧视成像所造成的叠掩和阴影的影响,干涉相位中的噪声具有很强的空变性。图 3.3(a)是 SIR-C 获取的意大利 Etna 火山 X 波段的干涉相位图,图 3.3(b)和(c)分别是对应的相干系数图和相位噪声方差图,可以看到噪声的方差在干涉相位中变化很快,该相位数据的左上角、左下角、右下角和火山口北侧的数据相干性较低,噪声方差较大。这种噪声的空变性要求滤波参数必须根据局部噪声的强度自适应地调整;否则,低相干区域可能会欠滤波而高相干区域可能会过滤波。图 3.3(d)是用 3×3 均值滤波得到的滤波结果,可以看出相干性较大(噪声方差较小)的区域经过滤波后噪声得到有效抑制,而相干性较低的区域在滤波后仍然有很明显的噪声。因此,干涉相位滤波算法必须具备随噪声强度自适应调整滤波参数的能力。

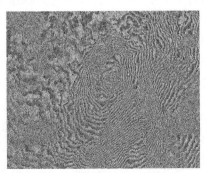

(a) 干涉相位　　　　　　　　　　　　　　　(b) 相干系数图

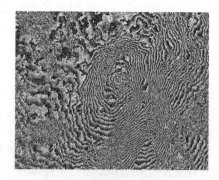

(c) 相位噪声方差图　　　　　　　　　　(d) 3×3均值滤波结果

图3.3　Etna火山干涉相位、质量图和相位滤波结果

4. 干涉相位滤波需要借助辅助信息

光学图像滤波一般是对图像直接进行处理或者基于图像估计噪声方差然后再处理,无需其他辅助信息。虽然干涉相位滤波也可以像光学图像一样直接对干涉相位本身进行处理,但这样得到的结果往往不够好,原因是干涉相位中的噪声具有很强的空变性。为了达到滤除噪声并保持相位信息的目的,干涉相位滤波往往要借助其他辅助信息,包括复干涉图的幅度图(强度图)、相干系数图、噪声方差(标准差)图和伪相干系数图等。

简单起见,科研人员习惯把干涉相位滤波算法分为空域滤波算法和变换域滤波算法。对于部分空域滤波算法,复干涉图的幅度图常用于推导加权滤波的权值或作为判断同质像素点的依据。复干涉图包含干涉相位和对应的幅度,干涉相位和对应的幅度之间是相互关联的。Bamler等[9]发现,对复干涉图进行多视比对干涉相位进行多视能获得更好的滤波结果,因为复干涉图的幅度能够作为权值使用,这个思想也直接应用于SRTM和TanDEM-X的数据滤波中。SRTM数据的相位滤波算法在处理动目标强散射点时,还采用了归一化的幅度图[10],因为这些强散射点会引入相位畸变,而这些畸变会随滤波传递到邻近的像素点,而采用归一化的幅度图可以避免这个问题。然而,多视的使用是假设滤波窗口内所有像素是同质的(服从同一分布),当窗口越来越大时这个假设将不再成立,具有不同散射特性的像素点将会被包含进来,如森林、田地和街道,对这些异质像素点不加区分地进行平滑处理是图像分辨率损失的根本原因。因此,必须在这些异质像素点里选择同质像素点进行滤波,才能达到既滤除噪声又不损失细节的目的,而复干涉图的幅度图(强度图)就是检测同质像素点的重要依据[11~22]。具体而言,可以根据复干涉图幅度图中两个像素点的像素值差异判断是否为同质像素点,或者根据复干涉图幅度图、干涉相位和相干系数图的联合概率密度函数来判断。对于部分空域滤波算法,噪声方差图(相干系数图)和伪相干系数图是重要的滤波参数。部分空域滤波算法,如 Lee 滤波,是基于维纳滤波器框架的,需要计算噪声的方差,一般通过先计算相干系数图,再通过式(2.45)得到噪声的方差图。但通过现有估计器得到的相干系数都是有偏的,导致通过式(2.45)得到噪声的方差图也是有偏的,影响了滤波算法的性能。一方面可以研究无偏相干系数估计器,但这通常会非常耗时;另一方面,科研人员发现部分情况下利用伪相干系数图进行滤波可以得到更好的结果[20,23]。

对于变换域滤波算法,相干系数图、噪声方差(标准差)图和伪相干系数图等是重要的自适应滤波参数。相比空域滤波算法,相干系数图、噪声方差(标准差)图和伪相干系数图在变换域滤波算法中的作用更加重要。例如,第一个改进的 Goldstein 滤波算法就是将相干系数图作为滤波参数,在一定程度上避免了 Goldstein 算法的过滤波和欠滤波问题。为了提升滤波性能,Li 等[24]先利用相干系数图得到噪声标准差图,然后用噪声标准差图作为滤波参数。针对相干系数图的有偏性,Jiang 等[25,26]研究了无偏相干系数估计器,而 Zhao 等[27]采用伪相干系数图进行滤波。

5. 干涉相位滤波以抑制残差点为目的

前面讲到,高程与绝对相位相关,但实际获取的干涉相位是绝对相位的缠绕值,需要对干涉相位进行解缠绕才能进行后续处理。假设场景足够平坦、采样率足够高并且相位中没有噪声,那么相位解缠就变成一个简单的二维积分问题,沿任意路径积分都会得到相同的解缠结果;然而,实测数据几乎无法满足以上假设,沿不同路径积分时会得到不同的解缠结果,产生这个现象的原因就是残差点。大量残差点会使相位解缠变得十分复杂,甚至会在解缠时引入误差,严重影响 DEM 的精度,必须予以抑制。

3.3　现有干涉相位滤波算法

干涉相位滤波的特点使得它和光学图像滤波既有共性又有区别,科研人员在现有光学图像滤波算法的基础上结合干涉相位滤波的特点,或者将光学图像滤波中比较成熟的技术应用于干涉相位滤波,提出了很多干涉相位滤波算法。为了方便对这些算法进行分析和改进,科研人员一般将这些算法分为两大类:空域算法和变换域算法。空域算法直接对干涉相位进行滤波,而变换域算法先将干涉相位变换到其他域进行滤波然后变换回来。其中,变换域算法包括频域算法和小波域算法。尽管这种分类算法简单,可以从形式上囊括所有的相位滤波算法,但并不能反映算法的本质。本节从传统的分类算法出发,对现有主要干涉相位滤波算法进行介绍,并对算法的本质特征进行分析。

3.3.1　空域滤波算法

1. 均值滤波算法和中值滤波算法

均值滤波算法和中值滤波算法是各类图像滤波中最常用的滤波算法之一。均值滤波是一种线性滤波算法,它的基本思想是以待滤波像素点为中心取一个窗口(一般为矩形),以窗口内所有像素点的均值作为待滤波像素点的滤波值,然后用该窗口遍历整幅图像得到所有像素点的滤波结果。其表达式为

$$f(x,y) = \frac{1}{\sum\limits_{i=-m}^{m}\sum\limits_{j=-n}^{n}\omega(x+i,y+j)} \sum_{i=-m}^{m}\sum_{j=-n}^{n}\omega(x+i,y+j)I(x+i,y+j)$$

$$(3.15)$$

式中,I 为待滤波图像;f 为滤波后的图像;ω 为滤波权值;窗口大小为 $(2m+1) \times (2n+1)$,窗口越大,滤波力度越强。均值滤波假设滤波窗口中的所有像素点是同质的(即服从同一分布),并且噪声是空不变、零均值随机变量,此时算法在统计意义上是最优的。将均值滤波算法用于干涉相位滤波会面临两个问题。

第一,窗口大小问题。当噪声的方差不大时,取较小的滤波窗口即可有效滤除噪声又不会引入异质像素点;但当噪声的方差较大时,必须通过增大滤波窗口来有效抑制噪声,一旦引入异质像素点就会造成图像的细节模糊,即通常所说的分辨率损失(下降)。此外,增大滤波窗口还可能破坏条纹密集区域的条纹。

第二,权值问题。干涉相位中的噪声是空变的,因此每一个像素点受噪声污染的程度是不同的,有的像素点噪声方差大,有的像素点噪声方差小,如果进行等权值平均,最后的滤波结果会受噪声方差大的像素点影响,因此必须进行加权均值滤波以得到更好的结果。可以看出,由于干涉相位中噪声的空变性和干涉条纹的多样性,为了达到最佳的滤波效果,均值滤波算法的滤波窗口和权值也应该是自适应变化的。然而,这种自适应策略应该跟局部噪声水平和局部条纹密度等很多因素有关,寻找起来很复杂,并且这会显著增加算法的运行时间。因此,科研人员在处理 SRTM 的 X 波段数据和 TanDEM-X 数据时采用的是固定窗口和复干涉图幅度图加权的均值滤波算法。

中值滤波是一种非线性滤波算法,它的核心思想是取一个以待滤波像素点为中心、包含奇数个像素的滤波窗口,将窗口中的所有像素点按像素值由大到小或由小到大排序,将位于序列中间位置的像素作为待滤波像素的滤波值。其表达式为

$$f(x,y) = \text{med}[I(x+i,y+j)], \quad -m \leqslant i \leqslant m; -n \leqslant j \leqslant n \qquad (3.16)$$

式中,med 为取中值算子。相比均值滤波,中值滤波对极值的影响不敏感,因此能够去除孤立的脉冲噪声,在细节保持能力上要优于均值滤波。但中值滤波往往会

丢失图像的细线、尖锐的边角等细微几何结构。此外,中值滤波只利用了像素值大小的关系,整体滤波能力不如均值滤波。由于干涉相位的缠绕性,均值滤波和中值滤波都是作用于复干涉图或者复干涉相位上,然后取相位得到滤波结果的。

2. 圆周期中值滤波算法

相位噪声的概率密度函数以 2π 为周期[28],并且必须以 2π 作为基准间隔。如果这个间隔以相位均值为中心,那么它的概率密度函数就是以均值为中心对称的,并且其方差与这个间隔无关。这些特性对于低通滤波是很有利的,因为如果基准间隔在滤波过程中固定不变,那么低通滤波将不会改变概率密度函数的对称中心位置,所以相位滤波的关键问题就在于确定局部噪声的位置。然而,干涉相位是一个非平稳随机信号,包含大量密集的干涉条纹,处理起来十分困难。因此,在滤波前需要对干涉相位进行去平地相位处理或者利用较小的窗口进行滤波。传统的确定噪声位置的方法,是在已知均值方向的情况下采用(单位)矢量和进行处理。这种方法需要计算超验函数,因此十分复杂。为方便起见,可以采用样本中值方向和样本模态方向,Lanari 等[29]基于此提出了圆周期中值滤波算法,其核心公式为

$$\mu_{\mathrm{M}}(f)(P) = \mathrm{wrap}(\mathrm{Mode}(M_P) + \mathrm{med}\{\mathrm{wrap}[f(Q) - \mathrm{Mode}(M_P)], Q \in M_P \bigcap E\})$$

$$(3.17)$$

式中, $\mu_{\mathrm{M}}(f)(P)$ 为圆周期中值滤波结果;wrap 为缠绕算子将输入值缠绕到 $(-\pi, \pi]$; $E = \{(i,j): i,j = 1,2,\cdots,N\}$ 为 N 像素 $\times N$ 像素的干涉相位 f 的分布范围; M_P 为一个以 $P \equiv (i,j) \in E$ 为中心的 L 像素 $\times L$ 像素的模板;$\mathrm{Mode}(M_P)$ 为 $\{f(Q): Q \in M_P \bigcap E\}$ 的样本模态值,可以通过模态搜寻算法[30]得到。

利用式(3.17)进行相位滤波的步骤如下:

(1) 以待滤波的像素点为中心取一个 $L \times L$ 的图像块。

(2) 计算图像块的样本模态值。

(3) 图像块中的所有像素值减去样本模态值,并对结果进行缠绕。

(4) 对步骤(3)的缠绕结果取中值,并与样本模态值相加,再将结果缠绕。

(5) 将步骤(4)的缠绕结果作为当前待滤波像素的滤波结果。

(6) 遍历干涉相位中所有像素,重复步骤(1)~步骤(5)。

圆周期中值滤波算法在保持干涉相位的圆周期特性上有很大改善,并且算法不依赖噪声的分布,因此对不同的噪声均有较好的适应能力。但和中值滤波一样,算法没有充分考虑相位的统计特性,因此算法性能还有很大的提升空间。不久,科研人员又将式(3.17)中的取中值算子改成均值,提出了圆周期均值滤波算法;为了在噪声较强的区域利用较小的窗口也能取得较好的滤波结果,科研人员又提出了各种加权版本的圆周期均值/中值滤波算法[31~36]。

3. Lee 滤波算法

均值/中值滤波算法和圆周期均值/中值滤波算法都忽略了一个问题,干涉相位中的干涉条纹具有很强的方向性,而规则的矩形滤波窗口在密集条纹区域很容易破坏条纹的连续性。如果滤波窗口能随条纹方向自适应地变化,那么就可以达到既滤除噪声又不破坏条纹的目的。基于以上考虑,Lee 等[1]针对式(3.3)提出了基于方向窗(directional windows)的干涉相位滤波算法。算法遵循以下 3 个原则:

(1) 干涉相位中的噪声是空变的,算法必须能够根据噪声水平自适应地变化,以确保噪声强的区域滤波力度强,从而能够保证正确的相位解缠,而噪声弱的区域滤波力度弱,从而较好地保持相位细节信息。由于噪声的方差是相干系数的函数,相干系数应该能用于滤波。

(2) 在地形陡峭的区域,干涉条纹密集,传统矩形窗容易包含 2 个或者 2 个以上的干涉条纹,导致滤波破坏条纹的连续性。此时,应该采用契合条纹方向的方向窗来滤波,如图 3.4 所示。方向窗中像素点的像素值比较接近,可以近似认为是同质的,因此用方向窗滤波可以既滤除噪声又不破坏条纹。

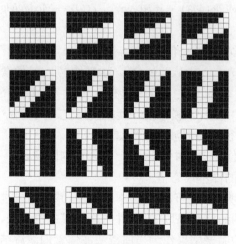

图 3.4　用于滤波的 16 个方向窗

(3) 由于干涉相位的缠绕性,需要对其先解缠再滤波,或者对复干涉相位 $\exp(j\varphi_z)$ 进行滤波。

Lee 滤波算法即可以处理实干涉相位又可以处理复干涉相位。针对实干涉相位的滤波表达式为[1]

$$\hat{\varphi}_x = \bar{\varphi}_z + \frac{\mathrm{var}(\varphi_x)}{\mathrm{var}(\varphi_z)}(\varphi_z - \bar{\varphi}_z) \qquad (3.18)$$

式中,$\hat{\varphi}_x$ 为滤波结果;$\bar{\varphi}_z$ 为基于方向窗计算的局部均值;var 为取方差算子;

$var(\varphi_z)$ 为基于方向窗计算的局部方差；$var(\varphi_x)$ 表示为

$$var(\varphi_x) = var(\varphi_z) - \sigma_v^2 \tag{3.19}$$

式中，σ_v^2 根据式(2.40)得到。

针对复干涉相位的滤波表达式为

$$\hat{S}_x = \bar{S}_z + \frac{var(\varphi_x)}{var(\varphi_z)}(S_z - \bar{S}_z) \tag{3.20}$$

式中，$\hat{S}_x = \exp(j\hat{\varphi}_x)$ 为复干涉相位的滤波结果；$S_z = \exp(j\varphi_z)$；$\bar{S}_z$ 为归一化的复均值。当相位的相干性较好时，σ_v^2 较小，$var(\varphi_x) \approx var(\varphi_z)$，滤波力度小，滤波结果接近含噪相位；当相位的相干性较差时，σ_v^2 较大，$var(\varphi_x) \approx 0$，滤波力度大，滤波结果接近局部均值。此外，$var(\varphi_x)$ 还反映了地形陡峭程度，即干涉条纹密度。当干涉条纹较密集时，$var(\varphi_x)$ 较大，滤波力度小；当干涉条纹较稀疏时，$var(\varphi_x)$ 较小，滤波力度大。因此，算法具有很强的自适应性。

算法的具体步骤如下：

(1) 计算待滤波像素的噪声方差。以待滤波像素为中心取一个 9×9 的窗口，根据待滤波像素的相干系数和式(2.40)得到 σ_v^2。可以提前将相干系数和 σ_v^2 的关系制成表，方便查询。

(2) 从图 3.4 中选择一个方向窗，既可以基于实干涉相位也可以基于复干涉相位进行。对于实干涉相位，先对窗口中的相位进行相位解缠，然后基于图 3.4 中的 16 个窗分别计算方差(只有白色的像素点参与计算)，选择方差最小的那个窗；对于复干涉相位 $\exp(j\varphi_z)$，基于图 3.4 中的 16 个窗计算均值，选择幅度最大的那个窗。

(3) 计算滤波参数。根据选定的方向窗计算局部均值 $\bar{\varphi}_z$、方差 $var(\varphi_z)$ (只有白色的像素点参与计算)和 $var(\varphi_x)$。

(4) 将计算得到的滤波参数代入式(3.18)或式(3.20)进行滤波，前者得到的结果需要进行缠绕。

Lee 滤波算法是具有里程碑意义的，虽然从形式上看它是维纳滤波器，但在计算均值和方差时采用的不是传统的规则矩形窗，而是与条纹方向相近的非规则方向窗。这样做的目的是寻找与待滤波像素点同质的像素点来滤波，尽可能在滤除噪声的同时不损失相位信息。此外，式(3.18)和式(3.20)等号右边的第二项可以看做一种补偿滤波的形式，旨在进一步提高算法自适应能力和保持细节的能力。同时，Lee 还建议对滤波结果进行两种迭代滤波。第一种是对第一次滤波结果再进行 Lee 滤波，噪声的方差可以在大视数条件下根据式(2.40)计算得到；第二种是先用原始干涉相位减去第一次滤波相位得到差分(残余)相位，对缠绕后的差分相位进行 Lee 滤波，再将滤波结果叠加到第一次滤波的结果上，后来很多滤波算法都利用了迭代滤波的思想。同时还要看到，干涉相位滤波是一个复杂的问题，一步滤波很难得到最佳的结果。

Lee 滤波算法具有以下 3 个缺点：

（1）Lee 滤波算法可以看做原子固定的稀疏滤波算法，算法以 16 个方向窗作为原子或者基来近似表示所有的干涉条纹。然而，条纹的变化是多样的，但方向窗的大小和种类是固定的，对于快速变化的条纹就无法用图 3.4 中的方向窗有效地表示出来。

（2）在强噪声情况下，这种依靠方差或者梯度的方法无法准确确定条纹方向。

（3）算法需要先解缠再滤波，这样会导致算法效率低下，并且在强噪声情况下会引入解缠误差，导致滤波精度下降。

针对 Lee 滤波算法的缺点，Chao 等[37] 提出了两点改进。第一，对确定好方向窗的像素点用阈值对其方向窗的可靠性进行判断，对小于阈值的像素点利用距离倒数加权的非规则插值方法和 11×11 的窗口重新计算其条纹方向。第二，用均值来替代受噪声污染严重的像素点，并设置同质像素点的判断准则，只利用同质像素点计算局部均值和方差。Wu 等[38] 利用最大似然频率估计器来估计条纹频率，并根据条纹频率来确定条纹的方向和滤波参数，使得算法在强噪声的情况下鲁棒性增强，并且不需要进行局部相位解缠，提高了算法的效率。

4. 旋滤波算法

针对 Lee 滤波算法中固定方向窗无法有效近似快速变化条纹的问题，科研人员[39~41] 将电子散斑干涉（electronic speckle pattern interferometry，ESPI）中的旋滤波[42] 应用于干涉相位滤波。算法基于如下思想：在干涉相位中，相位梯度在条纹的切线方向或者等相位线上变化最小，此时条纹是分布在零频附近的低频信号，而噪声主要是高频信号。因此，可以用低通滤波器沿着条纹的切线方向或者等相位线方向滤波，相关推导如下：

用于干涉的主、辅 SAR 图像 I_1 和 I_2 可表示为

$$
\begin{aligned}
I_1 &= A_1 \exp(\mathrm{j}\varphi_1) = A_1 \cos\varphi_1 + \mathrm{j}A_1 \sin\varphi_1 \\
&= A_1 \cos(\varphi_{1c} + u_1) + \mathrm{j}A_1 \sin(\varphi_{1c} + u_1) \\
I_2 &= A_2 \exp(\mathrm{j}\varphi_2) = A_2 \cos\varphi_2 + \mathrm{j}A_2 \sin\varphi_2 \\
&= A_2 \cos(\varphi_{2c} + u_2) + \mathrm{j}A_2 \sin(\varphi_{2c} + u_2)
\end{aligned} \tag{3.21}
$$

式中，A_1 和 A_2 为幅度；φ_1 和 φ_2 为相位；φ_{1c} 和 φ_{2c} 为斜距引起的相位；u_1 和 u_2 为随机噪声。基于式（3.21）可得干涉相位 φ 的表达式为

$$
\varphi = \varphi_1 - \varphi_2 = \Delta\varphi_c + \Delta u = \arctan \frac{\mathrm{Im}(I_1 I_2^*)}{\mathrm{Re}(I_1 I_2^*)} \tag{3.22}
$$

式中，Im 为取虚部算子；Re 为取实部算子；$\Delta\varphi_c = \varphi_{1c} - \varphi_{2c}$；$\Delta u = u_1 - u_2$。对干涉相位滤波时为了避免相位跳变的问题，一般对复干涉相位进行滤波或者对复干涉

相位的实部和虚部分别进行滤波。因此,滤波后的相位 $\hat{\varphi}$ 可表示为

$$\hat{\varphi} = \arctan \frac{\sum \sin(\Delta\varphi_c + \Delta u)}{\sum \cos(\Delta\varphi_c + \Delta u)}$$

$$= \arctan \frac{\sum \sin\Delta\varphi_c \cos\Delta u + \sum \cos\Delta\varphi_c \sin\Delta u}{\sum \cos\Delta\varphi_c \cos\Delta u - \sum \sin\Delta\varphi_c \sin\Delta u} \tag{3.23}$$

在条纹切线方向或者等相位线上 $\Delta\varphi_c$ 变化较小, $\sin\Delta\varphi_c$ 和 $\cos\Delta\varphi_c$ 可以近似为常数,此时式(3.23)可以表示为

$$\hat{\varphi} = \arctan \frac{\sin\Delta\varphi_c \sum \cos\Delta u + \cos\Delta\varphi_c \sum \sin\Delta u}{\cos\Delta\varphi_c \sum \cos\Delta u - \sin\Delta\varphi_c \sum \sin\Delta u} \tag{3.24}$$

由于 I_1 和 I_2 具有较强的相关性, Δu 较小并大致以零为均值,如果滤波窗口足够小,那么 $\sin\Delta u$ 接近零而 $\cos\Delta u$ 为一大于零的数。此时,式(3.24)可以简化为

$$\hat{\varphi} \approx \arctan \frac{\sin\Delta\varphi_c \sum \cos\Delta u}{\cos\Delta\varphi_c \sum \cos\Delta u} = \arctan \frac{\sin\Delta\varphi_c}{\cos\Delta\varphi_c} = \Delta\varphi_c \tag{3.25}$$

旋滤波算法主要包含以下 3 个步骤:

第一步,条纹方向图的获取。理论上,条纹的方向和条纹的梯度方向是相互垂直的,那么式(3.26)表示的内积应该为零,即

$$(\cos\theta, \sin\theta) \nabla\varphi(x, y) = 0 \tag{3.26}$$

式中, φ 为干涉相位中的条纹; $\theta(x, y)$ 为该条纹的方向,可以表示为

$$\theta(x, y) = \frac{\pi}{2} + \arctan \frac{\dfrac{\partial\varphi(x, y)}{\partial y}}{\dfrac{\partial\varphi(x, y)}{\partial x}} \tag{3.27}$$

然而,微分运算对噪声特别敏感,不能用式(3.27)直接求取条纹方向,必须通过平滑滤波的方法来减小噪声的影响。一般在一个较小的窗口内用移动最小二乘平面拟合的方法,对当前待滤波像素点进行局部最小二乘平面拟合,将拟合得到的平面的方向导数为零的方向定义为条纹方向。该窗口需要根据局部条纹密度或宽度自适应地确定,确保该窗口内的条纹满足一阶多项式。具体而言,将干涉相位线性映射到区间 $(0, 255]$,然后以 127 为阈值将干涉相位二值化得到二值图像,为了抑制噪声的影响还可以对二值图像进行滤波窗口为 5×5 的低通滤波,最后以相邻二值像素的累积个数作为用于平面拟合的窗口大小。注意,为了保证拟合的精度,该窗口不能取得过大。得到窗口大小后,在窗口内用一阶多项式拟合干涉相位:

$$g(x,y) = a + bx + cy \tag{3.28}$$

相应的条纹方向可以表示为

$$\theta(x,y) = \frac{\pi}{2} + \arctan\left[\frac{\dfrac{\partial\varphi(x,y)}{\partial y}}{\dfrac{\partial\varphi(x,y)}{\partial x}}\right]_{x=y=0}$$

$$= \frac{\pi}{2} + \arctan\frac{c}{b} \tag{3.29}$$

由式(3.29)得到的条纹方向在区间 $(-\pi/2, \pi/2]$ 取值,将其线性映射到区间 $(0, 255]$ 即可得到条纹方向图(fringe orientation map)。之后,可以对条纹方向图进行滤波窗口为 5×5 的低通滤波,进一步抑制噪声的影响。

第二步,条纹等值线窗的确定。令当前像素点为 $P_0(x_0, y_0)$,其条纹方向为 θ_0,沿该方向分别向前向后可以得到两个像素点 $P_1(x_1, y_1)$ 和 $P_{-1}(x_{-1}, y_{-1})$,依此类推可以得到 $P_n(x_n, y_n)$ 和 $P_{-n}(x_{-n}, y_{-n})$

$$\begin{cases} x_{\pm i} = x_{\pm(i-1)} \pm \cos\theta_{\pm(i-1)}, \\ y_{\pm i} = y_{\pm(i-1)} \pm \sin\theta_{\pm(i-1)}, \end{cases} \quad 1 \leqslant i \leqslant n \tag{3.30}$$

这样就找到了一条条纹等值线。由于点 (x_i, y_i) 不一定是整数,因此需要进行插值处理。如图 3.5 所示[40],细实线为干涉条纹,粗实线为拟合条纹的窗口,其中,图 3.5(a)为 Lee 滤波算法的方向窗拟合结果,图 3.5(b)为旋滤波算法的条纹等值线窗拟合结果。可以看出,条纹等值线窗比方向窗更能有效地拟合出条纹的方向。

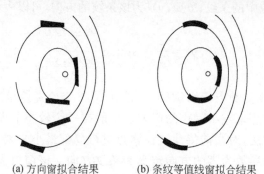

(a) 方向窗拟合结果　　　　(b) 条纹等值线窗拟合结果

图 3.5　方向窗和条纹等直线窗拟合结果对比图

第三步,在条纹等值线窗中使用均值或者中值等低通滤波算法进行滤波。相比 Lee 算法中的固定方向窗,旋滤波算法中的方向窗能够更好地契合条纹的方向。但是,最小二乘对噪声敏感,算法多次使用低通滤波可能会引入误差,再加上最后滤波时也只是使用低通滤波而非 Lee 算法中的维纳滤波,因此旋滤波相对于 Lee 滤波的优势并不明显。两者在强噪声污染的密集条纹处理中,仍然会破坏条纹的连续性。

5. IDAN 算法

尽管 Lee 和旋滤波在寻找同质像素点上做出了重要贡献,但是两个算法都只利用了相位信息,忽略了复干涉图的幅度信息。由于复干涉图的幅度图和干涉相位是相互关联的,因此应该可以利用幅度图来辅助干涉相位滤波,这就是基于强度的自适应邻域(intensity-driven adaptive-neighborhood, IDAN)算法[11]的出发点。IDAN 算法是基于极化干涉数据处理提出的,在推导时用到了 6 幅不同极化的强度图像。在这里,基于复干涉图的幅度图来进行介绍。

IDAN 算法的核心思想是,在待滤波像素的邻域内寻找与该像素同质的像素点,形成一个 AN,然后用 AN 内的像素点进行均值或者维纳滤波。根据 Sigma 滤波算法[43],AN 中的像素点满足与待滤波像素点的像素值差小于 2 倍的噪声变异系数。在多视 SAR 强度图像的乘性噪声模型中,噪声服从 Gamma 分布[44,45],该分布包含 μ 和 σ 两个参数。此时,AN 中的像素点即为分布在 $[\mu-2\sigma/\mu, \mu+2\sigma/\mu]$ 中的像素点,该区间保证了 AN 中的同质像素点足够多,σ/μ 是 SAR 图像中一个重要参数,它在同质区域是一个常数并且等于 $1/\sqrt{L_{eq}}$(L_{eq} 是等效视数)。然而,这种单阈值的检测准则会囊括太多的异质像素点导致滤波性能下降,尤其在噪声较强的区域。因此,IDAN 采用两步、双阈值的方法来检测同质像素点。该算法的具体实现步骤如下:

1)第一步检测

(1)对待滤波像素 $p(k,l)$ 进行初次滤波得到 $\hat{p}(k,l)$ 。在进行 AN 检测之前,需要避免模糊相位的细节信息,因此在这一步滤波利用滤波窗口为 3×3 的中值滤波。

(2)AN 检测。对于像素点 $p(k,l)$ 周围的 8 个像素点 $p(i,j)$,只要满足不等式(3.31),就将它们加入 AN 中:

$$\frac{\| p(i,j)-\hat{p}(k,l) \|}{\| \hat{p}(k,l) \|} \leqslant \frac{2}{3} \frac{\sigma}{\mu} \tag{3.31}$$

对于新加入 AN 的像素点,用同样的方法判断其相邻的像素点是否属于 AN,重复使用该方法直到 AN 中像素点的数量超过预设的阈值,又或者没有像素点满足式(3.31),没有包含进 AN 的像素点记为背景像素点。由于式(3.31)中使用的阈值比 Sigma 算法中的大,因此由式(3.31)得到的 AN 有时并不是一整块区域,区域中可能会出现很多"洞",这些"洞"将通过第二步检测"填补"回来。

2)第二步检测

(1)重新计算待滤波像素 $p(k,l)$ 的滤波结果 $\bar{p}(k,l)$ 。利用第一步检测中生成的 AN 和均值滤波得到 $\bar{p}(k,l)$ 。

(2)对背景像素点进行再检测。基于 $\bar{p}(k,l)$ 和不等式(3.32)对背景像素点进行再检测。

$$\frac{\parallel p(i,j) - \bar{p}(k,l) \parallel}{\parallel \bar{p}(k,l) \parallel} \leqslant 2\frac{\sigma}{\mu} \tag{3.32}$$

把满足式(3.32)的背景像素点加入 AN 中。图 3.6 为 AN 检测结果,图 3.6(a)是 2 视 SAR 强度图像,箭头指示的是待滤波像素点;图 3.6(c)是利用 Sigma 算法单阈值 AN 检测结果;图 3.6(b)是 IDAN 算法第一步 AN 检测结果;图 3.6(d)是 IDAN 算法第二步 AN 检测结果。可以看到,双阈值检测可以得到更多的同质像素点。

3) 第三步检测

对待滤波像素点根据其生成的 AN 进行均值滤波或维纳滤波。

IDAN 算法基于利用同质像素点进行滤波这一核心思想,利用干涉相位对应的幅度图实现了同质像素点的检测,生成的 AN 既非矩形窗,也非 Lee 或旋滤波中的方向窗,而是一种不规则窗,具有更强的自适应能力和相位细节保持能力。然而,受相干斑的影响,SAR 强度图像服从的分布具有很长的拖尾,导致 AN 检测时将强度值差异较大的同质像素点判定为异质像素点。这样做,一方面易在 AN 中引入异质像素点,损失相位细节信息;另一方面,强度值大的像素点会因找不到足够多的同质像素点进行滤波,而残留部分甚至大量噪声。

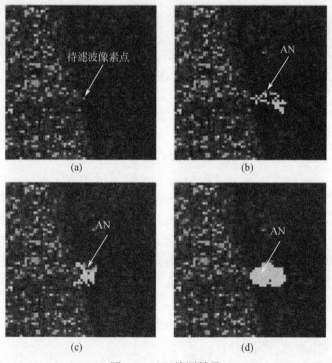

图 3.6　AN 检测结果

6. NL-InSAR 算法

以上介绍的空域滤波算法,其滤波始终是基于局部相邻像素点进行的,只能利用图像的局部信息,都是局部滤波算法,IDAN 算法几乎可以代表这一类算法的极限性能,想要突破这个极限,必须利用更加先进的技术。在滤波算法研究的初期,受制于计算硬件的性能,科研人员往往更加注重算法的效率,因此这种基于局部邻域的快速算法是很受欢迎的,然而,一个简单但非常重要的事实被忽略了:图像中存在大量的冗余性,图像中的角点、直线和曲线等结构在图像的不同位置重复出现。尤其是当图像很大时,这种重复出现的概率更高。因此,对于图像中任意一个图像块,经常能够在图像的其他位置找到与该图像块相似或者相同的图像块,这就是图像的非局部相似性。如果能够利用这种相似性,就有望突破传统局部滤波算法的性能瓶颈,将滤波非局部化。基于非局部思想,Buades 等[6]首次提出 NLM 滤波算法,其表达式为

$$\mathrm{NL}[v](i) = \sum_{j \in I} \omega(i,j) v(j) \qquad (3.33)$$

式中,$v = \{v(i) \mid i \in I\}$ 为待滤波图像;$\mathrm{NL}[v](i)$ 为像素点 i 的滤波结果;$\{\omega(i,j)\}_j$ 为像素点 i 和 j 的相似性度量并满足 $0 \leqslant \omega(i,j) \leqslant 1$ 和 $\sum_j \omega(i,j) = 1$。具体而言,$\omega(i,j)$ 为两个分别以像素点 i 和 j 为中心的图像块 $v(\boldsymbol{N}_i)$ 和 $v(\boldsymbol{N}_j)$ 之间加权欧几里得距离的减函数:

$$\omega(i,j) = \frac{1}{Z(i)} \exp\left[-\frac{\parallel v(\boldsymbol{N}_i) - v(\boldsymbol{N}_j) \parallel_{2,a}^2}{h^2}\right] \qquad (3.34)$$

式中,$\parallel v(\boldsymbol{N}_i) - v(\boldsymbol{N}_j) \parallel_{2,a}^2$ 为 $v(\boldsymbol{N}_i)$ 和 $v(\boldsymbol{N}_j)$ 的高斯加权欧几里得距离;$a > 0$ 为高斯核函数的标准差;h 为滤波参数;$Z(i)$ 为归一化常数因子,可表示为

$$Z(i) = \sum_j \exp\left[-\frac{\parallel v(\boldsymbol{N}_i) - v(\boldsymbol{N}_j) \parallel_{2,a}^2}{h^2}\right] \qquad (3.35)$$

由式(3.33)和式(3.34)可以看出,NLM 算法本质是一个利用了图像中所有像素点的加权均值滤波,权值是以待滤波像素为中心的图像块和其他像素为中心的图像块之间的相似性的函数。相似性越大的图像块,其在滤波中的权值越大。如图 3.7 所示[6],p 为当前待滤波像素点,q_1、q_2 和 q_3 为参与滤波的像素点,$\omega(p,q_1)$、$\omega(p,q_2)$ 和 $\omega(p,q_3)$ 分别为对应的滤波权值。可以看出,包含 p 的图像块与包含 q_1 和 q_2 的图像块十分相似,而与包含 q_3 的图像块差异较大,因此 $\omega(p,q_1)$ 和 $\omega(p,q_2)$ 将大于 $\omega(p,q_3)$。NLM 在处理每一个像素时都用到了图像中的全部像素点,这样做导致两个问题。第一,计算量太大,图像尺寸非常大时尤为明显。第二,非同质像素点也参与了滤波,导致滤波性能下降。因此,在实际应用中一般采用如下的参数设置[6]:图像块大小为 7×7,相似图像块搜索窗大小为 21×21,滤波参数 $h = 10\sigma$,σ 是噪声标准差。需要注意的是,这组参数在实用化

NLM 算法的同时将其局部化了，因此滤波性能降低了。尽管如此，NLM 算法的性能还是明显超越了传统局部滤波算法，并掀起了新一轮的滤波算法研究热潮。

图 3.7　NLM 权值示意图

　　NLM 算法是基于图像冗余性（相似性）的，而干涉相位中存在大量冗余，因此干涉相位特别适合 NLM 算法。2011 年，Deledalle 等[46]基于 InSAR 数据的统计特性将 NLM 和最大似然滤波算法[47]结合起来，提出了著名的 NL-InSAR 干涉相位滤波算法，该算法是继方向窗、条纹等值线窗和 AN 之后的又一重大突破。

　　NL-InSAR 本质是一个迭代加权最大似然估计器。算法从干涉协方差矩阵，即式（2.30）出发，令 $E(|s_1|^2)=E(|s_2|^2)=R$，$A=|s_1|$ 和 $A'=|s_2|$ 为 SAR 幅度图像，$\varphi=\arctan(s_1 s_2^*)$ 为去平地相位后的含噪相位，D 和 β 分别为相干系数图和待估计的无噪相位，因此 (A,A',φ) 基于 (R,D,β) 的条件概率密度函数可表示为[48]

$$\mathrm{pdf}(A,A',\varphi \mid R,D,\beta)=\frac{2AA'}{\pi R^2(1-D^2)}\exp\left[-\frac{A^2+A'^2-2DAA'\cos(\varphi-\beta)}{R(1-D^2)}\right]$$

$$(3.36)$$

令 $O_t=(A_t,A'_t,\varphi_t)$ 表示与像素点 s 同质的滤波像素点，像素点 s 的加权最大似然估计 $\hat{\Theta}_s=(\hat{R}_s,\hat{\beta}_s,\hat{D}_s)$ 可以表示为

$$\hat{\Theta}_s=\arg\max_{\Theta}\sum_t \omega(s,t)\ln\mathrm{pdf}(O_t \mid \Theta)\qquad(3.37)$$

式中，$\omega(s,t)>0$ 为权值。基于式（3.37）可以得到加权最大似然估计结果为

$$\begin{cases}\hat{R}_s=\dfrac{a}{N}\\[2mm]\hat{\beta}_s=-\arg x\\[2mm]\hat{D}_s=\dfrac{|x|}{a}\end{cases}\qquad(3.38)$$

式中，a、x 和 N 的计算公式为

$$\begin{cases} a = \sum_t \omega(s,t) \dfrac{|s_1|^2 + |s_2|^2}{2} \\ x = \sum_t \omega(s,t) s_1 s_2^* \\ N = \sum_t \omega(s,t) \end{cases} \quad (3.39)$$

此时算法的核心问题就是权值的定义和计算。在光学图像中，权值一般是基于以像素点 s 和 t 为中心的图像块 Δ_s 和 Δ_t 之间的欧几里得距离的函数，这种方法是基于单幅图像的，而干涉协方差矩阵涉及多幅图像，应该充分利用这些图像的信息。令 O_{Δ_s} 和 O_{Δ_t} 都来自同一个无噪 Θ_Δ，并且噪声是互不相关的，那么权值 $\omega(s,t)$ 可表示为式(3.40)所示的似然函数：

$$\begin{aligned} \omega(s,t) &= \mathrm{pdf}\left(O_{\Delta_s}, O_{\Delta_t} \mid \Theta_{\Delta_s} = \Theta_{\Delta_t} = \Theta_\Delta\right)^{\frac{1}{h}} \\ &= \prod_k \mathrm{pdf}\left(O_{s,k}, O_{t,k} \mid \Theta_{s,k} = \Theta_{t,k}\right)^{\frac{1}{h}} \end{aligned} \quad (3.40)$$

式中，h 为滤波参数；下角标 s,k 和 t,k 分别为 Δ_s 和 Δ_t 中第 k 个像素点，为方便起见，后面用下角标 1 和 2 代替 s,k 和 t,k。由于真值 Θ 是未知的，因此式(3.40)中的似然分布函数需要通过积分来计算。同时，考虑到似然分布函数的尺度不变性，需要将原观测值映射到能够使似然分布函数具有尺度不变性的区间中。此时，式(3.40)中的似然分布函数可以表示为

$$\mathrm{pdf}(O_1, O_2 \mid \Theta_1 = \Theta_2) = \left|\frac{\mathrm{d}\Phi}{\mathrm{d}O_1}(O_1)\right|^{-1} \left|\frac{\mathrm{d}\Phi}{\mathrm{d}O_2}(O_2)\right|^{-1}$$

$$\cdot \int \mathrm{pdf}(O_1 \mid \Theta_1 = \Theta)\,\mathrm{pdf}(O_2 \mid \Theta_2 = \Theta)\,\mathrm{d}\Theta \quad (3.41)$$

式中，$\Phi: (A, A', \varphi) \mapsto (\sqrt{A}, \sqrt{A'}, \varphi)$。根据三重积分可以将式(3.41)化简为

$$\mathrm{pdf}(O_1, O_2 \mid \Theta_1 = \Theta_2) = \left(\sqrt{\frac{C}{B}}\right)^3 \left(\frac{A+B}{A}\sqrt{\frac{B}{A-B}} - \arcsin\sqrt{\frac{B}{A}}\right) \quad (3.42)$$

式中，A、B 和 C 的计算公式为

$$\begin{aligned} A &= (A_1^2 + A_1'^2 + A_2^2 + A_2'^2)^2 \\ B &= 4\left[A_1^2 A_1'^2 + A_2^2 A_2'^2 + 2A_1 A_1' A_2 A_2' \cos(\varphi_1 - \varphi_2)\right] \\ C &= A_1 A_1' A_2 A_2' \end{aligned} \quad (3.43)$$

为了达到更好的去噪效果，在 NL-InSAR 里采用迭代计算权值的方法进行迭代滤波。对于每一次迭代，可以利用上一次迭代的结果作为先验条件，再结合后验分布函数来计算图像块的相似性。后验分布函数可表示为

$$\mathrm{pdf}(\Theta_1 = \Theta_2 \mid O) \propto \mathrm{pdf}(O_1, O_2 \mid \Theta_1 = \Theta_2)\,\mathrm{pdf}(\Theta_1 = \Theta_2) \quad (3.44)$$

该式利用上一次迭代得到的结果 $\hat{\Theta}^{i-1}$ 来检验 $\Theta_1 = \Theta_2$ 是否成立。先验分布函数 $\mathrm{pdf}(\Theta_1 = \Theta_2)$ 表示为[49]

$$\text{pdf}(\Theta_1 = \Theta_2) \propto \exp\left[-\frac{1}{T}\text{SD}_{\text{KL}}(\hat{\Theta}_1^{i-1}, \hat{\Theta}_2^{i-1})\right] \tag{3.45}$$

式中，$T > 0$；$\text{SD}_{\text{KL}}(\hat{\Theta}_1^{i-1}, \hat{\Theta}_2^{i-1})$ 表示为

$$\text{SD}_{\text{KL}}(\hat{\Theta}_1^{i-1}, \hat{\Theta}_2^{i-1}) = \int \left[\text{pdf}(O \mid \hat{\Theta}_1^{i-1}) - \text{pdf}(O \mid \hat{\Theta}_2^{i-1})\right] \ln\left[\frac{\text{pdf}(O \mid \hat{\Theta}_1^{i-1})}{\text{pdf}(O \mid \hat{\Theta}_2^{i-1})}\right] dO \tag{3.46}$$

参数 T 和 h 用以调整算法的性能，以便在去噪和细节保持上进行折中。化简式(3.46)，可以得到 $\hat{\Theta}_1$ 和 $\hat{\Theta}_2$ 的估计值为

$$\begin{aligned}
\text{SD}_{\text{KL}}(\hat{\Theta}_1, \hat{\Theta}_2) = \frac{4}{\pi} \Big\{ & \frac{\hat{R}_1}{\hat{R}_2} \frac{1 - \hat{D}_1 \hat{D}_2 \cos(\hat{\beta}_1 - \hat{\beta}_2)}{1 - \hat{D}_2^2} \\
& + \frac{\hat{R}_2}{\hat{R}_1} \frac{1 - \hat{D}_1 \hat{D}_2 \cos(\hat{\beta}_1 - \hat{\beta}_2)}{1 - \hat{D}_1^2} - 2 \Big\}
\end{aligned} \tag{3.47}$$

图像中的部分图像块只有较少的相似图像块，对这些图像块的像素点滤波将不能有效滤除噪声。为了有效滤除噪声，NL-InSAR 算法针对这些图像块设置了一个算法以确保最低滤波力度。首先，估计像素点 s 的等效视数：

$$\hat{L}_s = \frac{\left[\sum_t \omega(s,t)\right]^2}{\sum_t \omega(s,t)^2} \tag{3.48}$$

其次，判断 $\hat{L}_s < L_{\min}$ 是否成立，$L_{\min}$ 为预设的阈值。若成立，则将满足 $A_t < 2A_s$ 的权值 $\omega(s,t)$ 放入矢量 w 中；对 w 按从大到小排序；将前 $L_{\min}$ 个权值重新赋值：

$$w_k \leftarrow \frac{1}{L_{\min}} \sum_{l=1}^{L_{\min}} w_l, \quad \forall k \in 1, 2, \cdots, L_{\min} \tag{3.49}$$

因此，在处理一个像素时至少用到 $L_{\min}$ 个同质像素点。

　　整个 NL-InSAR 算法步骤如下。

　　(1) 对每一个待滤波像素点 s，利用式(3.42)和式(3.47)计算搜索窗内像素点 t 和 s 的相似性度量，然后利用式(3.44)计算权值 $\omega(s,t)$。

　　(2) 对每一个待滤波像素点 s，判断其权值是否满足 $\hat{L}_s < L_{\min}$。若满足，则进行下一步；若不满足，则用式(3.49)对权值进行调整，然后进行下一步。

　　(3) 利用式(3.39)和式(3.38)进行滤波。

　　(4) 将滤波结果作为先验条件代入式(3.47)，重复执行上述步骤。

　　(5) 滤波至少进行 10 次。第一次滤波可直接利用式(3.42)计算权值。

　　NL-InSAR 本质就是一个迭代加权最大似然滤波。在计算权值时，充分利用 InSAR 数据的统计特性和数据之间的关联性，并采用迭代的方式将无噪参数逐步估计出来。算法理论基础深厚，在滤除噪声的同时保持了相位细节，但其具有以下缺点：①效率不高；②会产生伪信息。

7. SpInPHASE 算法

一般来说，如果图像的绝大部分能量能够用其变换域的少部分大值系数来表示，那么就称图像在该变换域是稀疏的，可以通过少量的原子或者基对图像进行有效的恢复，这就是稀疏表示。即使在空域，具有很强周期性的干涉相位还是包含了大量重复出现的图像结构，因此干涉相位具备在空域进行稀疏表示的条件。基于该原理，Hao 等[23]提出了首个基于稀疏编码的干涉相位估计算法——SpInPHASE。

该算法的基本思想如下：假设待滤波的干涉相位定义在 $N = N_1 \times N_2$ 上，令 $z = [z_1 \quad z_2 \quad \cdots \quad z_N]^T$ 为复干涉相位中的图像块按顺序组成的列向量，$\boldsymbol{\varphi} = [\varphi_1 \quad \varphi_2 \quad \cdots \quad \varphi_N]^T$ 为对应无噪相位图像块组成的列向量，$\boldsymbol{n} = [n_1 \quad n_2 \quad \cdots \quad n_N]^T$ 为对应噪声图像块组成的列向量，$\boldsymbol{x} = \exp(j\boldsymbol{\varphi})$ 为真值复干涉相位图像块组成的列向量。那么，干涉相位滤波即无噪相位的估计问题可以表示为在

$$z = x + n \tag{3.50}$$

条件下估计 $\hat{x}$，然后得到 $\boldsymbol{\varphi} = \arg(\hat{x})$。

对于含噪复干涉相位 $z \in \boldsymbol{C}^N$，图像块 $z_i \in \boldsymbol{C}^m$ 以像素点 i 为中心，大小为 $\sqrt{m} \times \sqrt{m}$。由于图像在空域的稀疏度不如变换域，因此为了增强稀疏度，图像块是有重叠的，相互重叠的图像块的总数为 $N_p = (N_1 - \sqrt{m} + 1)(N_2 - \sqrt{m} + 1)$。记 $\boldsymbol{x}_i \in \boldsymbol{C}^m$ 为 x 中第 i 个图像块向量，x_i 的估计值 $\hat{x}_i$ 可表示为

$$\hat{\boldsymbol{x}}_i = \boldsymbol{x}_i + \boldsymbol{\varepsilon}_i \tag{3.51}$$

式中，$\boldsymbol{\varepsilon}_i$ 为第 i 个图像块的估计误差。

记 $\boldsymbol{n}_i \in \boldsymbol{C}^m$ 为 n 中第 i 个图像块向量，如果

$$\boldsymbol{\varepsilon}_i \ll \boldsymbol{n}_i \tag{3.52}$$

那么该估计具有很好的去噪效果。当得到所有图像块的估计值后，可以通过式（3.53）得到无噪相位 x 的估计值 $\hat{x}$：

$$\hat{\boldsymbol{x}} = \boldsymbol{M}^{\#} \hat{\boldsymbol{x}}_p \tag{3.53}$$

式中，$\hat{x}_p$ 和 M 的计算公式为

$$\begin{aligned}
\boldsymbol{M} &= [\boldsymbol{M}_1^T \quad \boldsymbol{M}_2^T \quad \cdots \quad \boldsymbol{M}_{N_p}^T]^T \\
\hat{\boldsymbol{x}}_p &= [\hat{\boldsymbol{x}}_1^T \quad \hat{\boldsymbol{x}}_2^T \quad \cdots \quad \hat{\boldsymbol{x}}_{N_p}^T]^T \\
\boldsymbol{\varepsilon}_p &= [\boldsymbol{\varepsilon}_1^T \quad \boldsymbol{\varepsilon}_2^T \quad \cdots \quad \boldsymbol{\varepsilon}_{N_p}^T]^T \\
\hat{\boldsymbol{x}}_p &= \boldsymbol{M}\boldsymbol{x} + \boldsymbol{\varepsilon}_p
\end{aligned} \tag{3.54}$$

式中，矩阵 M_i 每一行只有一个非零元素并且其值为 1，使得 $\boldsymbol{x}_i = \boldsymbol{M}_i\boldsymbol{x}$；$\boldsymbol{M}^{\#} = (\boldsymbol{M}^T\boldsymbol{M})^{-1}\boldsymbol{M}^T$；由 $\boldsymbol{M}^T\boldsymbol{x}_i$ 将第 i 个图像块映射回其在原始图像中的位置；$(\boldsymbol{M}^T\boldsymbol{M})$ 为对角矩阵，其第 i 个对角元素为第 i 个像素点在所有图像块中重复出现的次数。

为了得到式(3.53),需要利用稀疏表示对含噪图像 z 的复数图像块 x_i 进行有效估计,关键是这些图像块能够在给定的字典中进行稀疏表示。设 x 可以用给定的字典 $D = \begin{bmatrix} d_1 & d_2 & \cdots & d_k \end{bmatrix} \in C^{m \times k}$ 进行稀疏表示,对于 $i \in \{1,2,\cdots,N_p\}$,记 $x_i = M_i x$ 、$z_i = M_i z$ 和 $n_i = M_i n$ 为 x 、z 和 n 对应的图像块,经稀疏表示可得 x_i 的估计值为

$$\hat{x}_i = D \hat{a} \tag{3.55}$$

式中,$\hat{a} \in C^k$ 为系数或者编码,是式(3.56)所示的有约束优化问题的解:

$$\min_a \| a \|_0 \quad \text{s. t.} \quad \| Da - z_i \|_0 \leqslant \delta \tag{3.56}$$

式中,$\| a \|_0$ 为 a 中非零元素的个数,即通常所说的 L_0 范数;$\delta = (\sigma^2/2) F_{\chi^2(2m)}^{-1}(0.96)$ 为预设参数用来控制误差,σ^2 为零均值复高斯噪声 n_i 的方差,$F_{\chi^2(2m)}^{-1}(\cdot)$ 为 $\chi^2(2m)$ 分布累积函数的逆函数。

在字典矩阵是满秩且 $\delta = 0$ 的条件下,式(3.56)的求解比较容易。在实际中该条件无法满足,此时式(3.56)是一个非确定多项式(non-deterministic polynomial,NP)困难问题[50],需要对其进行转化求解(将 L_0 问题转化为 L_1 问题)或者近似求解。基于效率和精度的考虑,SpInPHASE 中将实数域正交匹配追赶[51](orthogonal matching pursuit,OMP)算法扩展到复数域,提出了复数正交匹配追赶(complex OMP,COMP)算法。COMP 算法伪代码如下:

输入:字典 $D \in C^{m \times k}$,图像块 $z \in C^m$,参数 $\delta > 0$

输出:编码 $\alpha \in C^k$

Begin:

  $S = \varphi$, $\alpha = 0$, $e = \infty$

  $r = z$

  While $e > \delta$ do

    $u = r^H D$

    $i = \arg \max_j | u_j |$

    $S = S \cup \{i\}$

    $\beta = D_S^{\#} z$

    $r = z - D_S \beta$

    $e = \| r \|^2$

  End

  $\alpha(S) = \beta$

End

其中,$D_S^{\#}$ 为 D_S 的伪逆。

　　利用 COMP 算法、式(3.56)、式(3.55)和式(3.53)就可以得到滤波结果。然而,字典 D 是预设的而非自适应的,因此无论怎么设置,都无法自适应地表示无噪相位。为了达到最佳去噪效果,字典 D 必须能够根据不同的图像自适应地调整,即字典学习[52~54],这是基于稀疏表示的图像处理算法的关键。字典学习的目标是根据待处理的图像块自适应地调整字典里的原子,用尽可能少的原子来表示这些图像块。该问题可以表示成式(3.57)所示的优化问题:

$$\min_{D \in C, \boldsymbol{\alpha}_1, \boldsymbol{\alpha}_2, \cdots, \boldsymbol{\alpha}_{N_p}} \sum_{i=1}^{N_p} \frac{1}{2} \parallel z_i - D \boldsymbol{\alpha}_i \parallel_2^2 + \lambda \parallel \boldsymbol{a}_i \parallel_1 \tag{3.57}$$

式中, $C = \{ D \in C^{m \times k} : |d_j^H d_j| \leqslant 1, j = 1, 2, \cdots, k \}$;二次项为稀疏表示误差, L_1 范数项诱导稀疏编码,这两项的相关权值通过正则化参数 $\lambda > 0$ 来确定;约束条件 $D \in C$ 防止字典 D 在学习过程中趋于无穷大。求解式(3.57)需要对 D 和 $\boldsymbol{a}_i$ 进行交替优化,在 SpInPHASE 算法中,采用了在线复数字典学习(online complexed dictionary learning,OCDL)算法来求解。OCDL 算法伪代码如下。

　　输入:图像块 $z_i \in C^m (i = 1, 2, \cdots, N_p)$,迭代次数 T ,每一步使用的图像块数
　　　　目 η ,正则化参数 $\lambda > 0$,遗忘系数 β_t ,初始化字典 $D_0 \in C^{m \times k}$

　　输出:训练后的字典 $D \in C^{m \times k}$

Begin:

　　　　$D = \begin{bmatrix} d_1 & d_2 & \cdots & d_k \end{bmatrix} = D_0$

　　　　$F = \begin{bmatrix} f_1 & f_2 & \cdots & f_k \end{bmatrix} = 0, \quad B = \begin{bmatrix} b_1 & b_2 & \cdots & b_k \end{bmatrix} = 0$

　　　　For $t \leqslant T$ do

　　　　　　从 z 中任意选取 $z^t = \begin{bmatrix} z_1^t & z_2^t & \cdots & z_\eta^t \end{bmatrix}$

　　　　　　$\boldsymbol{\alpha}^t = \arg\min_{\boldsymbol{\alpha} \in C^{k \times \eta}} \frac{1}{2} \parallel z^t - D\boldsymbol{\alpha} \parallel_F^2 + \lambda \parallel \boldsymbol{\alpha} \parallel_1$ (利用 SpaRSAL 算法[23]求解)

　　　　　　$F = \beta_t F + \sum_{i=1}^{\eta} \boldsymbol{\alpha}_i^t (\boldsymbol{\alpha}_i^t)^H, \quad B = \beta_t B + \sum_{i=1}^{\eta} z_i^t (\boldsymbol{\alpha}_i^t)^H$

　　　　　　Repeat

　　　　　　　　For $j = 1$ to $j = k$ do

　　　　　　　　　　$u_j = \frac{1}{F(j, j)} (b_j - D f_j) + d_j$

　　　　　　　　　　$d_j = \frac{u_j}{\max\{ \parallel u_j \parallel_2, 1 \}}$

　　　　　　　　End

　　　　　　Until 收敛

　　　　End

　　End

SpInPHASE 算法的步骤如下。

输入:复干涉相位 $z \in \mathbf{C}^{N_1 \times N_2}$

输出:无噪相位估计结果 $\hat{\boldsymbol{\Phi}} \in (-\pi, \pi]^{N_1 \times N_2}$

Begin：

    图像分块 $z_i = \boldsymbol{M}z, i = 1, 2, \cdots, N_p$

    利用 OCDL 进行字典学习 $\boldsymbol{D} = \mathrm{OCDL}(z_i, i = 1, 2, \cdots, N_p)$

    利用 COMP 进行稀疏编码 $\boldsymbol{\alpha}_i = \mathrm{COMP}(\boldsymbol{D}, z_i, i = 1, 2, \cdots, N_p)$

    利用式(3.55)进行图像块估计

    利用式(3.53)进行真值复干涉相位估计

    干涉相位估计 $\hat{\boldsymbol{\Phi}} = \arg(\hat{\boldsymbol{x}})$

End

图 3.8[23] 为基于复干涉的自适应字典学习和稀疏表示结果。在针对自然场景的数据处理中,SpInPHASE 算法无论在去噪还是相位细节保持上,都超越了 NL-InSAR 算法,尤其是对密集条纹的保持能力明显优于 NL-InSAR 算法。相应的代价就是,巨大的计算开销导致算法效率很低。

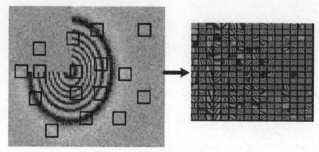

(a) 字典学习结果

(b) 基于学习得到字典的稀疏表示结果

图 3.8　自适应字典学习和稀疏表示结果

3.3.2 变换域滤波算法

1. Goldstein 及其改进算法

干涉相位中有用信号的功率谱主要集中在低频部分,而噪声的功率谱分布在整个频带,利用这个特性就可以在频域进行相位滤波,这就是 Goldstein 滤波算法[55]的核心。算法的步骤如下。

(1) 将复干涉相位或复干涉图进行分块,分块大小为 32×32,为了避免块间不连续的问题,分块之间有一定的重叠。

(2) 针对每一个图像块 $P(i,j)$,计算其二维傅里叶变换:

$$B(u,v) = \text{FFT2}[P(i,j)] \tag{3.58}$$

(3) 对频谱进行滤波:

$$H(u,v) = [\text{Smooth}(|B(u,v)|^2)]^{\alpha} B(u,v) \tag{3.59}$$

式中,Smooth 为一个平滑算子,但 Goldstein 算法并未详细给出;α 为预设的滤波参数,其取值范围为 $[0,1]$,$\alpha = 0$ 时,无滤波,$\alpha = 1$,滤波力度最大。

(4) 计算滤波后的图像块:

$$P_f(i,j) = \text{IFFT2}[H(u,v)] \tag{3.60}$$

(5) 利用三角加权的方式对滤波后的图像块进行融合,得到滤波后的干涉相位。

Goldstein 算法是第一个频域滤波算法,特别适合处理密集条纹区域。算法的本质是对干涉相位的二维频谱进行加权处理,其权值是通过对二维频谱的幅度进行阈值处理和收缩得到的,但其滤波参数的缺陷限制了算法性能。第一,其滤波参数只能从 $[0,1]$ 取值,因而对于低相干区域(强噪声)滤波效果不好;第二,其滤波参数取值是预设的,在整个滤波过程中是固定的,而干涉相位中的噪声是空变的,因此会出现相干性好的区域过滤波,而相干性差的区域欠滤波。

针对 Goldstein 算法中的问题,科研人员进行了改进。Baran 等[56]将滤波参数 α 和相干系数关联起来:

$$\alpha = 1 - \bar{\gamma} \tag{3.61}$$

式中,$\bar{\gamma}$ 为有效图像块(图像块减去重叠部分)对应的相干系数均值。此外,将平滑算子 Smooth 定义为待滤波图像块与均值核函数的卷积。

Li 等[57]在功率谱平滑时采用了二维 Vondrák 滤波器:

$$
\begin{aligned}
\boldsymbol{Y} &= V\{Y(i,j),\lambda_1^2,\lambda_2^2\} \\
&= \left[\boldsymbol{I} + \frac{m}{(m-3)}\lambda_1^2 \boldsymbol{A}^{\text{T}}(m)\boldsymbol{A}(m)\right]^{-1} |B(u,v)|^2 \left[\boldsymbol{I} + \frac{n}{(n-3)}\lambda_2^2 \boldsymbol{A}^{\text{T}}(n)\boldsymbol{A}(n)\right]^{-1}
\end{aligned}
\tag{3.62}
$$

滤波后的图像块为

$$H'(u,v) = V\{|B(u,v)|^2, \lambda_1^2, \lambda_2^2\} B(u,v) \tag{3.63}$$

式中，$\lambda_1^2 = \bar{\gamma}$；$\lambda_2^2 = \bar{\gamma}/100$。

Baran 等将相干系数引入 Goldstein 滤波时忽略了视数的影响。由式(2.40)和式(2.43)可以看到，噪声的方差同时与相干系数和视数有关，相同的相干系数在不同的视数下对应不同水平的噪声。为了将视数的影响考虑进去，Li 等[24]用噪声标准差对滤波参数进行了改进：

$$\alpha = \left(\frac{\bar{\sigma}}{\sigma_{\max}}\right)^{\beta} \tag{3.64}$$

式中，$\bar{\sigma}$ 为有效图像块对应的干涉相位噪声标准差 σ 的均值；$\sigma_{\max}$ 为当相干系数为零时干涉相位噪声标准差的值；β 为幂指数，用来增加算法的灵活性，其通过大量仿真数据得到。

$$\beta = \begin{cases} 0.1, & 1 \leqslant L \leqslant 4 \\ 0.2, & L = 5 \\ 0.3, & 6 \leqslant L \leqslant 8 \\ 0.4, & 9 \leqslant L \leqslant 12 \\ 0.5, & 13 \leqslant L \leqslant 20 \end{cases} \tag{3.65}$$

这是科研人员首次将噪声标准差用于 Goldstein 滤波。

以上利用相干系数或者噪声标准差对 Goldstein 滤波算法改进时，都需要先估计相干系数，而相干系数估计器都是有偏的，这最终会影响滤波算法的性能。为了规避有偏相干系数的影响，Zhao 等[27]提出用伪相干系数作为滤波参数：

$$\alpha = 1 - \bar{p}_c \tag{3.66}$$

式中，$\bar{p}_c$ 为有效图像块对应的伪相干系数均值。伪相干系数 p_c 的定义为

$$p_c = \frac{\left|\sum\limits_{i=1}^{L} I_i\right|}{\sum\limits_{i=1}^{L} |I_i|} \tag{3.67}$$

式中，I_i 为复干涉相位在像素点 i 处的像素值。由于伪相干系数 p_c 和相位噪声方差 σ^2 并无确定的函数关系，因此 Zhao 等建议进行迭代滤波，即当前滤波参数基于上一次的滤波结果计算得到。

Sun 等[58]利用由噪声方差定义的信噪比作为滤波参数：

$$\alpha = 1 - \frac{R}{\max(R)} \tag{3.68}$$

式中，R 的计算公式为

$$R = 10 \lg \frac{\sigma_{\max}^2}{\sigma^2} \tag{3.69}$$

在计算 σ^2 时，不是先计算相干系数再根据式(2.40)和式(2.43)得到，而是直接从

有效图像块中估计得到

$$\sigma^2 = \frac{1}{N-1} \sum_N \left[\varphi(i,j) - \bar{\varphi}(i,j) \right]^2 \tag{3.70}$$

式中，$N = 16$。

Jiang 等[25]对 Baran、Li 和 Zhao 等改进的 Goldstein 滤波算法进行了总结，认为相干系数和噪声方差(标准差)都是一种自适应因子，采用这些因子进行滤波的目的都是能够合理地滤除噪声。但是，这些因子是通过估计得到的，因而都是有偏的；并且这些因子与滤波参数 α 的最优函数关系，还没有人进行深入研究。针对这两个问题，Jiang 等[25]提出了无偏相干系数估计算法，由估计得到的无偏相干系数获得噪声标准差，并通过仿真数据拟合出噪声标准差和滤波参数的非线性函数，最后利用噪声标准差和该函数进行滤波。具体的无偏相干系数估计如下。

第一步，先利用 BWS(Baumgartner-Wei β-Schindler)检验方法[59]对当前选中的像素点进行同质像素点检测，检测的对象是以当前选中像素点为中心、21 × 21 窗口内的其他像素点。BWS 基于两个样本经验概率密度函数离差的平方 $\left[F_n(x) - F_m(y) \right]^2$，用其方差进行加权处理。具体而言，对于两组样本 $X_1, X_2, \cdots, X_n$ 和 $Y_1, Y_2, \cdots, Y_m$，BWS 检验统计量为[59]

$$B = \frac{1}{2}(B_X + B_Y) \tag{3.71}$$

式中，B_X 和 B_Y 的计算公式为

$$B_X = \frac{1}{n} \sum_{i=1}^n \frac{\left(R_i - \frac{m+n}{n}i \right)^2}{\frac{i}{n+1}\left(1 - \frac{i}{n+1}\right)\frac{m(m+n)}{n}} \tag{3.72}$$

$$B_Y = \frac{1}{m} \sum_{j=1}^m \frac{\left(H_j - \frac{m+n}{n}j \right)^2}{\frac{j}{m+1}\left(1 - \frac{j}{m+1}\right)\frac{n(m+n)}{m}} \tag{3.73}$$

式中，$R_1 < \cdots < R_n$ 表示合并样本中样本数为 n 的第一组数据的秩；$H_1 < \cdots < H_m$ 表示合并样本中样本数为 m 的第二组数据的秩。利用式(3.71)依次检测窗口中所有像素点，将落在接受域中的像素点记为同质像素点并把它们放入集合 Ω 中。

第二步，先利用集合 Ω 中的同质像素点估计相干系数[60]：

$$\hat{\gamma} = \frac{\left| \sum_{i=1}^L s_{1i} s_{2i}^* \right|}{\sqrt{\sum_{i=1}^L |s_{1i}|^2 \sum_{i=1}^L |s_{2i}|^2}}, \quad i \in \Omega \tag{3.74}$$

然后用 Bootstrapping 算法矫正 $\hat{\gamma}$ 中的偏差得到无偏估计 $\tilde{\gamma}$。接着，利用式(3.75)得到噪声标准差：

$$\hat{\sigma} = \frac{1}{\sqrt{2L}} \frac{\sqrt{1-\tilde{\gamma}^2}}{\tilde{\gamma}} \tag{3.75}$$

式中，L 为视数。下面通过仿真数据拟合得到噪声标准差和滤波参数的非线性函数：

$$\alpha = \frac{0.71\hat{\sigma}^2 + 0.12\hat{\sigma}}{\hat{\sigma}^2 - 0.74\hat{\sigma} + 0.63} \tag{3.76}$$

最后，利用式(3.76)进行滤波。

随后，Jiang 等[26]根据 Baran 滤波算法中相干系数是有偏的这一问题，提出了补偿系统相位的无偏相干系数估计方法。具体步骤如下。

(1) 将干涉相位进行分块，计算分块二维傅里叶变换的最大幅度对应的频率位置，该频率就是分块的条纹频率 ($\hat{f}_x, \hat{f}_y$)。分块大小需要足够小以保证分块中的条纹频率近似是线性的，同时要足够大以降低噪声的影响。

(2) 计算系统相位：

$$\varphi_{\text{sys}} = \arg\{\exp[\varphi(k,l) - 2\pi k\hat{f}_x - 2\pi l\hat{f}_y]\} \tag{3.77}$$

(3) 检测同质像素点。基于 IDAN 中的算法，只用单阈值进行检测，即式(3.32)。将检测得到的同质像素点加入集合 Ω。

(4) 利用得到的系统相位、集合 Ω 和式(2.33)计算无偏相干系数并进行滤波。

2. WFF 算法和 WFR 算法

本质上，干涉相位是一种非平稳信号，二维傅里叶变换是一种全局变换，不适合处理非平稳信号；而 WFT 又称为短时傅里叶变换，具有良好的局部信息分析能力，理论上应该能够获得比傅里叶变换更好的结果。基于此，Qian[61]提出了 WFF 算法和 WFR 算法。

对 FFT 的基函数加窗就得到 WFT 的基函数：

$$g_{u,v,\xi,\eta}(x,y) = g(x-u, y-v)\exp(\mathrm{j}\xi x + \mathrm{j}\eta y) \tag{3.78}$$

式中，$g(x-u, y-v)$ 为高斯窗函数，在处理中需要进行归一化。干涉相位 $\varphi(x,y)$ 的 WFT 正变换和逆变换分别为

$$F(u,v,\xi,\eta) = \int_{-\infty}^{\infty} \int_{-\infty}^{\infty} \varphi(x,y) g_{u,v,\xi,\eta}^*(x,y) \,\mathrm{d}x\mathrm{d}y \tag{3.79}$$

$$\varphi(x,y) = \frac{1}{4\pi^2} \int_{-\infty}^{\infty} \int_{-\infty}^{\infty} \int_{-\infty}^{\infty} \int_{-\infty}^{\infty} F(u,v,\xi,\eta) g_{u,v,\xi,\eta}(x,y) \,\mathrm{d}\xi\mathrm{d}\eta\mathrm{d}u\mathrm{d}v \tag{3.80}$$

式中，$F(u,v,\xi,\eta)$ 为干涉相位的频谱。当相位的相干性较好时(信噪比足够高)，相位信号的频谱值较大而噪声的频谱值较小，此时可以通过阈值操作抑制较小的频谱值来完成去噪：

$$\bar{F}(u,v,\xi,\eta) = \begin{cases} F(u,v,\xi,\eta), & |F(u,v,\xi,\eta)| \geqslant T \\ 0, & |F(u,v,\xi,\eta)| < T \end{cases} \quad (3.81)$$

式中，T 为预设的阈值；$\bar{F}(u,v,\xi,\eta)$ 为硬阈值处理后的频谱。最后，通过式(3.80)可得滤波后的相位。

WFR 算法是基于局部条纹频率估计的思想，通过最大化频谱幅度来得到局部条纹频率的估计值：

$$[\omega_x(u,v),\omega_y(u,v)] = \arg \max_{\xi,\eta} |F(u,v,\xi,\eta)| \quad (3.82)$$

此时，$\omega_x(u,v) = \xi$，$\omega_y(u,v) = \eta$。由下式得到干涉相位频谱的估计值：

$$\hat{\varphi}(u,v) = \text{angle}\{F[u,v,\omega_x(u,v),\omega_y(u,v)]\} + \omega_x(u,v)u + \omega_y(u,v)v \quad (3.83)$$

最后，通过式(3.80)得到干涉相位的估计值。

干涉相位中的噪声是空变的，因此 WFF 算法中的固定阈值不能得到最佳滤波结果。针对这个问题，Fattahi 等[62]提出了自适应设置阈值的算法，步骤如下。

(1) 利用式(3.79)计算频谱，根据高频系数利用绝对中位差(median absolute deviation，MAD)算子计算噪声标准差：

$$\hat{\sigma} = \frac{1}{0.6745} \text{median}[F_{hf}(u,v,\xi,\eta)] \quad (3.84)$$

式中，median 为取中值算子；$F_{hf}(u,v,\xi,\eta)$ 为高频频谱。

(2) 利用斯坦无偏估计(Stein's unbiased risk estimate，SURE)算法[63]计算阈值 λ_{F_i}：

$$\lambda_{F_i} = \arg \min \text{SURE}(\lambda,F_i) \quad (3.85)$$

式中，$\text{SURE}(\lambda,F_i)$ 表示为

$$\text{SURE}(\lambda,F_i) = N_s + \sum_{n=1}^{N_s} [\min(|\text{WFT}_n|,\lambda)]^2$$
$$-2[(满足绝对值小于 \lambda 的 \text{WFT}_n 的个数)：|\text{WFT}_n| \leqslant \lambda] \quad (3.86)$$

式中，N_s 为 F_i 中频谱系数的个数；WFT_n 为利用 $\hat{\sigma}$ 归一化后的频谱系数；$\lambda = \sqrt{2\ln N_s}$。

(3) 基于 λ_{F_i} 进行频谱阈值操作，对阈值操作后的频谱进行 WFT 逆变换得到滤波后的相位。

3. PEARLS 算法

前面介绍的算法中，在一个足够小的窗口内，干涉相位可以用多项式进行精确的拟合。当利用多项式进行无噪相位拟合时，由于不同区域中噪声强弱不同，干涉条纹的密度不同，因此用于拟合的窗口也必须是变化的。基于此，Bioucas-Dias

等[64]提出了著名的 PEARLS 算法。PEARLS 首先利用 ICI 算法估计对每一个像素点进行局部多项式拟合(local polynomial approximation)时所需的窗口大小,然后在估计得到的窗口内进行多项式拟合得到无噪相位的估计结果。

令含噪复干涉相位为

$$z = A\exp(j\varphi) + n \tag{3.87}$$

式中,$n = n_I + jn_Q$ 为方差为 $2\sigma^2$ 的零均值复圆高斯噪声。含噪相位可以表示为

$$\varphi_z = \text{angle}(z) = \text{wrap}(\varphi_x + \varphi_n) \tag{3.88}$$

其中,φ_z 为含噪相位;φ_x 为无噪相位;φ_n 为噪声相位。

假设在一个局部窗口内,无噪相位 φ_x 可以用一阶多项式进行拟合:

$$\varphi_x(x + x_s, y + y_s) \approx \hat{\varphi}_x(x_s, y_s \mid \boldsymbol{c}) \tag{3.89}$$

式中,$\boldsymbol{c} = \begin{bmatrix} c_1 & c_2 & c_3 \end{bmatrix}^{\text{T}}$ 为多项式系数,可以通过求解式(3.90)得到

$$\hat{\boldsymbol{c}} = \arg\min_{\boldsymbol{c}} L_h(\boldsymbol{c}) \tag{3.90}$$

式中,$L_h(\boldsymbol{c})$ 为干涉相位估计值 $\tilde{\varphi}_x(x_s, y_s \mid \boldsymbol{c})$ 与观测值之间的相似性度量函数。令 $z_{\varphi_z} = z/|z| = \exp(j\varphi_z)$,$L_h(\boldsymbol{c})$ 可以表示为

$$L_h(\boldsymbol{c}) = \frac{1}{2}\sum_s \omega_{h,s} \left| z_{\varphi_z}(x + x_s, y + y_s) - \exp\left[j\tilde{\varphi}_x(x_s, y_s \mid \boldsymbol{c})\right]\right|^2$$

$$= \sum_s \omega_{h,s}\left\{1 - \cos\left[\varphi_z(x + x_s, y + y_s) - \tilde{\varphi}_x(x_s, y_s \mid \boldsymbol{c})\right]\right\} \tag{3.91}$$

式中,$\omega_{h,s}$ 为以 h 为参数的窗口权值;$h \in H \equiv \{h_1 < h_2 < \cdots < h_J\}$;$s$ 为相对窗口坐标索引。基于以上假设和式(3.87)~式(3.91)得到 $\boldsymbol{c}$ 的估计值为

$$(\hat{c}_2, \hat{c}_3) \in \arg\max_{c_2, c_3} |F_h(c_2, c_3)| \tag{3.92}$$

$$\hat{c}_1 = \text{angle} F_h(\hat{c}_2, \hat{c}_3)$$

式中,$F_h(c_2, c_3)$ 为复干涉相位 z_{φ_z} 在空域坐标 (x, y) 和频域坐标 (c_2, c_3) 处的二维 WFT。由式(3.89)得到像素点 (x, y) 处无噪相位的一阶多项式拟合结果为

$$\hat{\varphi}_{xh}(x, y) = \hat{c}_1(x, y) \tag{3.93}$$

式中,下标 h 强调了估计必须在大小为 h 的窗口内进行。如果 $c_2 = c_3 = 0$,那么得到像素点 (x, y) 处无噪相位的零阶多项式拟合结果为

$$\hat{\varphi}_{xh}(x, y) = \hat{c}_1(x, y) = \text{angle}\left[F_h(0, 0)\right] \tag{3.94}$$

可以看出,式(3.93)为无偏估计而式(3.94)为有偏估计。若窗口足够小并且是对称的,则相位变化缓慢,此时式(3.94)可以看做近似无偏的。

式(3.93)的估计方差为

$$\sigma_h^2 = \sigma^2 \frac{\sum\limits_s \omega_{h,s}^2}{\left(\sum\limits_s \omega_{h,s}\right)^2} \tag{3.95}$$

干涉相位估计值的置信区间为

$$Q_h = (\hat{\varphi}_{xh} - \Gamma\sigma_h, \hat{\varphi}_{xh} + \Gamma\sigma_h) \tag{3.96}$$

式中，Γ 为预设参数。当 h 变化时，Q_h 会取不同的值，ICI 算法要求窗口大小为 h^+，它能使得 $1 \leqslant h_j \leqslant h^+$ 时，不同的 Q_{h_j} 始终存在交集。图 3.9 为基于 ICI 算法得到的 Etna 火山数据[图 1.11(b)]自适应窗口 h^+ 的估计结果。其中，$H = \{1, 2, 3, 4\}$，$\Gamma = 2$。

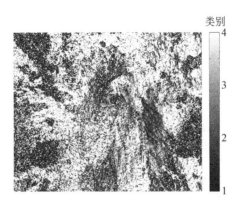

图 3.9　基于 ICI 算法得到的 Etna 火山数据的自适应窗口估计结果

PEARLS 算法的步骤如下：

（1）预设 h 的取值范围 H，对每一个像素点计算其零阶多项式拟合结果[式 (3.94)]。

（2）利用零阶多项式拟合结果和 ICI 算法计算最佳拟合窗口 h^+。

（3）利用 h^+ 计算每一个像素点的一阶多项式拟合结果[式(3.93)]。

WFF 算法、WFR 算法和 PEARLS 算法都利用了 WFT，不同的是 PEARLS 算法利用 ICI 算法自适应地确定待滤波像素的多项式拟合窗口大小。然而，PEARLS 算法的缺陷在于它假设局部相位的变化是平缓的，从而可以用一阶多项式进行拟合。在欠采样区域和地形陡峭区域，必须用高阶多项式才能得到理想结果。针对这个问题，Hao 等[65]采用二阶多项式对局部干涉相位进行拟合。具体而言，在以像素点 (i,j) 为中心的 $(2h+1) \times (2h+1)$ 的窗口 ω_h 中，该邻域的干涉相位 $\varphi(i,j)$ 用二阶多项式表示为

$$\varphi(i+u, j+v) = \theta_0(i,j) + \theta_1(i,j)u + \theta_2(i,j)v$$
$$+ \theta_{11}(i,j)u^2 + \theta_{12}(i,j)uv + \theta_{22}(i,j)v^2 \tag{3.97}$$

令

$$\boldsymbol{\Theta}(i,j) = [\theta_0(i,j) \quad \theta_1(i,j) \quad \theta_2(i,j) \quad \theta_{11}(i,j) \quad \theta_{12}(i,j) \quad \theta_{22}(i,j)]^{\mathrm{T}}$$
$$\boldsymbol{A}(u,v) = (1, u, v, u^2, uv, v^2)$$

$$\tag{3.98}$$

将式(3.97)表示成列向量的形式：

$$\boldsymbol{\varphi}_h(i,j) = \boldsymbol{A}_h \boldsymbol{\Theta}_h(i,j) \tag{3.99}$$

下标 h 表明变量与窗口大小有关。根据式(3.99)可得多项式系数的线性最小二乘估计为

$$\hat{\boldsymbol{\Theta}}_h = (\boldsymbol{A}_h^{\mathrm{T}} \boldsymbol{A}_h)^{-1} \boldsymbol{A}_h^{\mathrm{T}} \boldsymbol{\varphi}_h(i,j) \tag{3.100}$$

受噪声的影响，$\boldsymbol{\varphi}_h(i,j) = \boldsymbol{\varphi}_h^o(i,j) + \boldsymbol{\varphi}_h^n(i,j)$，其中，$\boldsymbol{\varphi}_h^o(i,j)$ 为无噪相位，$\boldsymbol{\varphi}_h^n(i,j)$ 为噪声，同时令 $\boldsymbol{\Theta}_h(i,j)$ 为多项式系数真值，将它们代入式(3.100)可得

$$\hat{\boldsymbol{\Theta}}_h(i,j) = \boldsymbol{\Theta}_h(i,j) + (\boldsymbol{A}_h^{\mathrm{T}} \boldsymbol{A}_h)^{-1} \boldsymbol{A}_h^{\mathrm{T}} \boldsymbol{\varphi}_h^n(i,j) \tag{3.101}$$

将式(3.101)代入式(3.99)可得无噪相位的估计为

$$\begin{aligned}\hat{\boldsymbol{\varphi}}_h(i,j) &= \boldsymbol{A}_h \hat{\boldsymbol{\Theta}}_h(i,j) \\ &= \boldsymbol{A}_h \boldsymbol{\Theta}_h(i,j) + \boldsymbol{A}_h (\boldsymbol{A}_h^{\mathrm{T}} \boldsymbol{A}_h)^{-1} \boldsymbol{A}_h^{\mathrm{T}} \boldsymbol{\varphi}_h^n(i,j) \end{aligned} \tag{3.102}$$

4. 基于局部条纹频率估计的算法

受地形起伏的影响，干涉相位中存在密集的干涉条纹，在使用基于矩形窗的滤波算法(如均值滤波)进行处理时，必须限制窗口的大小以免破坏条纹；同时，较小的窗口导致参与滤波的像素点减少，无法有效滤除噪声。针对条纹密集区域的滤波和条纹完整性保持的这一对矛盾问题，Trouvé 等[66,67]提出基于局部条纹频率估计的滤波算法。算法首先估计局部条纹频率，然后从干涉相位中减去该局部条纹频率对应的相位得到差分相位，接着对缠绕差分相位进行复均值滤波，最后将复均值滤波结果和局部条纹频率对应的相位相加得到最终滤波结果。

具体步骤如下。

(1) 首先对干涉相位进行分块，每一个分块中只包含一个主频率分量。

$$\varphi(m,n) = 2\pi(m f_x + n f_y) \tag{3.103}$$

接着，利用快速多重信号分类(multiple-signal classification，MUSIC)算法[66]估计得到条纹频率的估计值 $(\hat{f}_x, \hat{f}_y)$。

(2) 将 $(\hat{f}_x, \hat{f}_y)$ 对应的相位从原干涉相位 φ 中减去并缠绕，得到缠绕差分相位为

$$\varphi_d(m,n) = \mathrm{wrap}[\varphi(m,n) - 2\pi(m \hat{f}_x + n \hat{f}_y)] \tag{3.104}$$

(3) 对缠绕差分相位进行复均值滤波。

$$\hat{\varphi}_d(m,n) = \arg\left(\mathrm{mean}\left\{\sum_{(m,n)\in W} A(m,n) \exp[j\varphi_d(m,n)]\right\}\right) \tag{3.105}$$

(4) 将 $(\hat{f}_x, \hat{f}_y)$ 对应的相位与 $\hat{\varphi}_d(m,n)$ 相加并缠绕，得到最终滤波结果为

$$\hat{\varphi}(k,l) = \mathrm{wrap}[2\pi \hat{f}_x k + 2\pi \hat{f}_y l + \hat{\varphi}_d(m,n)] \tag{3.106}$$

这种在滤波前将由地形引起的相位去掉的方式，可以在有效滤除噪声的同时又不损失相位细节信息。但是该算法要求用于局部条纹频率估计的窗口不能太大，并且使用的是正方形窗口，这在方向性很强的干涉相位处理中，并不能总是得

到最优的结果。针对这个问题,Cai 等[68]提出了自适应、多分辨率局部条纹频率估计算法。算法根据相干积累原理自适应地确定用于局部条纹频率估计窗口的大小和形状,然后用一个快速算法进行局部条纹频率估计,最后利用不同分辨率下得到的条纹频率估计值进行无效局部条纹频率估计值剔除。具体而言,根据干涉相位信号模型和傅里叶变换的性质,对于相干性足够好的一块同质区域,相位信号的频谱幅度是单频点上的一个峰值,而噪声的频谱幅度较小并且散布于整个频率区间。当区域增大时,如果新增加的像素点与原来的像素点是同质的,那么单频点上的峰值会快速增大,而此时噪声的频谱幅度只会有较小变化;如果新增加的像素点与原来的像素点是异质的,那么原来频谱幅度峰值的增速会变慢,当频偏的相位超过 $\pi/2$ 时,峰值会呈现负增长。因此,先对预设的图像块进行二维傅里叶变换并计算频谱的幅度,通过改变图像块的大小观察对应频谱幅度最大值的变化情况进而确定局部条纹频率估计窗口的大小和形状。对于像素点 $P(k,l)$,用于计算其局部条纹频率估计窗口的目标函数为

$$\{f_x,f_y,m_1,m_2,n_1,n_2\}$$

$$=\arg\max_{(f_x,f_y,m_1,m_2,n_1,n_2)}$$

$$\left\{\left|\sum_{m=k-m_1}^{k+m_2}\sum_{n=l-n_1}^{l+n_2}S_z(m,n)\exp[-\mathrm{j}2\pi(f_xm+f_yn)]\right|\right.$$

$$\left./[(m_2+m_1+1)(n_2+n_1+1)]\right\} \tag{3.107}$$

式中, S_z 为复干涉相位; (m_1,m_2) 和 (n_1,n_2) 分别为窗口左下角和右上角像素点坐标。式(3.107)是一个 6 变量问题,可以通过以下搜索算法求解。

令图像大小为 $L_x\times L_y$

For $m_1=1$ to L_x

　　$m_2=1$, $n_2=1$

　　For $n_1=1$ to L_y

　　　(1) 用分维自相关函数法[68]估计初始局部条纹频率 $(\tilde{f}_x,\tilde{f}_y)$:

$$\tilde{f}_x=\arg\left[\sum_v\sum_u C^*(u,v)C(u+1,v)\right] \tag{3.108}$$

$$\tilde{f}_y=\arg\left[\sum_v\sum_u C^*(u,v)C(u,v+1)\right]$$

　　　式中, $C(u,v)$ $(u\neq0,v\neq0)$ 为定义在当前分辨率 M(窗口大小)下的二维自相关函数:

$$C(u,v)=\sum_m\sum_n[S_z^*(m,n)S_z(m+u,n+v)] \tag{3.109}$$

$$\bigcap(m,n)\in M\bigcap(m+u,n+v)\in M$$

基于 $(\widetilde{f}_x, \widetilde{f}_y)$ 估计对应的幅度：

$$\alpha_{\mathrm{g}}(n_1) = \left| \frac{1}{L} \sum_{(m,n) \in W} S_z(m,n) \exp\left[-\mathrm{j}2\pi(\widetilde{f}_x m + \widetilde{f}_y n) \right] \right|$$

$$(3.110)$$

(2) 搜索 $\alpha_{\mathrm{g}}(n_1)$ 的最大值并记录其对应的坐标，记为 $\widehat{n}_1$。

End

$n_1 = \widehat{n}_1$

For $n_2 = 1$ to L_y

(3) 重复步骤(1)得到 $\alpha_{\mathrm{g}}(n_2)$。

(4) 搜索 $\alpha_{\mathrm{g}}(n_2)$ 的最大值并记录其对应的坐标为 $\widehat{n}_2$，将最大值存入 $\alpha_x(m_1)$。

End

(5) 搜索 $\alpha_x(m_1)$ 的最大值并记录其对应的坐标为 $\widehat{m}_1$。

End

(6) 令 $m_1 = \widehat{m}_1$。用 m_2 替代 m_1 作为循环控制参数，重复上述步骤可得到 $\widehat{m}_2$ 和 $(\widehat{n}_1, \widehat{n}_2)$。

(7) 基于 $(\widehat{m}_1, \widehat{m}_2, \widehat{n}_1, \widehat{n}_2)$ 和式(3.108)得到局部条纹频率的最终估计值 $(\widehat{f}_x, \widehat{f}_y)$。

在强噪声情况下(低信噪比)，由以上算法得到的局部条纹频率估计值可能是由噪声而非相位信号引起的，此时认为该频率估计是无效的，需要剔除。判断局部条纹频率估计值有效性的算法如下：如果该估计是有效的，那么基于连续分辨率单元得到的该估计值的变化应该不大；如果无效，那么该估计值的变化应该较大。定义检测函数为

$$R_x(i) = \left| \widehat{f}_x^{i+1} - \widehat{f}_x^i \right|$$
$$R_y(i) = \left| \widehat{f}_y^{i+1} - \widehat{f}_y^i \right|$$

$$(3.111)$$

式中，i 和 $i+1$ 为相邻分辨率单元；R_x 和 R_y 为 x 轴和 y 轴的检测函数，分别对应于搜索算法中外循环 (m_1, m_2) 和内循环 (n_1, n_2)。当相邻分辨率单元 i 和 $i+1$ 的检测函数的差值大于阈值(如 1/60)时，认为单元 i 的频率估计值无效，将对应幅度置零；如果连续三个分辨率单元 i、$i+1$ 和 $i+2$ 的检测函数的差值均小于阈值，则认为单元 i 的频率估计值有效。对于剔除的无效估计，采用相邻的有效估计值进行均值拟合。

Trouvé 和 Cai 给出的算法都假设估计窗口中的局部条纹频率是一阶的，对应的干涉相位是一个缓变的斜面，没有考虑相位中的高阶信息(相位的细节信息)，因此得到的局部条纹频率不可避免地存在误差。尤其是在地形变化剧烈的区域，一

般噪声的方差较大,为了获得准确的估计结果,需要将估计窗口取得较大,此时窗口中的相位不再满足单频信号的假设,估计值会严重偏离真实值。针对这个问题,Suo 等[69]提出了基于高次局部条纹频率模型和加权最小二乘解缠的局部条纹频率估计方法。该算法的核心思想是,全部的局部条纹频率(包含低频和高频)可以从解缠相位中获得。

$$\widehat{f}_{x\_T} = \frac{\varphi(k+1, l) - \varphi(k, l)}{2\pi}$$

$$\widehat{f}_{y\_T} = \frac{\varphi(k, l-1) - \varphi(k, l)}{2\pi}$$

(3.112)

式中,φ 为解缠相位。由式(3.112)得到的 $(\widehat{f}_{x\_T}, \widehat{f}_{y\_T})$ 突破了一阶线性相位模型的限制,更准确地反映了局部相位信息。然而,对含噪相位进行解缠是一个难题,因此需要对相位进行预滤波以降低解缠的难度。整个算法的步骤如下:

(1) 对含噪相位进行预滤波[式(3.106)]。针对条纹稀疏或者相干性较好的干涉相位可以进行简单的均值滤波;对于条纹密集或者相干性较差的干涉相位可采用 Trouvé[66]算法进行滤波[式(3.105)]。为了提高效率,这里采用最大似然局部频率估计算法[70]。

(2) 利用加权最小二乘解缠算法对预滤波结果进行相位解缠得到解缠相位 φ ,然后基于式(3.112)得到局部条纹频率的估计值 $(\widehat{f}_{x\_T}, \widehat{f}_{y\_T})$ 。

(3) 剔除无效局部条纹频率估计值。由于干涉相位是连续的,相邻像素点条纹频率的差异不会太大。设置一阈值,剔除大于该值的局部条纹频率估计值,并用相邻的有效估计值进行均值拟合。

(4) 剔除无效局部条纹频率估计值后,利用式(3.104)~式(3.106)完成滤波。

为了获得高精度的滤波结果,迭代执行步骤(1)~(3)。相比 Trouvé 算法和 Cai 算法,Suo 算法的优势在于突破了局部条纹频率是一阶的限制,在相位细节信息的保持上更优。但是,Suo 算法进行了预滤波和相位解缠,可能会引入额外的误差导致最终滤波结果精度下降。此外,由于局部条纹频率估计比较耗时,因此三个算法的运行效率不高。

5. WInPF 算法

小波变换由于其多尺度、多分辨率和良好的实域和频域局部特性,从提出之日起就成为图像处理的重要工具。López-Martínez 等[2]在干涉相位复数域相位噪声模型的基础上[式(3.10)和式(3.11)],推导了复干涉相位的小波域相位噪声模型,并基于该模型提出了著名的 WInPF 算法。

基于二维离散小波变换(discrete wavelet transform,DWT)和式(3.10)、式(3.11),复干涉相位的小波域相位噪声模型表示为

$$\mathrm{DWT_{2D}}\cos\varphi_z = 2^i N_c \cos\varphi_x^w + v_c^w$$
$$\mathrm{DWT_{2D}}\sin\varphi_z = 2^i N_c \sin\varphi_x^w + v_s^w \tag{3.113}$$

式中，2^i 为变换尺度；φ_x^w 为干涉相位 φ_x 的 DWT 处理的结果；v_c^w 和 v_s^w 分别为噪声 v_c 和 v_s 的 DWT 处理的结果。由式(3.113)可得由小波系数组成的强度图像的均值为

$$E\{|\mathrm{DWT_{2D}}[\exp(\mathrm{j}\varphi_z)]|^2\} = 2^{2i}N_c^2 + \sigma_{v_c^w}^2 + \sigma_{v_s^w}^2 \tag{3.114}$$

根据图 3.2 可知，$0 \leqslant N_c \leqslant 1$ 和 $0 \leqslant (\sigma_{v_c^w}^2 + \sigma_{v_s^w}^2) \leqslant 1$，因为相位信号有 2^{2i} 的增益，所以可以利用小波系数的大小来判断该系数对应的是相位信号还是噪声。

WInPF 算法的具体步骤如下：

(1) 对复干涉相位进行二维 DWT 处理。为了保证相位信号的增益足够高，需要进行 3 级小波变换：前 2 级进行 DWT 处理，第 3 级进行小波包变换，一共得到 64 组小波系数。其中，低频系数 16 组，高频系数 48 组。图 3.10[2] 为 3 级小波变换示意图，每次变换都将信号分解成 1 组低频系数 LL 和 3 组高频系数 LH、HL、HH。

(2) 判断低频系数是否为相位信号。基于小波系数强度和噪声方差的判决函数为

$$\Gamma_{\mathrm{sig}} = \frac{I_{\mathrm{lw}} - 2^{2i}\sigma_{\mathrm{w}}^2}{I_{\mathrm{lw}}} \tag{3.115}$$

式中，I_{lw} 为低频小波系数强度；σ_{w}^2 为噪声方差，可根据高频小波系数强度得到：

$$\sigma_{\mathrm{w}}^2 = \frac{3}{2} \times \frac{1}{48}\left(\sum_{k=1}^{48} I_{\mathrm{hw}}^2\right) \tag{3.116}$$

其中，I_{hw} 为高频小波系数的强度。对于 16 个低频小波系数利用式(3.117)进行判决：

$$\Gamma_{\mathrm{sig}} \begin{cases} \geqslant \mathrm{th_w} \Rightarrow \text{相位信号} \\ < \mathrm{th_w} \Rightarrow \text{噪声} \end{cases} \tag{3.117}$$

式中，$\mathrm{th_w}$ 为预设的阈值且从区间 $[-5, -1]$ 取值。基于式(3.117)得到一个不包含相位信号的掩膜 Mask。

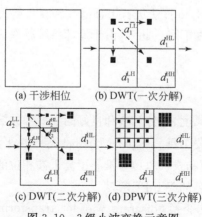

(a) 干涉相位　　　(b) DWT(一次分解)

(c) DWT(二次分解)　(d) DPWT(三次分解)

图 3.10　3 级小波变换示意图

（3）对小波系数增益进行补偿。对相位信号的小波系数在每一次逆离散小波变换（inverse DWT，IDWT）之前乘以 2 以保持其尺度增益，而噪声的小波系数不进行处理。

（4）利用掩膜增长算法获得上一级小波系数的掩膜。令 i 和 $i-1$ 分别是当前和上一级小波变换，因为当前 4 组对应的小波系数是由上一级小波系数变换得到的，所以存在一个 4 对 1 的空间对应关系（图 3.10）。将当前 4 组对应的小波系数的掩膜进行逻辑"或"运算得到 Mask_i，然后利用插值将 Mask_i 的行数和列数都扩大一倍得到上一级小波系数掩膜 Mask_i。在每一次逆变换前都进行小波系数增益补偿和掩膜计算。

（5）对逆变换结果取相位得到滤波后的干涉相位。

同为变换域算法，WInPF 算法在去噪的方式上和 Goldstein 算法相同，本质上都是对干涉相位在变换域的谱系数进行加权处理；不同的是，WInPF 算法是增强相位信号变换系数而 Goldstein 算法是抑制噪声变换系数，并且 WInPF 算法是基于整幅图像而非局部窗口，因此滤波性能不受窗口大小影响。由于相位信号和噪声在小波域的统计特性具有明显的差异，因此 WInPF 能在去噪的同时较好地保持相位信号。

然而，WInPF 算法存在如下两个问题：第一，在对 16 个低频小波系数判决时采用了相同的阈值；第二，在生成上一级小波系数的掩膜时使用的插值运算会导致最后滤波结果的不连续。针对这两个问题，Abdelfattah 等[71] 对 WInPF 算法进行了如下改进：第一，低频小波系数中的 a_2 和 d_2［图 3.10(c)］的动态范围不同，在进行判决时应该根据其动态范围采用不同的阈值；第二，基于当前的相干系数图获得上一级小波系数的掩膜。具体而言，令 (m,n) 为当前尺度 2^i 下的一个像素点，其在上一级尺度 2^{i-1} 下对应的 4 个像素点分别为 (k,l)、$(k,l+1)$、$(k+1,l)$ 和 $(k+1,l+1)$，对原始相干系数图 ρ 降采样生成尺度 2^{i-1} 下的相干系数图 ρ^{i-1}，基于以上参数进行如下判决（图 3.11 为掩膜生成示意图）：

（1）当 (m,n) 是相位信号时，有

$$|\rho^{i-1}(k,l)-\rho_p^{i-1}|\leqslant\varepsilon_\text{T}\Rightarrow p\text{ 是相位信号}$$
$$|\rho^{i-1}(k,l)-\rho_p^{i-1}|>\varepsilon_\text{T}\Rightarrow p\text{ 是噪声}$$

(3.118)

式中，$p\in\{(k,l+1),(k+1,l),(k+1,l+1)\}$；$\varepsilon_\text{T}$ 为预设的阈值。

（2）当 (m,n) 是噪声时，有

$$|\rho^{i-1}(k,l)-\rho_p^{i-1}|\leqslant\varepsilon_\text{T}\Rightarrow p\text{ 是噪声}$$
$$|\rho^{i-1}(k,l)-\rho_p^{i-1}|>\varepsilon_\text{T}\Rightarrow p\text{ 是相位信号}$$

(3.119)

以上基于相干系数的掩膜生成算法虽然利用了 InSAR 的统计特性，但是该算法假设在 3 个尺度空间（$i=1,2,3$）中的每一个像素点都与原始图像中唯一的一个像素点一一对应，但实际上当前尺度空间 i 中的 1 个像素点与上一级尺度空间

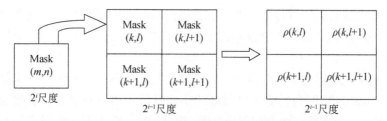

图 3.11　基于相干系数的掩膜生成示意图

$i-1$ 中的 $2^i \times 2^i$ 个像素点对应,如图 3.12 所示,尺度 3 中的像素点 (m,n) 在尺度 2、尺度 1 和原始干涉相位中分别对应 4、16 和 64 个像素点。基于该问题,Abdallah 等[72] 提出了改进算法。尺度 3 中的像素点 (m,n) 在原始干涉相位中对应 64 个像素点,以这 64 个像素点相干系数的均值作为像素点 (m,n) 的相干系数均值:

$$M(m_3, n_3) = \frac{1}{64} \sum_{l=8(x-1)+1}^{l=8(x-1)+8} \sum_{c=8(y-1)+1}^{c=8(y-1)+8} |\rho(l,c)| \qquad (3.120)$$

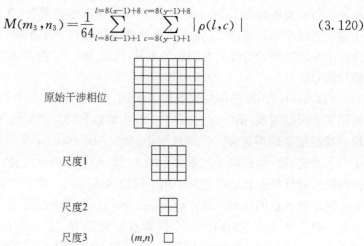

原始干涉相位

尺度1

尺度2

尺度3　　　(m,n) □

图 3.12　多尺度小波变换中像素点的对应关系

接着,将图 3.12 中原始干涉相位 8×8 的图像块划分为 M_1、M_2、M_3 和 M_4 共 4 个 4×4 的图像块(图 3.13),然后分别计算图像块的相干系数均值:

$$\begin{cases} M_1(m,n) = \dfrac{1}{16} \sum_{l=8(x-1)+1}^{l=8(x-1)+4} \sum_{c=8(y-1)+1}^{c=8(y-1)+4} |\rho(l,c)| \\[2mm] M_2(m,n) = \dfrac{1}{16} \sum_{l=8(x-1)+1}^{l=8(x-1)+4} \sum_{c=8(y-1)+5}^{c=8(y-1)+8} |\rho(l,c)| \\[2mm] M_3(m,n) = \dfrac{1}{16} \sum_{l=8(x-1)+5}^{l=8(x-1)+8} \sum_{c=8(y-1)+1}^{c=8(y-1)+4} |\rho(l,c)| \\[2mm] M_4(m,n) = \dfrac{1}{16} \sum_{l=8(x-1)+5}^{l=8(x-1)+8} \sum_{c=8(y-1)+5}^{c=8(y-1)+8} |\rho(l,c)| \end{cases} \qquad (3.121)$$

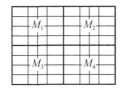

图 3.13　像素块划分示意图

对于尺度 3 中的每一个像素点,计算尺度 2 的掩膜算法如下。

（1）如果尺度 3 中的像素点 (m,n) 是相位信号,那么对其对应的尺度 2 中的 4 个像素点判决如下:

$$(m,n)^2 \in \begin{cases} 信号, & |M_1 - M| < \varepsilon \\ 噪声, & |M_1 - M| \geqslant \varepsilon \end{cases}$$

$$(m,n+1)^2 \in \begin{cases} 信号, & |M_2 - M| < \varepsilon \\ 噪声, & |M_2 - M| \geqslant \varepsilon \end{cases}$$

$$(m+1,n)^2 \in \begin{cases} 信号, & |M_3 - M| < \varepsilon \\ 噪声, & |M_3 - M| \geqslant \varepsilon \end{cases}$$

$$(m+1,n+1)^2 \in \begin{cases} 信号, & |M_4 - M| < \varepsilon \\ 噪声, & |M_4 - M| \geqslant \varepsilon \end{cases} \tag{3.122}$$

式中,上标 2 表示尺度 2。

（2）如果尺度 3 中的像素点 (m,n) 是噪声,那么其对应的尺度 2 中的 4 个像素点都是噪声。

（3）重复执行上述步骤,对尺度 1 中的所有像素点进行判断。

6. PFWPSDE 算法和 PFUWSDE 算法

WInPF 算法及其改进版本为后来的科研人员研究基于小波变换的干涉相位滤波算法提供了经验和思路,但 WInPF 算法中的小波变换存在两个问题。第一,该变换只对信号的低频部分进行分解,而对高频部分,即信号的细节部分不再继续分解,因此小波变换可以有效表征信号的主要部分(低频部分),而无法很好地分解和表示信号的细节部分(高频部分)。第二,小波变换中的基函数是冗余的,会给滤波结果引入伪信息。针对这两个问题,Bian 等[73]将小波包变换[74,75]、非抽样小波变换[76]和检测与估计技术(simultaneous detection and estimation)[77,78]结合起来,提出了基于小波包和检测与估计技术的相位滤波(phase filtering using wavelet packet and simultaneous detection and estimation,PFWPSDE)算法和基于非抽取小波和检测与估计技术的相位滤波(phase filtering in the undecimated wavelet domain using simultaneous detection and estimation,PFUWSDE)算法。

为了介绍方便,重新定义复干涉相位的小波域相位噪声模型为

$$\mathrm{DWT}_{2\mathrm{D}}(\cos\theta) = 2^j N_c \cos\varphi + U_c$$
$$\mathrm{DWT}_{2\mathrm{D}}(\sin\theta) = 2^j N_c \sin\varphi + U_s \tag{3.123}$$

式中，θ 为观测得到的含噪相位；φ 为小波域的无噪相位；U_c 和 U_s 为与干涉相位有关的小波域噪声；2^j 为小波变换尺度；N_c 为相干系数的函数。严格来讲，式(3.123)是建立在正交小波函数前提下的，对于非正交小波函数，该表达式需要进行调整。但为了方便，下面的推导还是基于式(3.123)。一般而言，有用信号的绝大部分能量主要分布在少量大值小波系数上，而绝大多数小值小波系数上只包含少量信号能量或者不包含信号能量。但对于含有空变噪声的干涉相位，一些小值小波系数仍然包含相当一部分相位信号的能量。基于这个特点，可以将含噪相位的小波系数分为 3 类：纯相位信号小波系数、包含部分噪声的相位信号小波系数、纯噪声小波系数。为了利用估计和检测技术进行滤波，将 3 类小波系数中的前两类归为一类，然后基于式(3.124)和式(3.125)进行检测：

$$H_1 : W_j^c(m,n) = 2^j N_c(m,n) \cos[\varphi(m,n)] + U_c(m,n)$$
$$= S_c(m,n) + U_c(m,n) \tag{3.124}$$

$$H_0 : W_j^c(m,n) = U_c(m,n) \tag{3.125}$$

式中，$W_j^c(m,n)$ 为复干涉相位实部的小波系数（虚部的小波系数具有类似的表达式）；$S_c(m,n)$ 为复无噪相位实部的小波系数；$U_c(m,n)$ 为复噪声相位实部的小波系数；H_1 为包含前两类小波系数的假设；H_0 为只包含噪声小波系数的假设。此时，相位滤波问题就转化为先估计 $S_c(m,n)$、再利用式(3.124)和式(3.125)进行检测的问题。

检测与估计技术以最小化贝叶斯风险函数为目的。令代价函数为 $C_{i,j}(S,\hat{S})$，其中 $i=0,1$ 分别代表假设 H_0 和 H_1 成立，$j=0,1$ 分别表示 η_0（检测结果是噪声）和 η_1（检测结果是相位信号），$C_{1,0}$ 表示当小波系数是相位信号时，检测结果是噪声；$C_{1,1}$ 表示当小波系数是相位信号时，检测结果是信号；$C_{0,1}$ 表示当小波系数是噪声时，检测结果是相位信号；$C_{0,0}$ 表示当小波系数是噪声时，检测结果是噪声。根据以上定义，贝叶斯风险函数表示为[76]

$$R_{\mathrm{SDE}} = \sum_{i=0}^{1} \int_{-\infty}^{\infty} \int_{-\infty}^{\infty} C_{i,0}(S,\hat{S}) \, \mathrm{pdf}(S) \, \mathrm{pdf}(W \mid S) \, \mathrm{pdf}(\eta_0 \mid W) \, \mathrm{d}S\mathrm{d}W$$
$$+ \sum_{i=0}^{1} \int_{-\infty}^{\infty} \int_{-\infty}^{\infty} C_{i,1}(S,\hat{S}) \, \mathrm{pdf}(S) \, \mathrm{pdf}(W \mid S) \, \mathrm{pdf}(\eta_1 \mid W) \, \mathrm{d}S\mathrm{d}W$$

$$\tag{3.126}$$

式中，$\mathrm{pdf}(S)$ 为相位信号的概率密度函数，在 $\mathrm{pdf}(S \mid H_0) = \delta(S)$ 的条件下（$\delta(S)$ 是 Dirac 冲激函数）可表示为 $\mathrm{pdf}(S) = \delta(S)\mathrm{pdf}(H_0) + \mathrm{pdf}(S \mid H_1)\mathrm{pdf}(H_1)$；$\mathrm{pdf}(H_0)$ 和 $\mathrm{pdf}(H_1)$ 分别为噪声和相位信号的先验分布函数；$\mathrm{pdf}(W \mid S)$ 为当小波系数是相位信号时的条件概率密度函数；$\mathrm{pdf}(\eta_i \mid W)$ 为小波系数已知时，相

位信号或噪声的检测概率。

为了得到 $\hat{S}$ 用于最小化式(3.126)，需要求解式(3.127)所示的最优化问题：

$$\arg \min_{S_j}\{\chi_{0j}(W)+\chi_{1j}(W)\} \tag{3.127}$$

式中，$\chi_{0j}(W)$ 和 $\chi_{1j}(W)$ 的表达式为

$$\chi_{0j}(W)=\mathrm{pdf}(H_0)\int_{-\infty}^{\infty}C_{0,j}(S,\hat{S})\,\mathrm{pdf}(S\mid H_0)\,\mathrm{pdf}(W\mid S)\,\mathrm{d}S \tag{3.128}$$

$$\chi_{1j}(W)=\mathrm{pdf}(H_1)\int_{-\infty}^{\infty}C_{1,j}(S,\hat{S})\,\mathrm{pdf}(S\mid H_1)\,\mathrm{pdf}(W\mid S)\,\mathrm{d}S \tag{3.129}$$

式中，$\chi_{0j}(W)$ 和 $\chi_{1j}(W)$ 表示不存在和存在相位信号的风险。为了得到解析解，采用式(3.130)所示的代价函数：

$$\begin{cases}C_{0,j}(S,\hat{S})=k_{0j}\,(\hat{S}_j-W\rho)^2\\ C_{1,j}(S,\hat{S})=k_{1j}\,(\hat{S}_j-S)^2\end{cases} \tag{3.130}$$

式中，ρ 为小值常数；k_{10}、k_{11}、k_{01} 和 k_{00} 分别为 C_{10}、C_{11}、C_{01} 和 C_{00} 的权值。将式(3.128)~式(3.130)和 $\mathrm{pdf}(S\mid H_0)=\delta(S)$ 代入式(3.127)并进行化简得

$$\begin{aligned}\hat{W}_j&=\arg\min_{S}\big[\chi_{0j}(W)+\chi_{1j}(W)\big]\\ &=\arg\min_{S}\Big[k_{0j}\,(\hat{S}_j-W\rho)^2\mathrm{pdf}(H_0)\,\mathrm{pdf}(W\mid H_0)\\ &\quad+k_{1j}\mathrm{pdf}(H_1)\int_{-\infty}^{\infty}(\hat{S}_j-S)^2\mathrm{pdf}(S\mid H_1)\,\mathrm{pdf}(W\mid S)\,\mathrm{d}S\Big]\end{aligned} \tag{3.131}$$

为了得到解析解，基于相位信号小波系数服从拉普拉斯分布而噪声小波系数服从高斯分布的假设，定义概率密度函数为

$$\mathrm{pdf}(W\mid S)=\frac{1}{\sqrt{2\pi}\,\sigma_U}\exp\Big[-\frac{(W-S)^2}{2\sigma_U^2}\Big] \tag{3.132}$$

$$\mathrm{pdf}(S\mid H_1)=\frac{1}{\sqrt{2}\,\sigma_S}\exp\Big(-\frac{\sqrt{2}\,|S|}{\sigma_S}\Big) \tag{3.133}$$

$$\mathrm{pdf}(W\mid H_1)=\frac{1}{\sqrt{2}\,\sigma_W}\exp\Big(-\frac{\sqrt{2}\,|W|}{\sigma_W}\Big) \tag{3.134}$$

$$\mathrm{pdf}(W\mid H_0)=\frac{1}{\sqrt{2\pi}\,\sigma_U}\exp\Big(-\frac{W^2}{2\sigma_U^2}\Big) \tag{3.135}$$

式中，σ_U、σ_S 和 σ_W 分别为纯噪声小波系数、纯相位信号小波系数和含噪相位信号小波系数的标准差，且 $\sigma_W^2=\sigma_S^2+\sigma_U^2$。以 PFWPSDE 算法为例，$\sigma_U$ 的计算公式为

$$\begin{aligned}\sigma_U&=\hat{\lambda\sigma}_{U\mathrm{ave}},\quad \lambda\in[1,2]\\ \hat{\sigma}_{U\mathrm{ave}}&=\frac{\hat{\sigma}_{U\mathrm{real}}+\hat{\sigma}_{U\mathrm{imag}}}{2}\end{aligned} \tag{3.136}$$

式中，$\hat{\sigma}_{U\text{real}}$ 和 $\hat{\sigma}_{U\text{imag}}$ 分别为基于复干涉相位实部和虚部计算得到的噪声标准差，可以通过式(3.84)得到。σ_W 的计算公式为

$$\sigma_W = \sqrt{\frac{1}{MN}\sum_{m=0}^{M-1}\sum_{n=0}^{N-1}\left[W^2(m,n)-\bar{W}^2\right]} \tag{3.137}$$

式中，$\bar{W}$ 为 $W(m,n)$ 在窗口 $M\times N$ 中的均值。σ_S 的计算公式为

$$\sigma_S = \sqrt{\max(\sigma_W^2 - \sigma_U^2, 0)} \tag{3.138}$$

得到 σ_U、σ_S 和 σ_W 后，将式(3.132)～式(3.135)代入式(3.131)并令其导数为零，可得

$$\hat{S}_j = \frac{k_{1j}\Lambda(W)B + k_{0j}W\rho}{k_{1j}\Lambda(W)A + k_{0j}} \tag{3.139}$$

式中，A 和 B 的计算公式为

$$A = \frac{1}{\text{pdf}(W\mid H_1)}\int_{-\infty}^{\infty}\text{pdf}(S\mid H_1)\,\text{pdf}(W\mid S)\,\mathrm{d}S$$
$$B = \frac{1}{\text{pdf}(W\mid H_1)}\int_{-\infty}^{\infty}S\text{pdf}(S\mid H_1)\,\text{pdf}(W\mid S)\,\mathrm{d}S \tag{3.140}$$

$\Lambda(W)$ 为广义似然比。基于式(3.134)和式(3.135)，$\Lambda(W)$ 可表示为

$$\Lambda(W) = \frac{\text{pdf}(W\mid H_1)\,\text{pdf}(H_1)}{\text{pdf}(W\mid H_0)\,\text{pdf}(H_0)} = \frac{\sqrt{\pi}\sigma_U\text{pdf}(H_1)}{\sigma_W\text{pdf}(H_0)}\exp\left(\frac{W^2}{2\sigma_U^2}-\frac{\sqrt{2}\,|W|}{\sigma_W}\right) \tag{3.141}$$

式中，$\text{pdf}(H_1)$ 和 $\text{pdf}(H_0)$ 可根据干涉相位的条纹密度来拟合。A 和 B 的解析解可表示为[79]

$$A = \frac{\sigma_W}{2\sigma_S}\exp\left(\frac{\sqrt{2}\,|W|}{\sigma_W}-\frac{W^2}{2\sigma_U^2}\right)\left[\exp(\psi^2)\,\text{erfc}(\psi)+\exp(\xi^2)\,\text{erfc}(\xi)\right]$$
$$B = \frac{\sigma_U\sigma_W}{\sqrt{2}\,\sigma_S}\exp\left(\frac{\sqrt{2}\,|W|}{\sigma_W}-\frac{W^2}{2\sigma_U^2}\right)\left[\exp(\psi^2)\,\psi\text{erfc}(\psi)-\exp(\xi^2)\,\xi\text{erfc}(\xi)\right] \tag{3.142}$$

式中，$\psi = (\sigma_U/\sigma_S)+(W/\sqrt{2}\sigma_U)$；$\xi = (\sigma_U/\sigma_S)-(W/\sqrt{2}\sigma_U)$；$\text{erfc}(x) = \frac{2}{\sqrt{\pi}}\int_x^{\infty}\exp(-t^2)\,\mathrm{d}t$ 为误差补偿函数[80]。将式(3.142)代入式(3.139)可得

$$\hat{S}_j = \frac{\dfrac{k_{1j}\sigma_U\sigma_W\Lambda(W)}{\sqrt{2}\sigma_S}\exp\left(\dfrac{\sqrt{2}\,|W|}{\sigma_W}-\dfrac{W^2}{2\sigma_U^2}\right)\left[\exp(\psi^2)\,\psi\text{erfc}(\psi)-\exp(\xi^2)\,\xi\text{erfc}(\xi)\right]+k_{0j}W\rho}{\dfrac{k_{1j}\sigma_W\Lambda(W)}{2\sigma_S}\exp\left(\dfrac{\sqrt{2}\,|W|}{\sigma_W}-\dfrac{W^2}{2\sigma_U^2}\right)\left[\exp(\psi^2)\,\text{erfc}(\psi)+\exp(\xi^2)\,\text{erfc}(\xi)\right]+k_{0j}}$$

$$\tag{3.143}$$

通过式(3.143)就可完成估计。

接下来进行检测。将式(3.132)和式(3.133)分别代入式(3.128)和式(3.129)可得

$$
\begin{cases}
\chi_{0j}(W) = \mathrm{pdf}(H_0) \displaystyle\int_{-\infty}^{\infty} k_{0j} \, (\hat{S}_j - W\rho)^2 \mathrm{pdf}(S \mid H_0) \, \mathrm{pdf}(W \mid S) \, \mathrm{d}S \\[2mm]
\qquad = \dfrac{k_{0j}\,\mathrm{pdf}(H_0)\,(\hat{S}_j - W\rho)^2}{\sqrt{2\pi}\,\sigma_U} \exp\!\left(-\dfrac{W^2}{2\sigma_U^2}\right) \\[4mm]
\chi_{1j}(W) = \mathrm{pdf}(H_1) \displaystyle\int_{-\infty}^{\infty} k_{1j} \, (\hat{S}_j - S)^2 \mathrm{pdf}(S \mid H_1) \, \mathrm{pdf}(W \mid S) \, \mathrm{d}S \\[2mm]
\qquad = \dfrac{k_{1j}\,\mathrm{pdf}(H_1)}{\sigma_S} \exp\!\left(-\dfrac{W^2}{2\sigma_U^2}\right) \cdot \Bigg\{ \sigma_U^2\,\Gamma(3)\,2^{-\frac{5}{2}} \\[3mm]
\qquad\quad \cdot \left[\dfrac{1}{\Gamma(2)}\Phi\!\left(\dfrac{3}{2},\dfrac{1}{2};\psi^2\right) - \dfrac{2\psi}{\Gamma(1.5)}\Phi\!\left(2,\dfrac{3}{2};\psi^2\right) \right. \\[3mm]
\qquad\quad \left. + \dfrac{1}{\Gamma(2)}\Phi\!\left(\dfrac{3}{2},\dfrac{1}{2};\xi^2\right) - \dfrac{2\xi}{\Gamma(1.5)}\Phi\!\left(2,\dfrac{3}{2};\xi^2\right) \right] \\[3mm]
\qquad\quad + \hat{S}_j\sigma_U\left[\exp(\xi^2)\,\xi\,\mathrm{erfc}(\xi) - \exp(\psi^2)\,\psi\,\mathrm{erfc}(\psi)\right] \\[3mm]
\qquad\quad + \dfrac{\hat{S}_j^2}{2\sqrt{2}}\exp(\psi^2)\,\mathrm{erfc}(\psi) + \dfrac{\hat{S}_j^2}{2\sqrt{2}}\exp(\xi^2)\,\mathrm{erfc}(\xi) \Bigg\}
\end{cases}
\tag{3.144}
$$

式中，$\Gamma(x) = \displaystyle\int_0^{\infty} \exp(-t)\,t^{x-1}\mathrm{d}t$ 为 Gamma 函数；$\Phi(\alpha,\gamma;z)$ 为合流超几何函数。

通过最小化式(3.126)可得判决准则为

$$
\begin{cases}
\eta_1 = 1, & \chi_{00}(W) + \chi_{10}(W) \geqslant \chi_{01}(W) + \chi_{11}(W) \\
\eta_0 = 1, & \chi_{00}(W) + \chi_{10}(W) < \chi_{01}(W) + \chi_{11}(W)
\end{cases}
\tag{3.145}
$$

将式(3.144)代入式(3.145)可得

$$
\begin{cases}
\eta_1 = 1, & M_l \geqslant M_r \\
\eta_0 = 1, & M_l < M_r
\end{cases}
\tag{3.146}
$$

式中，M_l 和 M_r 可表示为

$$
M_l = \dfrac{\mathrm{pdf}(H_1)\,\sigma_U^2\,\Gamma(3)\,(k_{10} - k_{11})}{\sigma_S} 2^{-\frac{5}{2}} \cdot \left[\dfrac{1}{\Gamma(2)}\Phi\!\left(\dfrac{3}{2},\dfrac{1}{2};\psi^2\right) - \dfrac{2\psi}{\Gamma(1.5)}\Phi\!\left(2,\dfrac{3}{2};\psi^2\right) \right.
$$

$$
\left. + \dfrac{1}{\Gamma(2)}\Phi\!\left(\dfrac{3}{2},\dfrac{1}{2};\xi^2\right) - \dfrac{2\xi}{\Gamma(1.5)}\Phi\!\left(2,\dfrac{3}{2};\xi^2\right) \right] + \dfrac{\mathrm{pdf}(H_1)}{\sigma_S}\{(k_{10}\hat{S}_0 - k_{11}\hat{S}_1)\,\sigma_U
$$

$$
\cdot \left[\exp(\xi^2)\,\xi\,\mathrm{erfc}(\xi) - \exp(\psi^2)\,\psi\,\mathrm{erfc}(\psi)\right] + \dfrac{k_{10}\hat{S}_0^2 - k_{11}\hat{S}_1^2}{2\sqrt{2}}\exp(\psi^2)\,\mathrm{erfc}(\psi)
$$

$$+ \frac{k_{10}\hat{S}_0^2 - k_{11}\hat{S}_1^2}{2\sqrt{2}} \exp(\xi^2)\, \mathrm{erfc}(\xi) \Bigg\}$$

(3.147)

$$M_r = \frac{\mathrm{pdf}(H_0)}{\sqrt{2\pi}\,\sigma_U} \left[k_{01}\,(\hat{S}_1 - W\rho)^2 - k_{00}\,(\hat{S}_0 - W\rho)^2 \right]$$

(3.148)

利用检测与估计技术进行干涉相位滤波的主要步骤如下：

（1）将干涉相位变换成复干涉相位，对其实部和虚部分别进行下述处理。

（2）将实部或虚部用小波包变换或非抽样小波变换变换到小波域，利用式(3.143)得到小波系数的估计值。

（3）基于估计值和式(3.147)、式(3.148)计算检测量。

（4）基于检测量和式(3.146)进行相位信号或噪声的判决。如果判决结果是相位信号，那么以 $\hat{S}_1$ 作为滤波后的小波系数；如果判决结果是噪声，那么以 $\hat{S}_0$ 作为滤波后的小波系数。因此，这是一种类似于软阈值的处理手段。

（5）得到所有像素点滤波后的小波系数，用小波包逆变换或非抽样小波逆变换得到滤波后的复干涉相位，对其取相位得到滤波后的干涉相位。

与其他变换域滤波算法一样，PFWPSDE 算法和 PFUWSDE 算法的本质还是利用干涉相位在变换域的稀疏性进行滤波，即相位信号系数和噪声系统的统计特性差异。在判断一个小波系数是否为相位信号时，在相位信号小波系数服从拉普拉斯分布而噪声小波系数服从高斯分布的假设前提下，采用基于概率密度函数的检测与估计算法。在得到检测结果后，对噪声小波系数进行类似于软阈值处理的系数收缩，使得算法在去噪的同时具有较好的细节保持能力，同时避免了伪信息（artifacts）的产生。尽管算法的理论完备但所用参数较多，这些参数需要根据具体待处理的数据进行手动调整才能得到较好的滤波结果。此外，算法对每一个小波系数都要进行估计和检测，因此效率低下。

7. B-InSAR-IF 算法和 IB-InSAR-IF 算法

由于干涉相位在变换域是稀疏的，因此可以在变换域对干涉相位进行基于稀疏表示的滤波。基于此，Xu 等[81]提出了基于小波域最大后验的联合 SAR 图像相干斑抑制和干涉相位滤波算法：基于贝叶斯的 InSAR 图像生成（Bayesian InSAR image formation, B-InSAR-IF）法和改进的基于贝叶斯的 InSAR 图像生成（improved B-InSAR-IF, IB-InSAR-IF）法。

在斜距-多普勒域，用于干涉的主、辅 SAR 图像可以表示为

$$\boldsymbol{s}_l = \boldsymbol{T}_l \boldsymbol{a}_l + \boldsymbol{n}_{l1}, \quad l = 1,2$$

(3.149)

式中，$\boldsymbol{a}_l$ 为主、辅 SAR 图像；$\boldsymbol{T}$ 的作用是将 $\boldsymbol{a}_l$ 沿方位向进行离散傅里叶变换，可以将它看做一个投影算子；$\boldsymbol{n}_{l1}$ 为主要来自雷达发射天线和接收天线的噪声。因此，对 $\boldsymbol{s}_l$ 沿方位向进行傅里叶变换就可以得到 SAR 图像。SAR 图像幅度中的相干斑

和 InSAR 干涉相位中的噪声会影响后续的信息提取,如基于 SAR 图像的地物分类和基于干涉相位的 DEM 生产。考虑到这两种噪声的影响,a_l 可以进一步分解为无噪 SAR 图像 b_l 与噪声 n_{l2} 的和:

$$a_l = b_l + n_{l2} \tag{3.150}$$

将式(3.150)代入式(3.149)可得

$$s_l = T_l(b_l + n_{l2}) + n_{l1} = T_l b_l + n_l, \quad l = 1,2 \tag{3.151}$$

为了利用最大后验估计对噪声进行有效抑制,可以将 b_l 用一个线性可逆的变换 $\boldsymbol{\Phi}_l$ 变换成 $\boldsymbol{\Phi}_l b_l$,然后利用 $\boldsymbol{\Phi}_l b_l$ 的先验信息来估计 $\boldsymbol{\Phi}_l \hat{b}_l$。那么,$\boldsymbol{\Phi}_l \hat{b}_l$ 的最大后验估计可以表示为

$$\boldsymbol{\Phi}_l \hat{b}_l = \arg \max_{\boldsymbol{\Phi}_l b_l} [\mathrm{pdf}(\boldsymbol{\Phi}_l b_l \mid s_l)] = \arg \max_{\boldsymbol{\Phi}_l b_l} [\mathrm{pdf}(s_l \mid b_l) \, \mathrm{pdf}(\boldsymbol{\Phi}_l b_l)] \tag{3.152}$$

经过对数变换,最大化式(3.152)就等价于最小化式(3.153):

$$\arg \min_{\boldsymbol{\Phi}_l b_l} [-\mathrm{lnpdf}(s_l \mid b_l) - \mathrm{lnpdf}(\boldsymbol{\Phi}_l b_l)] \tag{3.153}$$

那么对 $\boldsymbol{\Phi}_l \hat{b}_l$ 进行 $\boldsymbol{\Phi}_l$ 逆变换就可以得到 $\hat{b}_l$。注意到 $-\mathrm{lnpdf}(\boldsymbol{\Phi}_l b_l)$ 是 $\boldsymbol{\Phi}_l b_l$ 的凸函数,$\boldsymbol{\Phi}_l$ 是线性且可逆的,因此 $-\mathrm{lnpdf}(\boldsymbol{\Phi}_l b_l)$ 也是 b_l 的凸函数。那么 $\hat{b}_l$ 可表示为

$$\hat{b}_l = \arg \min_{b_l} [-\mathrm{lnpdf}(s_l \mid b_l) - \mathrm{lnpdf}(\boldsymbol{\Phi}_l b_l)] \tag{3.154}$$

式中,等号右边的第一项为数据保真项,用以最小化估计的误差;第二项为正则项,是先验信息,由于该项对估计结果的影响很大,因此在选择先验函数时要充分考虑数据的统计特性和待解决的问题。

　　SAR 图像相干斑抑制和干涉相位滤波是基于局部平稳性进行的,即滤波窗口内的像素点是同质的、地形是缓变的、后向散射系数是平稳的。此时,由 b_1 和 b_2 生成的干涉相位和幅度图像也是局部平稳的。对于地形变化剧烈的区域,可以通过局部条纹频率补偿的方法[66]使干涉相位近似满足局部平稳的条件。在局部平稳性的条件下考虑正则项,需要在生成干涉相位时将图像的复共轭相位补偿到 b_l。同时将 SAR 图像幅度和干涉相位的联合关系引入正则项,如令 $b_1' = P_1 b_1$ 或 $b_2' = P_2 b_2$,其中 $P_1 = \mathrm{diag}\{\exp[\mathrm{jarg}(b_2)]\}$ 和 $P_2 = \mathrm{diag}\{\exp[\mathrm{jarg}(b_1)]\}$,因此 b_l' 也是局部平稳的。基于小波变换的稀疏性和它在去噪方面的优良特性,采用双树复小波变换先将 b' 变换到小波域,再进行联合滤波,此时,$\boldsymbol{\Phi}_l = \psi P_l$。然而,$P_1$ 与 P_2 是和 b_1 与 b_2 有关的,也是未知的,需要采用迭代的方式进行求解。

　　下面基于 SAR 图像小波系数的概率密度函数来求取 $\mathrm{pdf}(s_l \mid b_l)$ 和 $\mathrm{pdf}(\boldsymbol{\Phi}_l b_l)$。和 PFWPSDE 算法中的假设条件一样,$n_l$ 中的分量是独立同分布,分量的分布是高斯分布,因此 n_l 是复圆高斯分布;$\boldsymbol{\Phi}_l b_l$ 的分量也是独立同分布的,分量的分布是拉普拉斯分布,因此 $\boldsymbol{\Phi}_l b_l$ 是复圆拉普拉斯分布。令 $n_l = n_{lr} + \mathrm{j} n_{li}$,其中 n_{lr} 和 n_{li} 是独立同分布的高斯噪声,具有零均值和相同的方差,n_l 的概率密度函数

可以表示为 $\boldsymbol{n}_{lr}$ 和 $\boldsymbol{n}_{li}$ 的概率密度函数的积：

$$\mathrm{pdf}(\boldsymbol{n}_l) = \frac{1}{(\pi\sigma_{n_l}^2)^{K/2}}\exp\left(-\frac{\parallel\boldsymbol{n}_{lr}\parallel_2^2}{\sigma_{n_l}^2}\right)\frac{1}{(\pi\sigma_{n_l}^2)^{K/2}}\exp\left(-\frac{\parallel\boldsymbol{n}_{li}\parallel_2^2}{\sigma_{n_l}^2}\right)$$

$$= \frac{1}{(\pi\sigma_{n_l}^2)^K}\exp\left(-\frac{\parallel\boldsymbol{n}_l\parallel_2^2}{\sigma_{n_l}^2}\right) \tag{3.155}$$

式中，$\parallel\boldsymbol{n}_l\parallel^2 = \parallel\boldsymbol{n}_{lr}\parallel^2 + \parallel\boldsymbol{n}_{li}\parallel^2$；$\sigma_{n_l}^2$ 为 $\boldsymbol{n}_l$ 的方差；K 为 $\boldsymbol{n}_l$ 的长度。基于式(3.155)可得 $\mathrm{pdf}(\boldsymbol{s}_l \mid \boldsymbol{b}_l)$ 的表达式为

$$\mathrm{pdf}(\boldsymbol{s}_l \mid \boldsymbol{b}_l) = \mathrm{pdf}(\boldsymbol{n}_l)\mid_{\boldsymbol{n}_l = \boldsymbol{s}_l - \boldsymbol{T}_l\boldsymbol{b}_l} = \frac{1}{(\pi\sigma_{n_l}^2)^K}\exp\left(-\frac{\parallel\boldsymbol{s}_l - \boldsymbol{T}_l\boldsymbol{b}_l\parallel_2^2}{\sigma_{n_l}^2}\right) \tag{3.156}$$

接下来推导 $\boldsymbol{\Phi}_l\boldsymbol{b}_l$ 的分布。$\boldsymbol{\Phi}_l\boldsymbol{b}_l$ 中分量的概率密度函数可表示为

$$\mathrm{pdf}\left[(\boldsymbol{\Phi}_l\boldsymbol{b}_l)_k\right] = \int_0^\infty \mathrm{pdf}\left[(\boldsymbol{\Phi}_l\boldsymbol{b}_l)_k \mid \gamma\right]\mathrm{pdf}(\gamma \mid \varepsilon, \eta)\,\mathrm{d}\gamma \tag{3.157}$$

式中，$(\boldsymbol{\Phi}_l\boldsymbol{b}_l)_k$ 为 $\boldsymbol{\Phi}_l\boldsymbol{b}_l$ 中的第 k 个分量；ε、η 和 γ 为超几何参数；$\mathrm{pdf}\left[(\boldsymbol{\Phi}_l\boldsymbol{b}_l)_k \mid \gamma\right]$ 为高斯概率密度函数；$\mathrm{pdf}(\gamma \mid \varepsilon, \eta)$ 为 Gamma 概率密度函数：

$$\mathrm{pdf}(\gamma \mid \varepsilon, \eta) = \frac{\eta^\varepsilon}{\Gamma(\varepsilon)}\gamma^{\varepsilon-1}\exp(-\varepsilon\gamma) \tag{3.158}$$

$\mathrm{pdf}\left[(\boldsymbol{\Phi}_l\boldsymbol{b}_l)_k \mid \gamma\right]$ 可表示为

$$\mathrm{pdf}\left[(\boldsymbol{\Phi}_l\boldsymbol{b}_l)_k \mid \gamma\right] = \frac{1}{\pi\gamma}\exp\left[-\frac{\mid(\boldsymbol{\Phi}_l\boldsymbol{b}_l)_k\mid^2}{\gamma}\right] \tag{3.159}$$

将式(3.158)和式(3.159)代入式(3.157)可得

$$\mathrm{pdf}\left[(\boldsymbol{\Phi}_l\boldsymbol{b}_l)_k\right] = \frac{2}{\pi\Gamma(\varepsilon)}\eta^{\frac{\varepsilon+1}{2}}\mid(\boldsymbol{\Phi}_l\boldsymbol{b}_l)_k\mid^{\varepsilon-1}\mathrm{K}_{\varepsilon-1}\left[2\sqrt{\eta}\mid(\boldsymbol{\Phi}_l\boldsymbol{b}_l)_k\mid\right] \tag{3.160}$$

式中，$\mathrm{K}_{\varepsilon-1}$ 为 $\varepsilon-1$ 阶第二类修正 Bessel 函数，有 $\mathrm{K}_{1/2}(z) = \sqrt{(\pi/2z)}\exp(-z)$。当 $\varepsilon = 3/2$ 时，式(3.160)可化简为

$$\mathrm{pdf}\left[(\boldsymbol{\Phi}_l\boldsymbol{b}_l)_k\right] = \frac{2\eta}{\pi}\exp\left[-2\sqrt{\eta}\mid(\boldsymbol{\Phi}_l\boldsymbol{b}_l)_k\mid\right] \tag{3.161}$$

此时 $\mathrm{pdf}(\boldsymbol{\Phi}_l\boldsymbol{b}_l)$ 可表示为

$$\mathrm{pdf}(\boldsymbol{\Phi}_l\boldsymbol{b}_l) = \prod_{k=1}^K \frac{2\eta}{\pi}\exp\left[-2\sqrt{\eta}\mid(\boldsymbol{\Phi}_l\boldsymbol{b}_l)_k\mid\right] = \prod_{k=1}^K \frac{2}{\pi\sigma_\mathrm{b}^2}\exp\left[-\frac{2\mid(\boldsymbol{\Phi}_l\boldsymbol{b}_l)_k\mid}{\sigma_\mathrm{b}}\right] \tag{3.162}$$

式中，σ_b^2 为 $(\boldsymbol{\Phi}_l\boldsymbol{b}_l)_k$ 的方差；$\eta = 1/\sigma_\mathrm{b}^2$。将式(3.156)和式(3.162)代入式(3.154)可得 B-InSAR-IF 算法的目标函数为

$$\hat{\boldsymbol{b}}_l = \arg\min_{\boldsymbol{b}_l}\left[\frac{\parallel\boldsymbol{s}_l - \boldsymbol{T}_l\boldsymbol{b}_l\parallel_2^2}{\sigma_{n_l}^2} + \sum_{k=1}^K \frac{2}{\sigma_\mathrm{b}}\mid(\boldsymbol{\Phi}_l\boldsymbol{b}_l)_k\mid\right]$$

$$= \arg\min_{\boldsymbol{b}_l}\left[\parallel\boldsymbol{s}_l - \boldsymbol{T}_l\boldsymbol{b}_l\parallel_2^2 + \frac{2\sigma_{n_l}^2}{\sigma_\mathrm{b}}\parallel\boldsymbol{\Phi}_l\boldsymbol{b}_l\parallel_1\right]$$

$$= \arg \min_{b_l} \left[J_l(\boldsymbol{b}_l) \right] \tag{3.163}$$

式中，$\| \boldsymbol{\Phi}_l \boldsymbol{b}_l \|_1 = \sum\limits_{k=1}^{K} \left| (\boldsymbol{\Phi}_l \boldsymbol{b}_l)_k \right|$，为 $\boldsymbol{\Phi}_l \boldsymbol{b}_l$ 的 l_1 范数；$\lambda_l = 2\sigma_{n_l}^2 / \sigma_b$ 为稀疏正则系数，可以通过最小二乘算法[82]求解得到。

要完成相干斑抑制和干涉相位滤波，需要联合求解 $J_1(\boldsymbol{b}_1)$ 和 $J_2(\boldsymbol{b}_2)$，即需要利用 $\boldsymbol{b}_2$ 求解 $J_1(\boldsymbol{b}_1)$ 或 $\boldsymbol{b}_1$ 求解 $J_2(\boldsymbol{b}_2)$。但 $\boldsymbol{b}_l$ 都是未知的，需要用迭代的方式进行求解。经分析可以得出 $J_l(\boldsymbol{b}_l)$ 是 $\boldsymbol{\Phi}_l \boldsymbol{b}_l$ 的凸函数，由于 $\boldsymbol{\Phi}_l \boldsymbol{b}_l$ 是 $\boldsymbol{b}_l$ 的线性函数并且 $\boldsymbol{\Phi}_l$ 是可逆的，因此 $J_l(\boldsymbol{b}_l)$ 也是 $\boldsymbol{b}_l$ 的凸函数，可以用包含更新 Hessian 矩阵的拟牛顿算法[83]求解。为了避免出现 l_1 范数在零附近不可导的情况，在该算法中采用近似：$\| \boldsymbol{\Phi}_l \boldsymbol{b}_l \|_1 \approx \sum\limits_{k=1}^{K} \sqrt{\left| (\boldsymbol{\Phi}_l \boldsymbol{b}_l)_k \right|^2 + \delta}$，其中 δ 随迭代次数的增加而减少。注意到 $\boldsymbol{b}_l$ 是一个复向量，式(3.163)的共轭梯度矩阵表示为

$$\nabla_{b_l^*} J_l(\boldsymbol{b}_l) = \boldsymbol{H}_l(\boldsymbol{b}_1, \boldsymbol{b}_2) \boldsymbol{b}_l - 2\boldsymbol{T}_l^H \boldsymbol{s}_l \tag{3.164}$$

式中，$\boldsymbol{H}_l(\boldsymbol{b}_1, \boldsymbol{b}_2)$ 的表达式为

$$\boldsymbol{H}_1(\boldsymbol{b}_1, \boldsymbol{b}_2) = 2\boldsymbol{T}_1^H \boldsymbol{T}_1 + \lambda_1 \left[\hat{\boldsymbol{\Theta}}_1(\boldsymbol{b}_2) \right]^H \boldsymbol{\Lambda}(\boldsymbol{b}_1) \hat{\boldsymbol{\Theta}}_1(\boldsymbol{b}_2)$$

$$\boldsymbol{H}_2(\boldsymbol{b}_1, \boldsymbol{b}_2) = 2\boldsymbol{T}_2^H \boldsymbol{T}_2 + \lambda_2 \left[\hat{\boldsymbol{\Theta}}_2(\boldsymbol{b}_1) \right]^H \boldsymbol{\Lambda}(\boldsymbol{b}_2) \hat{\boldsymbol{\Theta}}_2(\boldsymbol{b}_1) \tag{3.165}$$

$$\boldsymbol{\Lambda}(\boldsymbol{b}_1) = \mathrm{diag} \left\{ \left[\left| (\boldsymbol{\Phi}_l \boldsymbol{b}_l)_k \right|^2 + \delta \right]^{-\frac{1}{2}} \right\}$$

式中，$\boldsymbol{T}_l^H \boldsymbol{T}_l = \boldsymbol{I}(l=1,2)$；$\hat{\boldsymbol{\Theta}}_1(\boldsymbol{b}_2) = \boldsymbol{\psi} \mathrm{diag} \left[\mathrm{Phase}(\boldsymbol{b}_2^*) \right]$；$\hat{\boldsymbol{\Theta}}_2(\boldsymbol{b}_1) = \boldsymbol{\psi} \mathrm{diag} \left[\mathrm{Phase}(\boldsymbol{b}_1^*) \right]$；$\boldsymbol{H}_l(\boldsymbol{b}_1, \boldsymbol{b}_2)(l=1,2)$ 为以 $\boldsymbol{b}_1$ 和 $\boldsymbol{b}_2$ 为参数的近似 Hessian 矩阵。通过拟牛顿算法可获得式(3.163)的解为

$$\hat{\boldsymbol{b}}_1^{k+1} = 2 \left[\boldsymbol{H}_1(\hat{\boldsymbol{b}}_1^k, \hat{\boldsymbol{b}}_2^k) \right]^{-1} \boldsymbol{T}_1^H \boldsymbol{s}_1$$

$$\hat{\boldsymbol{b}}_2^{k+1} = 2 \left[\boldsymbol{H}_2(\hat{\boldsymbol{b}}_1^{k+1}, \hat{\boldsymbol{b}}_2^k) \right]^{-1} \boldsymbol{T}_2^H \boldsymbol{s}_2 \tag{3.166}$$

式(3.166)是一个迭代解，其终止条件为

$$\frac{\left| \hat{\boldsymbol{b}}_1^{k+1} - \hat{\boldsymbol{b}}_1^k \right|_2}{\left| \hat{\boldsymbol{b}}_1^k \right|_2} < \mathrm{TH} \quad \text{或} \quad \frac{\left| \hat{\boldsymbol{b}}_2^{k+1} - \hat{\boldsymbol{b}}_2^k \right|_2}{\left| \hat{\boldsymbol{b}}_2^k \right|_2} < \mathrm{TH} \tag{3.167}$$

式中，TH 为预设的阈值。

用于干涉的主、辅 SAR 图像一般来自同一个传感器或者空间位置略有差异的不同传感器，因此两幅图像有很强的相关性，利用这种相关性就可以得到 IB-InSAR-IF 算法。考虑到 $\boldsymbol{b}_1$ 和 $\boldsymbol{b}_2$ 的联合概率密度函数，式(3.152)可表示为

$$(\hat{\boldsymbol{b}}_1, \hat{\boldsymbol{b}}_2) = \arg \max_{b_1, b_2} \left[\mathrm{pdf}(\boldsymbol{\Phi}_1 \boldsymbol{b}_1, \boldsymbol{\Phi}_2 \boldsymbol{b}_2 \mid \boldsymbol{s}_1, \boldsymbol{s}_2) \right]$$

$$= \arg \max_{b_1, b_2} \left[\mathrm{pdf}(\boldsymbol{s}_1, \boldsymbol{s}_2 \mid \boldsymbol{b}_1, \boldsymbol{b}_2) \mathrm{pdf}(\boldsymbol{\Phi}_1 \boldsymbol{b}_1, \boldsymbol{\Phi}_2 \boldsymbol{b}_2) \right] \tag{3.168}$$

经过类似的推导，可得 $\mathrm{pdf}(\boldsymbol{s}_1, \boldsymbol{s}_2 \mid \boldsymbol{b}_1, \boldsymbol{b}_2)$ 和 $\mathrm{pdf}(\boldsymbol{\Phi}_1 \boldsymbol{b}_1, \boldsymbol{\Phi}_2 \boldsymbol{b}_2)$ 分别为

$$\mathrm{pdf}(\boldsymbol{s}_1, \boldsymbol{s}_2 \mid \boldsymbol{b}_1, \boldsymbol{b}_2) = \frac{1}{(\pi \sigma_{n_1} \sigma_{n_2})^{2K}} \exp \left(-\frac{\| \boldsymbol{s}_1 - \boldsymbol{T}_1 \boldsymbol{b}_1 \|_2^2}{\sigma_{n_1}^2} - \frac{\| \boldsymbol{s}_2 - \boldsymbol{T}_2 \boldsymbol{b}_2 \|_2^2}{\sigma_{n_2}^2} \right)$$

$$\mathrm{pdf}(\boldsymbol{\Phi}_1 \boldsymbol{b}_1, \boldsymbol{\Phi}_2 \boldsymbol{b}_2) = \prod_{k=1}^{K} \frac{2}{\pi \sigma_b^2} \exp \left[-2 \frac{\sqrt{\left| (\boldsymbol{\Phi}_1 \boldsymbol{b}_1)_k \right|^2 + \left| (\boldsymbol{\Phi}_2 \boldsymbol{b}_2)_k \right|^2}}{\sigma_b} \right]$$

$$\tag{3.169}$$

将式(3.169)代入式(3.168)可得 IB-InSAR-IF 算法的目标函数为

$$(\hat{\boldsymbol{b}}_1, \hat{\boldsymbol{b}}_2) = \arg \min_{\boldsymbol{b}_1, \boldsymbol{b}_2} \left[\frac{\| \boldsymbol{s}_1 - \boldsymbol{T}_1 \boldsymbol{b}_1 \|_2^2}{\sigma_{n_1}^2} + \frac{\| \boldsymbol{s}_2 - \boldsymbol{T}_2 \boldsymbol{b}_2 \|_2^2}{\sigma_{n_2}^2} + \sum_{k=1}^K \frac{2\sqrt{\boldsymbol{\theta}_k^H \boldsymbol{C}_k^{-1} \boldsymbol{\theta}_k}}{\sigma_b} \right]$$
$$= J(\hat{\boldsymbol{b}}_1, \hat{\boldsymbol{b}}_2) \tag{3.170}$$

式中，$\sum\limits_{k=1}^K \dfrac{2\sqrt{\boldsymbol{\theta}_k^H \boldsymbol{C}_k^{-1} \boldsymbol{\theta}_k}}{\sigma_b} = \dfrac{\| [\boldsymbol{\Phi}_1 \boldsymbol{b}_1, \boldsymbol{\Phi}_2 \boldsymbol{b}_2] \|_{2,1}}{\sigma_b}$；$\| [\boldsymbol{\Phi}_1 \boldsymbol{b}_1, \boldsymbol{\Phi}_2 \boldsymbol{b}_2] \|_{2,1}$ 为矩阵 $[\boldsymbol{\Phi}_1 \boldsymbol{b}_1, \boldsymbol{\Phi}_2 \boldsymbol{b}_2]$ 的 $l_{2,1}$ 混合范数。由于混合范数能够利用两幅 SAR 图像之间的相关性，因此 IB-InSAR-IF 算法的性能优于 B-InSAR-IF 算法。与 B-InSAR-IF 算法类似，基于 $\boldsymbol{b}_1$ 和 $\boldsymbol{b}_2$ 的共轭梯度矩阵为

$$\nabla_{\boldsymbol{b}_1^*} J(\boldsymbol{b}_1, \boldsymbol{b}_2) = \boldsymbol{H}_3(\boldsymbol{b}_1, \boldsymbol{b}_2) \boldsymbol{b}_1 - 2\boldsymbol{T}_1^H \boldsymbol{s}_1 - \boldsymbol{C} [\hat{\boldsymbol{\Theta}}_1(\boldsymbol{b}_2)] \boldsymbol{\Lambda}'(\boldsymbol{b}_1, \boldsymbol{b}_2) \hat{\boldsymbol{\Theta}}_2(\boldsymbol{b}_1) \boldsymbol{b}_2$$
$$\nabla_{\boldsymbol{b}_2^*} J(\boldsymbol{b}_1, \boldsymbol{b}_2) = \boldsymbol{H}_4(\boldsymbol{b}_1, \boldsymbol{b}_2) \boldsymbol{b}_2 - 2\boldsymbol{T}_2^H \boldsymbol{s}_2 - \boldsymbol{C} [\hat{\boldsymbol{\Theta}}_2(\boldsymbol{b}_1)] \boldsymbol{\Lambda}'(\boldsymbol{b}_1, \boldsymbol{b}_2) \hat{\boldsymbol{\Theta}}_1(\boldsymbol{b}_2) \boldsymbol{b}_1$$
$$\boldsymbol{H}_3(\boldsymbol{b}_1, \boldsymbol{b}_2) = 2\boldsymbol{T}_1^H \boldsymbol{T}_1 + \lambda_1 [\hat{\boldsymbol{\Theta}}_1(\boldsymbol{b}_2)]^H \boldsymbol{\Lambda}'(\boldsymbol{b}_1, \boldsymbol{b}_2) \hat{\boldsymbol{\Theta}}_1(\boldsymbol{b}_2)$$
$$\boldsymbol{H}_4(\boldsymbol{b}_1, \boldsymbol{b}_2) = 2\boldsymbol{T}_2^H \boldsymbol{T}_2 + \lambda_2 [\hat{\boldsymbol{\Theta}}_2(\boldsymbol{b}_1)]^H \boldsymbol{\Lambda}'(\boldsymbol{b}_1, \boldsymbol{b}_2) \hat{\boldsymbol{\Theta}}_2(\boldsymbol{b}_1)$$
$$\boldsymbol{\Lambda}'(\boldsymbol{b}_1, \boldsymbol{b}_2) = \text{diag}\{ [(1 - \rho_k^2) \boldsymbol{\theta}_k^H \boldsymbol{C}_k^{-1} \boldsymbol{\theta}_k + \delta]^{-\frac{1}{2}} \}$$
$$\tag{3.171}$$

式中，$\boldsymbol{C} = \text{diag}(\rho_k)$。令 $\Delta_1(\boldsymbol{b}_1, \boldsymbol{b}_2) = \boldsymbol{C} [\hat{\boldsymbol{\Theta}}_1(\boldsymbol{b}_2)]^H \boldsymbol{\Lambda}'(\boldsymbol{b}_1, \boldsymbol{b}_2) \hat{\boldsymbol{\Theta}}_2(\boldsymbol{b}_1) \boldsymbol{b}_2$ 和 $\Delta_2(\boldsymbol{b}_1, \boldsymbol{b}_2) = \boldsymbol{C} [\hat{\boldsymbol{\Theta}}_2(\boldsymbol{b}_1)]^H \boldsymbol{\Lambda}'(\boldsymbol{b}_1, \boldsymbol{b}_2) \hat{\boldsymbol{\Theta}}_1(\boldsymbol{b}_2) \boldsymbol{b}_1$，得到式(3.170)的解为

$$\hat{\boldsymbol{b}}_1^{k+1} = [\boldsymbol{H}_3(\hat{\boldsymbol{b}}_1^k, \hat{\boldsymbol{b}}_2^k)]^{-1} [2\boldsymbol{T}_1^H \boldsymbol{s}_1 + \Delta_1(\hat{\boldsymbol{b}}_1^k, \hat{\boldsymbol{b}}_2^k)]$$
$$\hat{\boldsymbol{b}}_2^{k+1} = [\boldsymbol{H}_4(\hat{\boldsymbol{b}}_1^{k+1}, \hat{\boldsymbol{b}}_2^k)]^{-1} [2\boldsymbol{T}_2^H \boldsymbol{s}_2 + \Delta_2(\hat{\boldsymbol{b}}_1^{k+1}, \hat{\boldsymbol{b}}_2^k)]$$
$$\tag{3.172}$$

B-InSAR-IF 算法的主要步骤如下：

输入：斜距-多普勒域数据 $\boldsymbol{s}_1$ 和 $\boldsymbol{s}_2$，以及 SAR 系统参数

输出：$\hat{\boldsymbol{b}}_1$ 和 $\hat{\boldsymbol{b}}_2$

初始化：

(1) 通过传统 SAR 成像算法得到 SAR 图像的初始估计值 $\boldsymbol{y}_1 = \boldsymbol{T}_1^H \boldsymbol{s}_1$ 和 $\boldsymbol{y}_2 = \boldsymbol{T}_2^H \boldsymbol{s}_2$，并令 $\hat{\boldsymbol{b}}_1^1 = \boldsymbol{y}_1$ 和 $\hat{\boldsymbol{b}}_2^1 = \boldsymbol{y}_2$。

(2) 用最小二乘算法得到 $\hat{\sigma}_{nl}^2$ 和 $\hat{\sigma}_b$。

(3) $\delta = 10^{-4}$；$k = 0$；$\rho = 1$。

While 迭代停止条件不满足时 do

 ① $k \leftarrow k + 1$；$\lambda_l \leftarrow 2\hat{\sigma}_{n_l}^2 / \hat{\sigma}_b$。

 ② 对主图像的估计值进行更新：

  ⅰ 建立更新 Hessian 矩阵

$$\boldsymbol{H}_1(\hat{\boldsymbol{b}}_1^k, \hat{\boldsymbol{b}}_2^k) = 2\boldsymbol{T}_1^H \boldsymbol{T}_1 + \lambda_1 [\hat{\boldsymbol{\Theta}}_1(\hat{\boldsymbol{b}}_2^k)]^H \boldsymbol{\Lambda}(\hat{\boldsymbol{b}}_1^k) \hat{\boldsymbol{\Theta}}_1(\hat{\boldsymbol{b}}_2^k)$$

  ⅱ 利用共轭梯度矩阵更新 $\boldsymbol{b}_1$ 的估计值

$$\hat{\boldsymbol{b}}_1^{k+1} = 2 [\boldsymbol{H}_1(\hat{\boldsymbol{b}}_1^k, \hat{\boldsymbol{b}}_2^k)]^{-1} \boldsymbol{y}_1$$

③ 利用 $\hat{\boldsymbol{b}}_1^{k+1}$ 对辅图像的估计值进行更新：

　　ⅰ 建立更新 Hessian 矩阵

$$\boldsymbol{H}_2(\hat{\boldsymbol{b}}_1^{k+1},\hat{\boldsymbol{b}}_2^k)=2\boldsymbol{T}_2^{\mathrm{H}}\boldsymbol{T}_2+\lambda_2\left[\hat{\boldsymbol{\Theta}}_2(\hat{\boldsymbol{b}}_1^{k+1})\right]^{\mathrm{H}}\boldsymbol{\Lambda}(\hat{\boldsymbol{b}}_2^k)\hat{\boldsymbol{\Theta}}_2(\hat{\boldsymbol{b}}_1^{k+1})$$

　　ⅱ 利用共轭梯度矩阵和 $\hat{\boldsymbol{b}}_1^{k+1}$ 更新 $\boldsymbol{b}_2$ 的估计值

$$\hat{\boldsymbol{b}}_2^{k+1}=2\left[\boldsymbol{H}_2(\hat{\boldsymbol{b}}_1^{k+1},\hat{\boldsymbol{b}}_2^k)\right]^{-1}\boldsymbol{y}_2$$

④ 重新计算 $\hat{\sigma}_{n_l}^2$ 和 $\hat{\sigma}_b$。

End While

Return $\hat{\boldsymbol{b}}_1 \leftarrow \hat{\boldsymbol{b}}_1^{k+1}$ 和 $\hat{\boldsymbol{b}}_2 \leftarrow \hat{\boldsymbol{b}}_2^{k+1}$

B-InSAR-IF 算法和 IB-InSAR-IF 算法先将 SAR 图像变换到小波域，然后利用小波系数的稀疏性结合稀疏表示、最大后验估计同时完成 SAR 图像的相干斑抑制和干涉相位滤波。算法是建立在相位信号和噪声在小波域的概率密度函数基础上的，因此概率密度函数的准确性对算法的性能影响较大。

3.3.3　基于"分而治之"策略的滤波算法

Milanfar 对基于相似性度量加权的高性能滤波算法［Bilateral 算法[84]、NLM 算法[6]、基于局部自适应回归核（locally adaptive regression kernels，LARK）特征的算法[5,7]、块匹配三维滤波（block-matching and 3-D filtering，BM3D）算法[8]］进行了深入的分析和总结[85]。他指出，这些算法的主要差异在于计算权值的核函数是不同的。受噪声的影响，这些核函数都是有缺陷的。简单来说，目前的滤波算法都不是完美的，滤波结果都是欠滤波或过滤波的，一个简单的应对办法就是迭代滤波。如果算法是欠滤波的，即滤波结果中还存在一定量的噪声，那么可以对上一次的滤波结果进行再滤波，进而抑制噪声，Milanfar 将其称为 Diffusion[85]；如果算法是过滤波的，即部分有用信号（主要是高频分量）和噪声一起被抑制掉了，那么可以对原始含噪图像和上一次的滤波结果的差图像进行再滤波，再将滤波结果加回上一次滤波结果上，Milanfar 将其称为 Twicing[85]。图 3.14 为两种迭代滤波的示意图，X 是真值，Z 是观测值，噪声是随机的，它会使观测值偏离真值，图 3.14 以观测值大于真值这一情况进行说明（观测值小于真值的情况是类似的），滤波的过程就是根据观测值估计真值的过程。如果滤波结果大于真值，那么结果就是欠滤波的；如果滤波结果小于真值，那么结果就是过滤波的。

对于 Diffusion 迭代滤波，其第一次、第二次和第三次的滤波结果分别为 F_1、F_2 和 F_3。随着迭代次数的增加，其滤波结果是从真值的右侧向真值靠近。对于 Twicing 迭代滤波，其第一次、第二次和第三次的滤波结果分别为 S_1、S_2 和 S_3。随着迭代次数的增加，其滤波结果是从真值的左侧向真值靠近。因此，Diffusion 迭代滤波就是将原始含噪图像中噪声逐步滤除的过程；而 Twicing 迭代滤波是先滤掉所有噪声和部分有用信号，然后从原始含噪图像和上一次滤波结果的差图像中将有用信号逐步提取出来,并加回上一次的滤波结果中。

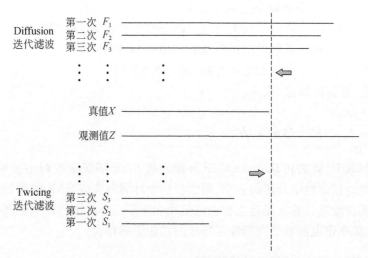

图 3.14　两种迭代滤波的示意图

那么,两种迭代滤波提升滤波性能的理论依据和条件是什么? 滤波性能随迭代次数的变化曲线又是什么样的? Milanfar[85]基于光学图像滤波对以上两个问题进行了分析。加性高斯噪声模型为

$$y = z + e \tag{3.173}$$

式中,y 为含噪图像;z 为真值图像;e 为噪声。给定一个基于核函数的滤波算法,式(3.173)的滤波结果可表示为[85]

$$\hat{z} = \begin{bmatrix} \boldsymbol{w}_1^{\mathrm{T}} \\ \boldsymbol{w}_2^{\mathrm{T}} \\ \vdots \\ \boldsymbol{w}_n^{\mathrm{T}} \end{bmatrix} y = \boldsymbol{W}y \tag{3.174}$$

式中,$\boldsymbol{W} = \boldsymbol{V}\boldsymbol{S}\boldsymbol{V}^{\mathrm{T}}$ 为权值矩阵并且是对称正定的(symmetric positive definite);$\boldsymbol{S} = \mathrm{diag}[\lambda_1, \lambda_2, \cdots, \lambda_n]$ 为 $\boldsymbol{W}$ 的特征值矩阵,$0 \leqslant \lambda_n \leqslant \cdots \leqslant \lambda_1 = 1$;$\boldsymbol{V}$ 为正交矩阵。$\hat{z}$ 的估计偏差平方和估计方差可表示为

$$\| \mathrm{bias}(\hat{z}) \|^2 = \| E(\hat{z}) - z \|^2$$

$$\mathrm{var}(\hat{z}) = \mathrm{tr}[\mathrm{cov}(\hat{z})] \approx \sigma^2 \sum_{i=1}^{n} \lambda_i^2 \tag{3.175}$$

对于第一种迭代滤波,算法运行 k 次得到的滤波结果为

$$\hat{z}_k = \boldsymbol{W}^k y \tag{3.176}$$

令 $z = \boldsymbol{V}\boldsymbol{b}$,$\hat{z}_k$ 的估计偏差平方和估计方差分别为

$$\| \mathrm{bias}(\hat{z}) \|^2 = \| E(\hat{z}_k) - z \|^2 = \| E(\boldsymbol{W}^k y) - z \|^2 = \| \boldsymbol{W}^k z - z \|^2$$

$$= \| (W^k - I) z \|^2 = \| V (S^k - I) b \|^2$$

$$= \sum_{i=1}^{n} (\lambda_i^k - 1)^2 b_i^2 \tag{3.177}$$

$$\mathrm{var}(\hat{z}_k) = \mathrm{tr}[\mathrm{cov}(\hat{z}_k)] = \sigma^2 \sum_{i=1}^{n} \lambda_i^{2k} \tag{3.178}$$

由式(3.177)和式(3.178)可以看出,当迭代次数增加时,$\| \mathrm{bias}(\hat{z}) \|^2$ 越来越大并最终收敛到 $\| b \|^2 - b_1^2$,而 $\mathrm{var}(\hat{z}_k)$ 越来越小并最终收敛到 σ^2,这与以下事实相符:不断地对上一次滤波结果进行迭代滤波,有用信号的部分频率分量随噪声在每一次迭代中被一起抑制掉,其结果会越来越模糊,滤波结果最终收敛到一个常数。那么,只要滤波结果中还存在噪声,估计的均方误差 $\mathrm{MSE}_k = \| \mathrm{bias}(\hat{z}_k) \|^2 + \mathrm{var}(\hat{z}_k)$ 就能在特定的迭代次数 k 上取得最小值,k 的理论推导请参见相关文献[85]。

对于 Twicing 迭代滤波,算法运行 k 次得到的滤波结果为[85]

$$\hat{z}_k = \sum_{j=0}^{k} W (I - W)^j y = [I - (I - W)^{k+1}] y \tag{3.179}$$

$\hat{z}_k$ 的估计偏差平方和估计方差分别为

$$\| \mathrm{bias}_k(\hat{z}_k) \| = \| (I - W)^{k+1} z \|^2 = \sum_{i=1}^{n} (1 - \lambda_i)^{2k+1} b_i^2 \tag{3.180}$$

$$\mathrm{var}(\hat{z}_k) = \sigma^2 \sum_{i=1}^{n} [1 - (1 - \lambda_i)^{k+1}]^2 \tag{3.181}$$

当迭代次数增加时,$\| \mathrm{bias}(\hat{z}_k) \|$ 越来越小并最终收敛到 0,$\mathrm{var}(\hat{z}_k)$ 越来越大并最终收敛到 $n\sigma^2$,这与以下事实相符:不断地进行差分滤波可以将有用信号的部分频率分量逐步提取出来,滤波结果中的细节越来越多,滤波结果最终收敛到原始含噪图像。那么,只要差分图像中还存在有用信号,估计的均方误差 $\mathrm{MSE}_k = \| \mathrm{bias}(\hat{z}_k) \|^2 + \mathrm{var}(\hat{z}_k)$ 就能在特定的迭代次数 k 上取得最小值,k 的理论推导请参见相关文献[85]。

Diffusion 迭代滤波不断地减少估计方差,由于损失了有用信号,估计偏差越来越大;Twicing 迭代滤波不断地增加估计方差,由于有效地恢复了有用信号,估计偏差越来越小。因此,Twicing 迭代滤波能在很多情况下得到更好的估计结果(更小的均方误差)。

基于两种迭代滤波的原理可以看出,本书介绍的部分干涉相位滤波算法,如 Lee 算法[1]、旋滤波算法[40]、NL-InSAR 算法[46]、Jiang 等[25]改进的 Goldstein 算法、Zhao 等[27]改进的 Goldstein 算法和 PEARLS[64]算法,都明确用到了 Diffusion 迭代滤波的思想;SpInPHASE[23]和 B-InSAR-IF/IB-InSAR-IF[81]算法中,虽然形式上是对其原子和稀疏系数进行迭代更新,但滤波结果也是通过原子和稀疏系数进行稀疏表示得到的,因此本质上也是 Diffusion 迭代滤波。Trouvé 等[66]提出的基于局部条纹频率估计的算法和 Cai 等[68]的改进版采用的是 Twicing 迭代滤波的思想,在 Suo 等[69]的改进版中两种迭代滤波的思想都有应用。Twicing 迭代滤波实际上采用"分而治之"的策略,它认为有用信号是由不同频率分量组成的,通过迭代将这些频率分量分别估计出来。本节主要介绍一类基于"分而治之"策略的滤波算法(部分科研人员称之为补偿滤波或者残余滤波)。这一类算法明确地将无噪相位分解为低频部分和高频部分,然后将它们分别从原始含噪相位和缠绕差分相位中估计出来。

1. Meng 两步滤波算法

广义上,无噪相位由低频分量和高频分量组成,那么可以用两步滤波将它们分别估计出来,这就是 Meng 两步滤波算法的核心思想[86]。基于高低频分量分解的含噪相位 $x(m,n)$ 可以表示为

$$x(m,n)=s(m,n)+\eta(m,n)=S[s(m,n)]+D[s(m,n)]+\eta(m,n)$$

$$(3.182)$$

式中,$s(m,n)$ 为无噪相位;$S[s(m,n)]$ 和 $D[s(m,n)]$ 分别为 $s(m,n)$ 的低频分量和高频分量;$\eta(m,n)$ 为噪声。基于式(3.182)和滤波算法对低频分量进行估计可得

$$\hat{S}[s(m,n)]=S[s(m,n)]+e_1(m,n) \qquad (3.183)$$

式中,$e_1(m,n)$ 为估计误差。将 $\hat{S}[s(m,n)]$ 从原始含噪相位中减去就可以得到包含高频分量和噪声的缠绕差分相位

$$z(m,n)=D[s(m,n)]-e_1(m,n)+\eta(m,n) \qquad (3.184)$$

利用滤波算法对缠绕差分相位进行滤波可得高频分量的估计值为

$$\hat{D}[s(m,n)]=D[s(m,n)]+e_2(m,n) \qquad (3.185)$$

将低频和高频分量的估计值相加可得无噪相位的估计值为

$$\hat{x}(m,n)=\hat{S}[s(m,n)]+\hat{D}[s(m,n)] \qquad (3.186)$$

Meng 两步滤波算法的流程图如图 3.15 所示。第一步滤波用自适应圆周期中值滤波算法和二维 Vondrák 滤波算法[57]分别进行预滤波和干涉相位低频分量估计。预滤波的表达式为

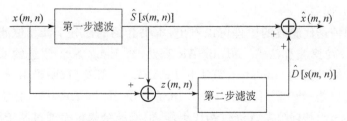

图 3.15 Meng 两步滤波算法流程图

$$x_{\text{sum}} = \sum_{k=-(M_{\text{opt}}-1)/2}^{(M_{\text{opt}}-1)/2} \sum_{k=-(N_{\text{opt}}-1)/2}^{(N_{\text{opt}}-1)/2} x'(k,l) \tag{3.187}$$

$$\varphi_{\text{out}} = \underset{\substack{-(M_{\text{opt}}-1)/2 \leqslant k \leqslant (M_{\text{opt}}-1)/2 \\ -(N_{\text{opt}}-1)/2 \leqslant l \leqslant (N_{\text{opt}}-1)/2}}{\text{median}} \left\{ \arg\left[\frac{x'(k,l)}{x_{\text{sum}}} \right] \right\} + \arg(x_{\text{sum}})$$

式中，$x'(k,l)$ 为幅度归一化的复干涉相位；M_{opt} 和 N_{opt} 分别为最优滤波窗口大小。M_{opt} 和 N_{opt} 根据如下算法得到：令当前待滤波像素点为 $x(i,j)$，以 $x(i,j)$ 为中心计算相干系数均值为

$$c_{\text{avg}}(m,n) = \frac{\displaystyle\sum_{k=i-(m-1)/2}^{i+(m-1)/2} \sum_{l=j-(n-1)/2}^{j+(n-1)/2} c(k,l)}{m \times n} \tag{3.188}$$

式中，$c(k,l)$ 为 $x(i,j)$ 的相干系数值；M 和 N 表示能够取到的窗口最大值。$m = 3,5,7,\cdots,M$；$n = 3,5,7,\cdots,N$。当 M 和 N 变化时，c_{avg} 也是变化的，当 c_{avg} 最大时，对应的窗口大小就是最佳窗口值 M_{opt} 和 N_{opt}，此时可得预滤波结果 $x(i,j)$ 为

$$x(i,j) = \exp(\text{j}\varphi_{\text{out}}) \tag{3.189}$$

对 $x(i,j)$ 进行二维 Vondrák 滤波得到低频分量的估计值为

$$\bar{\boldsymbol{Y}} = \left[\boldsymbol{I} + \frac{r}{r-3} \frac{1-\bar{\rho}}{5} \boldsymbol{A}^{\text{T}}(r)\boldsymbol{A}(r) \right]^{-1}$$
$$\cdot \boldsymbol{Y} \left[\boldsymbol{I} + \frac{l}{l-3} \frac{1-\bar{\rho}}{500} \boldsymbol{A}^{\text{T}}(l)\boldsymbol{A}(l) \right]^{-1} \tag{3.190}$$

式中，$\boldsymbol{Y}$ 为 $x(i,j)$ 中 $r \times l$ 大小的图像块，$r = l = 20$，图像块之间相互重叠 19 个像素；$\bar{\rho}$ 为图像块的相干系数均值；$\boldsymbol{I}$ 为全 1 矩阵；$\boldsymbol{A}(\cdot)$ 为由三阶拉格朗日多项式推导出的三阶差分算子。

在得到低频分量的估计值后，利用式（3.184）得到缠绕差分相位 $z(m,n)$，然后利用式（3.187）对其进行第二步滤波得到高频分量的估计值，滤波窗口大小取 15×15。

从整体上看，Meng 两步滤波算法是基于 Twicing 迭代滤波的思想，但在其第一步滤波中用到了 Diffusion 迭代滤波的思想，因此算法力争在有效抑制噪声的同时保持相位信号的细节信息。但算法中采用的均是空域滤波算法，并且在估计高频分量时采用的滤波参数是固定的，因此算法在细节保持能力上和密集条纹的处理能力上都有进一步提升的空间。

2. Chang 小波域细节补偿滤波算法

尽管 DWT 在尺度变换时引入了增益因子以满足 Nyquist 采样准则，但该小波变换是时变的。为了克服这个问题，Chang 等[87]将静态小波变换（stationary wavelet transform，SWT）引入干涉相位滤波，提出小波域细节补偿滤波算法。

该算法认为,在去噪的同时不可避免地会损失细节信息,通过对缠绕差分相位再次滤波可以将损失的细节补偿回来。该算法的核心思想如图 3.16[87] 所示,对干涉相位进行 3 尺度 SWT 处理,然后对所有的高频系数 D 进行滤波:

$$D_1 = F(D) \tag{3.191}$$

式中,D_1 为第一次滤波后的高频系数;F 可以是任意的滤波算法。将 D_1 从 D 中减去得到残余高频分量并对该分量进行第二次滤波:

$$\Delta D = \mathrm{wrap}(D - D_1)$$
$$D_2 = F(\Delta D) \tag{3.192}$$

将两次滤波结果相加得到细节补偿后的高频系数:

$$D_{\mathrm{final}} = \mathrm{wrap}(D_1 + D_2) \tag{3.193}$$

对 D_{final} 和低频系数进行静态小波逆变换(inverse SWT, ISWT)处理就可得到最终滤波结果。

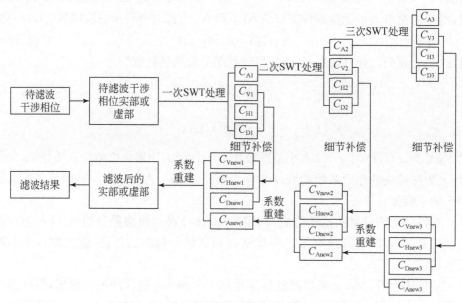

图 3.16　小波域细节补偿滤波算法核心思想

整个算法的步骤如下:

(1) 对复干涉相位的实部和虚部分别进行 3 尺度 SWT 处理。

(2) 对高频系数进行第一次滤波。

(3) 基于低频系数和第一次滤波后的高频系数进行 ISWT 处理得到第一次滤波后的相位。

(4) 将原始含噪相位和第一次滤波后的相位相减并缠绕,得到缠绕差分相位,将缠绕差分相位变成复干涉相位,并对其实部和虚部分别进行 3 尺度 SWT 处理。

（5）对高频系数进行第二次滤波。

（6）基于低频系数和第二次滤波后的高频系数进行 ISWT 处理得到第二次滤波后的相位。

（7）将两次滤波后的相位相加并缠绕，得到最终滤波结果。

Chang 小波域细节补偿滤波算法是基于 Twicing 迭代滤波的思想，由于采用了多尺度分解，低频信号和高频噪声得到了较好的分离，算法对高频噪声的抑制能力较强。然而，噪声分布在整个频带而算法不对低频分量做任何处理，因此滤波结果中会存在低频噪声。

3. Wang 高效自适应算法

针对密集条纹的处理问题，Wang 等[88]提出了基于空频联合的高效自适应滤波算法。

含噪相位的功率谱由窄带有用信号和宽带噪声组成，即

$$S_z = S_{ppc} + S_{rpc} + S_v \tag{3.194}$$

式中，S_{ppc} 为主矢量相位的功率谱；S_{rpc} 为缠绕差分相位的功率谱；S_v 为噪声的功率谱。结合式（3.3），含噪相位可以表示为

$$\varphi_z = \varphi_{ppc} + \varphi_r = \varphi_{ppc} + \varphi_{rpc} + v \tag{3.195}$$

式中，φ_z 为含噪相位；φ_{ppc} 为主矢量相位；φ_r 为含噪缠绕差分相位；φ_{rpc} 为真值缠绕差分相位；v 为零均值噪声，与 φ_{ppc}、φ_{rpc} 都相互独立。

利用两步滤波将 φ_{ppc} 和 φ_{rpc} 分别估计出来。首先对含噪相位进行频域滤波得到 φ_{ppc} 的估计值为

$$\tilde{\varphi}_{ppc}(a,r) = \text{IFFT2}[S(u,v) A_{ppc}(u,v)] \tag{3.196}$$

式中，IFFT2 为二维傅里叶逆变换；$S(u,v)$ 为二维频谱；$A_{ppc}(u,v)$ 为主矢量相位频谱的幅度。$S(u,v)$ 和 $A_{ppc}(u,v)$ 可表示为

$$S(u,v) = \text{FFT2}[\varphi_p(a,r)]$$

$$A_{ppc}(u,v) = \begin{cases} |S(u,v)|, & |S(u,v)| \geqslant b \\ 0, & |S(u,v)| < b \end{cases} \tag{3.197}$$

式中，φ_p 为 64×64 的图像块，图像块之间有重叠；$b = \max(|S(u,v)|)/\sqrt{2}$ 为阈值。

其次，将 $\tilde{\varphi}_{ppc}$ 从原始含噪相位中减去得到含噪缠绕差分相位 φ_r，对 φ_r 进行空域滤波得到 φ_{rpc} 的估计值。这一步采用简化版的 Lee 滤波算法。根据式（3.18）和式（3.19）可得

$$\tilde{\varphi}_{rpc} = \bar{\varphi}_r + \frac{\text{var}(\varphi_r) - \sigma_v^2}{\text{var}(\varphi_r)}(\varphi_r - \bar{\varphi}_r) \tag{3.198}$$

由于 φ_r 的主要分量是噪声，因此 $\text{var}(\varphi_r) \approx \sigma_v^2$，式（3.198）可以简化为

$$\widetilde{\varphi}_{\mathrm{rpc}} = \overline{\varphi}_r \qquad\qquad\qquad (3.199)$$

在 Lee 滤波中用到了 16 个方向窗,而利用式(3.199)进行滤波时只用 4 个改进的方向窗。如图 3.17 所示,只有非黑色像素点参与均值的计算。为了减少计算时间,在原模板中增加 2 个像素点参与均值的计算。

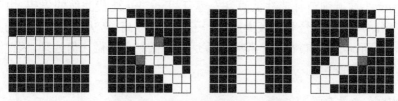

图 3.17　改进和简化版的方向窗

与基于局部条纹频率估计的算法类似,Wang 高效自适应算法也是先从含噪相位中提取部分对应于主要频率的相位分量,然后对缠绕差分相位进行滤波,因此采用 Twicing 迭代滤波。在提取主要频率的相位分量时,采用与相位频谱幅度最大值相关的阈值。当相位的相干性较高时,该最大值是由相位信号决定的,此时能有效地提取主要频率相位;当相位的相干性较低时,该最大值由噪声决定,此时利用式(3.196)得到的低频分量的估计值中仍会存在噪声,并且主要频率相位无法提取出来。此外,为了提高算法的效率,在第二步滤波中采用了近似和简化,本质上通过牺牲精度提高了效率。

3.4　评价指标

干涉相位滤波算法的共同目标是在减少相位噪声的同时不损失相位信号的细节信息,但由于不同算法的具体实现方式不同,这些算法的性能存在差异。不仅不同滤波算法在同一个干涉相位上获取的滤波结果差异很大,同一个滤波算法针对不同数据获得的结果也存在差异(鲁棒性)。为了判断一个算法是否优于另一个算法,需要对滤波结果进行评价。从工程应用的角度来看,滤波结果的评价可以显示不同滤波算法的适用范围,为科研人员处理海量实测数据提供算法库支撑;从理论研究的角度来看,滤波结果的评价可以显示算法在噪声抑制和细节保持上的性能,以便为算法的改进提供参考。

一般来说,对滤波结果的评价包括主观评价和客观评价,即定性评价和定量评价。下面分别对这两方面进行介绍。

3.4.1　主观评价指标

通过视觉效果进行主观评价是最直接的评价方式。它是让观察者根据事先规定的评价尺度或个人经验,对滤波结果按视觉效果进行质量判断,并给出质量等级或分数,然后对所有独立观测者给出的判断结果进行加权平均,所得即为图像的主观评价质量。主要的度量尺度有两种,即绝对测量尺度和相对测量尺度,如表 3.1 所示。

表 3.1　主观评价度量尺度

级别	绝对测量尺度	相对测量尺度
1	很好	该群中最好的
2	较好	好于该群中平均水平
3	一般	该群中平均水平
4	较差	差于该群中平均水平
5	很差	该群中最差的

主要的评价内容有:

(1) 相位中的噪声是否得到有效抑制。

(2) 相位中的细节信息是否得到有效保持。

(3) 陡峭区域条纹是否遭到破坏。

(4) 是否引入了伪信息。

对于完美滤波算法,它能在滤掉所有噪声的同时不损失任何相位信号的细节信息,因此它能在(1)和(2)上同时达到最优。现有滤波算法都是基于不同的假设和近似推导出来的,都是非完美滤波算法,其性能总是在去噪和保持有用细节信息之间折中,因此可以根据(1)和(2)判断算法是否存在过滤波或欠滤波。

一般而言,由人们主观对滤波结果进行质量评价是最有效和最直观的方法,这种方式充分考虑了观察者对结果的视觉感知和理解。但从工程应用的角度来看,这种方式有一些明显的缺点。第一,评价结果易受观察者背景知识、观察动机、心理偏好等多种主客观因素的影响,结果的稳定性和可移植性较差。第二,主观评价需要投入大量人力对结果进行评测和结果统计,太过费时费力,成本高昂,可操作性差,自动化程度低。第三,无法用数学模型对其进行描述,不能够嵌入数据处理系统中。第四,无法对滤波结果进行精细的定量描述,对相似滤波结果优劣的判断可能会出现错误。

3.4.2　客观评价指标

客观评价是通过定义一些定量化的评价指标来对滤波结果进行公式化的评价,将结果自动、快速、定量地表示出来。到目前为止,针对干涉相位滤波结果的定量化评价指标有均方误差(mean squared error,MSE)或均方根误差(root mean squared error,RMSE)、结构相似性矩阵及其均值、残差点、相位标准差(phase standard deviation,PSD)、SPD,以及滤波结果与差分相位的相关系数。其中,MSE或 RMSE 和结构相似性矩阵及其均值属于全参考(full-reference)评价指标[89],需要无噪相位,因此只能用于仿真数据的处理结果评价。残差点、PSD、SPD,以及滤波结果与差分相位的相关系数属于无参考(no-reference)评价指标[89],不需要无噪相位,因此可用于仿真和实测数据的处理结果评价。

1. 均方误差或均方根误差

对于一个完美滤波算法,其滤波结果应该和无噪相位完全相同,对应像素点的差异应该是零;对于现有滤波算法,其滤波结果总是偏离相位真值,滤波结果和无噪相位对应像素点之间总是存在差异,MSE 或 RMSE 就是衡量这种对应像素点之间差异的指标。给定一个 $M \times N$ 的无噪相位 φ 和滤波结果 $\widetilde{\varphi}$,MSE 和 RMSE 分别定义为

$$\text{MSE} = \frac{1}{MN} \sum_{i=1}^{M} \sum_{j=1}^{N} \left[\varphi(i,j) - \widetilde{\varphi}(i,j) \right]^2 \tag{3.200}$$

$$\text{RMSE} = \sqrt{\frac{1}{MN} \sum_{i=1}^{M} \sum_{j=1}^{N} \left[\varphi(i,j) - \widetilde{\varphi}(i,j) \right]^2} \tag{3.201}$$

MSE 作为一个通用的经典评价指标具有如下优势:

(1) 简单性。计算 MSE 无需其他辅助参数并且计算复杂度低,对每个像素点的计算只需 2 次加法和 1 次乘法;每个像素点的计算都独立于其他像素点,存储开销小。

(2) MSE 采用了 l_2 范数,因而具有非负性、同一性和对称性,并且满足三角不等式。

然而,干涉相位是与实际地形相关的,是高度结构化的:像素点之间有很强的关联性(大部分情况下地形是缓变的),尤其是空间上相邻的像素点。这种关联性包含了物体的结构信息,对于相位解缠具有重要意义。然而,从式(3.200)和式(3.201)可以看出,MSE 或 RMSE 无法度量这种像素间的关联性。此外,前面提到的欠滤波和过滤波都会使滤波结果偏离无噪相位,但 MSE 或 RMSE 中的平方操作使得无法从这两种指标中区分过滤波和欠滤波。

2. 结构相似性矩阵及其均值

为了度量像素点之间的关联性,Wang 等[89]提出了结构相似性矩阵(structural similarity map,SSIM)。经研究发现,相比单个像素点,人类视觉系统(human visual system,HVS)更加倾向于提取像素点之间的结构信息,如像素梯度。一幅图像中像素点的像素值和对比度是被照射场景对照射源的反射,应该与场景的结构信息无关。考虑到像素值、对比度和结构信息的影响,SSIM 定义为

$$\text{SSIM}(\varphi, \widetilde{\varphi}) = \left[l(\varphi, \widetilde{\varphi}) \right]^{\alpha} \left[c(\varphi, \widetilde{\varphi}) \right]^{\beta} \left[s(\varphi, \widetilde{\varphi}) \right]^{\gamma} \tag{3.202}$$

式中,$l(\varphi, \widetilde{\varphi})$、$c(\varphi, \widetilde{\varphi})$ 和 $s(\varphi, \widetilde{\varphi})$ 分别为像素值、对比度和结构函数;α、β 和 γ 为

调节三个函数比重的参数,在本书中 $\alpha = \beta = \gamma = 1$。$\mu_\varphi$、$\sigma_\varphi$ 和 $\sigma_{\varphi\widetilde{\varphi}}$ 定义为

$$\mu_\varphi = \frac{1}{MN} \sum_{i=1}^{M} \sum_{j=1}^{N} \omega(i,j) \varphi(i,j)$$

$$\sigma_\varphi = \left\{ \sum_{i=1}^{M} \sum_{j=1}^{N} \omega(i,j) \left[\varphi(i,j) - \mu_\varphi \right] \right\}^{\frac{1}{2}} \tag{3.203}$$

$$\sigma_{\varphi\widetilde{\varphi}} = \sum_{i=1}^{M} \sum_{j=1}^{N} \omega(i,j) \left[\varphi(i,j) - \mu_\varphi \right] \left[\widetilde{\varphi}(i,j) - \mu_{\widetilde{\varphi}} \right]$$

式中,$\{ \omega(i,j) \mid i=1,2,\cdots,M, j=1,2,\cdots,N \}$ 为 11×11 的归一化高斯核函数;$M = N = 11$。根据式(3.203),$l(\varphi,\widetilde{\varphi})$ 的定义为

$$l(\varphi,\widetilde{\varphi}) = \frac{2\mu_\varphi\mu_{\widetilde{\varphi}} + C_1}{\mu_\varphi^2 + \mu_{\widetilde{\varphi}}^2 + C_1} \tag{3.204}$$

$c(\varphi,\widetilde{\varphi})$ 的定义为

$$c(\varphi,\widetilde{\varphi}) = \frac{2\sigma_\varphi\sigma_{\widetilde{\varphi}} + C_2}{\sigma_\varphi^2 + \sigma_{\widetilde{\varphi}}^2 + C_2} \tag{3.205}$$

$s(\varphi,\widetilde{\varphi})$ 的定义为

$$s(\varphi,\widetilde{\varphi}) = \frac{\sigma_{\varphi\widetilde{\varphi}} + C_3}{\sigma_\varphi\sigma_{\widetilde{\varphi}} + C_3} \tag{3.206}$$

式中,C_1、C_2 和 C_3 为预设的常数,其作用是避免分母过小而导致计算结果不稳定。在本书中,$C_1 = (0.02\pi)^2$,$C_2 = (0.03\pi)^2$。将 $C_3 = C_2/2$ 和式(3.204)~式(3.206)代入式(3.202)可得

$$\mathrm{SSIM}(\varphi,\widetilde{\varphi}) = \frac{(2\mu_\varphi\mu_{\widetilde{\varphi}} + C_1)(2\sigma_{\varphi\widetilde{\varphi}} + C_2)}{(\mu_\varphi^2 + \mu_{\widetilde{\varphi}}^2 + C_1)(\sigma_\varphi^2 + \sigma_{\widetilde{\varphi}}^2 + C_2)} \tag{3.207}$$

$\mathrm{SSIM}(\varphi,\widetilde{\varphi})$ 具有如下性质。

(1) 对称性: $\mathrm{SSIM}(\varphi,\widetilde{\varphi}) = \mathrm{SSIM}(\widetilde{\varphi},\varphi)$。

(2) 有界性: $-1 \leqslant \mathrm{SSIM}(\varphi,\widetilde{\varphi}) \leqslant 1$。

(3) 唯一性: 只有 $\varphi = \widetilde{\varphi}$ 时, $\mathrm{SSIM}(\varphi,\widetilde{\varphi}) = 1$ 才成立。

因此,$\mathrm{SSIM}(\varphi,\widetilde{\varphi})$ 的值越大说明滤波算法在结构信息的保持上越好。为方便起见,采用结构相似性矩阵均值(mean SSIM,MSSIM)来表示滤波结果的好坏。

为了说明 MSE 和 MSSIM 的差异,这里给出一个例子,如图 3.18[89] 所示。图 3.18(a)是真值图像,图 3.18(b)~(f)分别是对图 3.18(a)进行对比度拉伸、均值平移、JPEG 压缩、模糊和椒盐噪声污染得到的结果。图 3.18(b)~(f)的 MSE 都是 210,但 MSSIM 分别是 0.9168、0.9900、0.6949、0.7052 和 0.7748。从视觉效果上看,图 3.18(b)和(c)比图 3.18(d)~(f)明显更加接近图 3.18(a),其评价结果应该优于图 3.18(d)~(f),这是因为图 3.18(b)和(c)中的结构信息没有被破坏,

而图 3.18(d)~(f)中的结构信息遭到了破坏。因此,MSSIM 更加符合 HVS 对图像质量好坏的判断,将 MSE 和 MSSIM 同时用于滤波结果的评价可以得到比较全面的评价结果。

(a) 真值图像　　　　　　(b) 对比度拉伸　　　　　　(c) 均值平移

(d) JPEG压缩　　　　　　(e) 模糊　　　　　　(f) 椒盐噪声污染

图 3.18　MSE 不变的情况下对图像的变换

3. 残差点

残差点是用来表征干涉相位质量最重要的指标。早在 1987 年,Ghiglia 等[90]发现相位中存在不连续点,这些不连续点使得基于相位梯度积分的解缠结果与积分的路径有关。此外,不包含不连续点区域的解缠结果是与路径无关的。可惜的是,当时这个发现并未引起重视,相位解缠算法也未将不连续点的影响考虑进去。一年后,Goldstein 等[91]对不连续点进行了深入研究,将其命名为残差点。残差点包含正残差点和负残差点,将正、负残差点用线连接起来,如果积分的路径穿过这些线,解缠结果就会出现错误;如果积分路径绕过这些线,就可以得到正确的解缠结果。残差点的具体检测方式是:对正方形区域里 4 个相邻的像素点(图 3.19)按逆时针方向计算它们的缠绕相位梯度

$$\Delta_1 = \mathrm{wrap}\left[\varphi(m+1,n) - \varphi(m,n)\right]$$
$$\Delta_2 = \mathrm{wrap}\left[\varphi(m+1,n+1) - \varphi(m+1,n)\right]$$
$$\Delta_3 = \mathrm{wrap}\left[\varphi(m,n+1) - \varphi(m+1,n+1)\right]$$
$$\Delta_4 = \mathrm{wrap}\left[\varphi(m,n) - \varphi(m,n+1)\right]$$

(3.208)

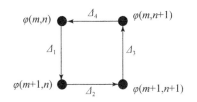

图 3.19　残差点检测示意图

根据 4 个缠绕相位梯度相加的结果 Δ 来判断是否为残差点：

$$\Delta = \sum_{i=1}^{4} \Delta_i = \begin{cases} 0, & \text{非残差点} \\ 2\pi, & \text{正残差点} \\ -2\pi, & \text{负残差点} \end{cases} \tag{3.209}$$

注意，若 $\Delta \neq 0$，则习惯上把左上角的像素点，即 (m,n) 称作残差点。

　　受残差点的影响，相位解缠成为 InSAR 数据处理中一个非常复杂而又十分关键的问题，如何合理地处理残差点成为解缠算法的关键。当残差点比较少且分布比较稀疏时，相位解缠是比较容易进行的；当残差点较多且分布非常密集时，相位解缠会出现错误，并且该错误可能会传递，极大地降低了 DEM 的精度。既然较少的残差点对相位解缠是有利的，那么干涉相位滤波算法的首要任务就是要抑制残差点；同时，几乎所有关于干涉相位滤波算法的文章都以残差点数量（number of residue，NOR）作为算法性能的首要评价指标。

　　然而，利用残差点数量来评价算法性能具有如下局限性：

　　（1）残差点是基于缠绕相位梯度得到的，在利用式（3.209）检测残差点时，相差 2π 整数倍的相位梯度的作用是相同的。例如，真实相位梯度为 $3\pi/2$，经缠绕后变成 $-\pi/2$。真实相位梯度的作用无法通过残差点体现出来。

　　（2）引起残差点的因素并非只有噪声，陡峭的地形和欠采样等因素都会引入残差点。其中，由陡峭地形引起的残差点在滤波时应该加以保留，以确保该地形在后续处理时能得到正确的反演。

　　（3）噪声和其引起的残差点之间只有定性的关系而没有定量的关系。当噪声方差减小时，相位中的残差点数量会随之减少；当噪声方差增大时，相位中的残差点数量会增加。但由于干涉相位的缠绕性，残差点的数量不会随噪声方差的增大而无限制地增加，而是有一个上限。

　　（4）基于"残差点越少算法性能越好"的准则推导出的滤波算法很可能是过滤波的。如果算法欠滤波，滤波结果中还会存在部分残差点，这部分残差点可能会造成所在区域甚至全局的解缠错误，最终导致错误的 DEM；如果算法过滤波，尽管部分相位信号的高频分量被滤掉，但残差点得到了很大的抑制，相位解缠变得容易，所得的 DEM 与真值相比也只是精度有一定程度的降低。从逻辑上看，得到一个精度降低的 DEM 总比得到一个错误的 DEM 要有意义，这也是几乎所有滤波算法用"残差点越少算法性能越好"的准则来评判算法优劣的内在基础。然而,正如前面所提到的,陡峭的地形也会引入残差点,如果过滤波将这些残差点也抑制掉,那么会造成较大的精度损失,甚至引入错误。

因此,残差点数量只能表征滤波算法的部分性能。

4. 相位标准差

由于残差点数量与相位噪声之间只有定性的关系,因此残差点数量并不能准确反映滤波算法的去噪能力。为了精细地定量表征相位中噪声的强弱,Goldstein 等[55] 提出了 PSD。

PSD 的实质是整体标准差的无偏估计。令 φ 为干涉相位,PSD σ_φ 表示为

$$\sigma_\varphi(m,n) = \left\{ \frac{\sum\limits_{i=-N}^{N} \sum\limits_{j=-N}^{N} \left[\varphi(m+i,n+j) - \bar{\varphi}(m+i,n+j) \right]^2}{(2N+1)^2 - 1} \right\}^{\frac{1}{2}} \quad (3.210)$$

式中,窗口大小为 $(2N+1) \times (2N+1)$ 且以像素点 (m,n) 为中心;$\bar{\varphi}(m+i,n+j)$ 为窗口中的局部线性相位梯度,可以通过对相位在距离向和方位向的一阶差分取均值求得。通过计算滤波前后干涉相位的 PSD 并进行对比,就可以看出滤波算法的去噪能力。如图 3.20[55] 所示,图(a)和(b)分别是 Jakobshavns 冰川的含噪相位和滤波结果,图(c)和(d)分别是图(a)和(b)的 PSD,可以看到滤波有效地抑制相位噪声。此外,与 MSE 和 MSSIM 一样,可以计算 PSD 的均值来定量的表示算法的去噪能力。

PSD 是滤波算法去噪能力的有效表示。然而比较遗憾的是,Goldstein 在文中介绍 PSD 的计算方式时有所省略,他明确指出 σ_φ 的取值范围是 $[0, \pi/2]$,但根据式(3.210)得到的取值范围是 $\left[0, \sqrt{(2N+1)^2 \pi^2 / ((2N+1)^2 - 1)} \right]$,其上限是一个跟窗口大小有关的值。因此,后来的科研人员无法复现该指标,加上 InSAR 处理的关注点是残差点的数量,导致该指标并未得到使用。

5. 绝对相位梯度和

对于无噪相位,由于地形是缓变的,相邻像素点的相位梯度应该是一个比较小的值;当相位中存在噪声时,相邻像素点的相位梯度会急剧增大。基于这个原理,Li 等[92] 提出了绝对相位梯度和(SPD)。相比基于缠绕相位梯度的残差点,SPD 是以绝对相位梯度为基础计算得到的,因此能更加准确地反映滤波算法的去噪能力。

令干涉相位 φ 的大小为 $M \times N$,像素点 (m,n) 与其相邻 8 个像素点的绝对相位梯度(absolute phase difference,APD)为

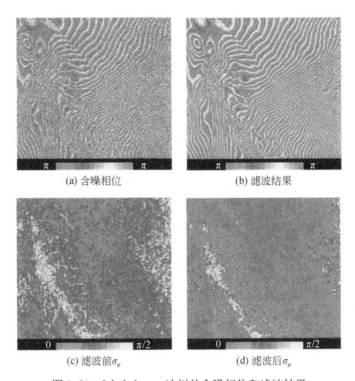

(a) 含噪相位　　　　　　　　　　　　(b) 滤波结果

(c) 滤波前 σ_φ　　　　　　　　　　　　(d) 滤波后 σ_φ

图 3.20　Jakobshavns 冰川的含噪相位和滤波结果

$$\mathrm{APD}(m,n) = \frac{1}{8} \sum_{i=-1}^{1} \sum_{j=-1}^{1} | \varphi(m,n) - \varphi(m+i,n+j) | \tag{3.211}$$

SPD 就是所有像素点的 APD 之和：

$$\mathrm{SPD} = \sum_{i=1}^{M} \sum_{j=1}^{N} \mathrm{APD}(i,j) \tag{3.212}$$

易知 $\mathrm{SPD} \geqslant 0$。

　　相比残差点和 PSD，SPD 用到 8 个相位梯度，因此能够对相位噪声的强弱进行更全面的描述。然而，后来的科研人员在利用 SPD 进行算法性能评价时，仍然采用的是"SPD 越小算法性能越好"的准则，这和利用残差点评价算法性能所采用的准则一样，即有合理性又有局限性。

　　根据"分而治之"的策略将一个无噪相位 φ_{nf} 分解成低频分量和高频分量的和（只是为定性的说明，不指定具体的高低频的划分频率值）：

$$\varphi_{\mathrm{nf}} = \varphi_{\mathrm{l}} + \varphi_{\mathrm{h}} \tag{3.213}$$

式中，φ_{l} 和 φ_{h} 分别为低频和高频相位分量。令 $\mathrm{SPD}_{\mathrm{nf}}$、$\mathrm{SPD}_{\mathrm{l}}$ 和 $\mathrm{SPD}_{\mathrm{h}}$ 分别为 φ_{nf}、φ_{l} 和 φ_{h} 的绝对相位梯度和，研究 $\mathrm{SPD}_{\mathrm{nf}}$ 和 $\mathrm{SPD}_{\mathrm{l}}$、$\mathrm{SPD}_{\mathrm{h}}$ 之间的关系，关键是分析式 (3.211) 中绝对值内两项的分解性质：

$$|\varphi(m,n) - \varphi(m+i,n+j)|$$
$$= |\varphi_l(m,n) - \varphi_l(m+i,n+j) + \varphi_h(m,n) - \varphi_h(m+i,n+j)|$$
$$= |\Delta\varphi_l + \Delta\varphi_h| \tag{3.214}$$

式中，$\Delta\varphi_l$ 和 $\Delta\varphi_h$ 可表示为

$$\Delta\varphi_l = \varphi_l(m,n) - \varphi_l(m+i,n+j)$$
$$\Delta\varphi_h = \varphi_h(m,n) - \varphi_h(m+i,n+j) \tag{3.215}$$

当 $\Delta\varphi_l$ 和 $\Delta\varphi_h$ 的符号相同时，$|\Delta\varphi_l + \Delta\varphi_h| = |\Delta\varphi_l| + |\Delta\varphi_h|$，式(3.212)是一个线性算子，$\mathrm{SPD_{nf}}$ 可以表示成 $\mathrm{SPD_l}$ 与 $\mathrm{SPD_h}$ 的线性叠加

$$\mathrm{SPD_{nf}} = \mathrm{SPD_l} + \mathrm{SPD_h} \tag{3.216}$$

当 $\Delta\varphi_l$ 和 $\Delta\varphi_h$ 的符号不同时，$|\Delta\varphi_l + \Delta\varphi_h| \neq |\Delta\varphi_l| + |\Delta\varphi_h|$，式(3.212)是一个非线性算子，$\mathrm{SPD_{nf}}$ 不能表示成 $\mathrm{SPD_l}$ 与 $\mathrm{SPD_h}$ 之和。

为了方便进行定性说明，假设 $\Delta\varphi_l$ 和 $\Delta\varphi_h$ 的符号相同，此时式(3.216)成立。当 φ_{nf} 是一个绝对(光滑)平地区域的无噪相位时，相位中没有高频分量，$\varphi_h = 0$ 并且 $\varphi_{nf} = \varphi_l =$ 常数，此时 $\mathrm{SPD_{nf}} = \mathrm{SPD_l} = \mathrm{SPD_h} = 0$；对于非绝对平地区域(如自然场景中的斜坡)，无噪相位总是由低频和高频分量组成，$\varphi_h \neq 0$、$\varphi_{nf} \neq$ 常数、$\mathrm{SPD_l} \neq 0$ 并且 $\mathrm{SPD_h} \neq 0$，此时 $\mathrm{SPD_{nf}} \neq 0$。

对于一个含噪非绝对平地区域的干涉相位 φ_{ny}，可以根据加性相位噪声模型将其进行分解：

$$\varphi_{ny} = \varphi_{nf} + \varphi_n = \varphi_l + \varphi_h + \varphi_n \tag{3.217}$$

式中，φ_n 为噪声。相应地，φ_{ny} 的 SPD 可以近似分解为

$$\mathrm{SPD_{ny}} = \mathrm{SPD_{nf}} + \mathrm{SPD_n}$$
$$= \mathrm{SPD_l} + \mathrm{SPD_h} + \mathrm{SPD_n} \tag{3.218}$$

式中，$\mathrm{SPD_n}$ 为噪声的 SPD。噪声是快速变化的随机变量，$\mathrm{SPD_n}$ 主要由高频分量构成。基于式(3.218)可以得出三点结论。第一，$\mathrm{SPD_{ny}} \neq 0$。第二，由于干涉相位的缠绕性，$\mathrm{SPD_n}$ 和 $\mathrm{SPD_{ny}}$ 不会随噪声方差的增加而无限增大。第三，噪声相比相位信号变化快得多，$\mathrm{SPD_n}$ 是 $\mathrm{SPD_{ny}}$ 的主要分量，即 $\mathrm{SPD_n} > \mathrm{SPD_{nf}}$。当干涉相位的尺寸足够大而噪声足够强时(相干性很低)，$\mathrm{SPD_n} \gg \mathrm{SPD_{nf}}$，算法在有效抑制噪声时必然会极大地降低 $\mathrm{SPD_{ny}}$，此时用"SPD 越小算法性能越好"的准则来评价算法的优劣具有一定的合理性。它的局限性在于，一味地减少 SPD 很可能会造成过滤波。在实测数据中，绝对平地干涉相位是不存在的，$\mathrm{SPD_{nf}}$ 总是为非零值。令 $\mathrm{SPD_{filtered}}$ 为滤波结果的 SPD，根据 $\mathrm{SPD} \geqslant 0$ 的性质和"SPD 越小算法性能越好"的准则来看，能使 $\mathrm{SPD_{filtered}} = 0$ 的滤波算法才是最好的算法，但此时滤波结果将是一个不包含任何细节信息的绝对平地，显然这是错误的。以上是 $\Delta\varphi_l$ 和 $\Delta\varphi_h$ 同号时的情况，当 $\Delta\varphi_l$ 和 $\Delta\varphi_h$ 异号时，也可以得到类似的结论。

实际上，SPD 可以表征算法是过滤波还是欠滤波。对于一个完美滤波算法，其滤波结果中噪声全部被滤除而相位信号没有损失，此时 $SPD_{filtered} = SPD_{nf}$。而现有滤波算法都存在不同程度的过滤波或欠滤波。过滤波意味着算法在去噪的同时将相位信号的部分高频细节信息也滤掉了，此时 $SPD_{filtered} < SPD_{nf}$；欠滤波意味着滤波结果中还残留了部分噪声，此时 $SPD_{filtered} > SPD_{nf}$。因此，可以计算无噪相位和滤波结果的 SPD 并进行比较，从而判断滤波算法是过滤波还是欠滤波；同时，滤波结果的 SPD 越接近无噪相位的 SPD 说明算法越好。

6. 滤波结果和差分相位的相关系数

干涉相位滤波问题本质是一个对无噪相位的估计问题，所有的滤波结果都是对真值的估计。令 φ_{ny} 为含噪相位（观测值），φ_{nf} 为无噪相位，$\varphi_{filtered}$ 为滤波结果（无噪相位的估计值），n 为与 φ_{nf} 相互独立的加性噪声，$\varphi_{difference}$ 为 φ_{ny} 和 $\varphi_{filtered}$ 的差分相位，可以得到

$$\varphi_{ny} = \varphi_{nf} + n \qquad (3.219)$$
$$= \varphi_{filtered} + \varphi_{difference}$$

希望 $\varphi_{filtered}$ 能够尽可能地接近 φ_{nf}，但忽略了 $\varphi_{filtered}$ 接近 φ_{nf} 的同时 $\varphi_{difference}$ 要接近 n。

对于一个完美滤波算法 $F_{perfect}$，它能够使得式（3.220）成立：

$$\varphi_{filtered} = F_{perfect}(\varphi_{ny}) = \varphi_{nf} \qquad (3.220)$$

那么根据式（3.219）可知，此时相位信号和噪声完全分离，$\varphi_{difference} = n$。因此，$\varphi_{filtered}$ 和 $\varphi_{difference}$ 的相关系数（cross correlation，CC）应该为 0。

由于现有滤波算法都是非完美滤波算法，其滤波结果都存在不同程度的过滤波，$\varphi_{difference}$ 中存在相位信号的细节，此时 $\varphi_{filtered}$ 与 $\varphi_{difference}$ 不独立，两者的 CC 不为 0。

因此，可以根据 CC 来判断滤波算法损失相位信号细节的程度。显然，CC 越接近 0，说明 $\varphi_{difference}$ 中相位信号的细节越少，算法保持相位信号细节的能力越强。

7. 噪声抑制能力和细节保持能力

众所周知，由于现有算法在去噪的同时会损失相位信号的细节，现有滤波结果的定量评价指标没有将抑制掉的噪声影响和损失的细节影响区分开，因此这些指标并不能完全反映算法的噪声抑制能力（noise suppression performance，NSP）和细节保持能力（detail preservation performance，DPP）。此外，目前还没有人对算法的 NSP 和 DPP 进行区分和定量化描述。为此，基于 SPD 和 CC，本书首次提出定量化描述滤波算法 NSP 和 DPP 的方法。

经前面的分析可知，滤波会减小干涉相位的 SPD，将滤波前后干涉相位 SPD 减少的值称为滤波算法的绝对滤波力度（absolute filtering performance，AFP），易知其定义为

$$AFP = SPD_{ny} - SPD_{filtered} \tag{3.221}$$

同时,可以基于 CC 定义算法的相对滤波力度(relative filtering performance, RFP),其定义为

$$RFP = \frac{CC}{1 - CC} \tag{3.222}$$

它指的是算法在抑制掉 1 单位噪声时损失相位信号细节的量,同时反映了算法信噪分离的能力。易知,RFP 与 CC 成正比,CC=1 时 RFP=∞,此时算法的相对滤波力度最差,信噪分离能力最差;CC=0 时 RFP=0,此时算法的相对滤波力度最好,信噪分离能力最好。

基于 AFP 和 CC 定义算法的 NSP 和 DPP 为

$$\begin{aligned} NSP &= (1 - CC) \cdot AFP \\ DPP &= CC \cdot AFP \end{aligned} \tag{3.223}$$

当 CC=0 时,算法做到了相位信号的噪声完全分离,NSP=AFP 和 DPP=0。基于式(3.223),就可以对算法的 NSP 和 DPP 进行比较。

3.5　实验与分析

本节通过两个实验对部分现有滤波算法的性能以及现有评价指标的作用进行展示和分析。本书所用的仿真数据均是利用代尔夫特理工大学(Delft University of Technology)的 InSAR MATLAB 工具箱[93]和复圆高斯 SAR 图像模型[94]得到的。在利用 InSAR MATLAB 工具箱生成 DEM 时,分形参数 D 是一个关键量,该参数的大小直接影响 DEM 的平滑程度。遗憾的是,很多文献在进行仿真时未考虑仿真数据和实测数据的契合性,导致仿真出的无噪相位过于平滑,与实际情况严重不符。为了使仿真数据能够接近真实情况,在本书的所有仿真数据中,都按照工具箱里的建议将 D 设为 2.3。

3.5.1　实验一

本实验的主要目的是展示不同的相干系数下定量评价指标的变化规律。首先,利用 InSAR MATLAB 工具箱生成 DEM 和无噪相位,具体的仿真参数如表 3.2 所示。其次,利用生成的 DEM、无噪相位和 11 幅相干系数图(10 幅从实测数据得到,1 幅是相干系数值为全 1 的仿真图),根据复圆高斯 SAR 图像模型生成 11 对 SAR 图像干涉对。11 幅相干系数图的均值($\bar{\gamma}$)分别为 1.0000、0.9002、0.8009、0.7010、0.6006、0.5005、0.4009、0.3009、0.2005、0.1008 和 0.0010。第三,利用 DEM、无噪相位、$\bar{\gamma}$=0.0010 的相干系数图和 5 个功率不同的噪声,根据复圆高斯 SAR 图像模型生成 5 对 SAR 图像干涉对。其中,5 个噪声的功率分别为 10、10^2、10^3、10^4 和 10^5。最后,从 SAR 图像干涉对中提取出 16 个含噪相位,并基于无噪相

位计算它们的 MSE、MSSIM、残差点数量和 SPD。

表 3.2　仿真参数

参数	数值	参数	数值	参数	数值
方位向/像素	512	模糊高度/m	49	卫星高度/km	680
距离向/像素	512	最小高程/m	0	下视角/(°)	35
垂直基线/m	180	最大高程/m	500	波长/cm	5.7

仿真生成的 DEM 和无噪相位如图 3.21 所示,对应的 16 个含噪相位如图 3.22 所示,其中,图 3.22(a)～(k)分别是用相干系数均值为 1.0000、0.9002、0.8009、0.7010、0.6006、0.5005、0.4009、0.3009、0.2005、0.1008 和 0.0010 生成的干涉相位,图 3.22(l)～(p)分别是用相干系数均值为 0.0010 和功率分别为 10、10^2、10^3、10^4 和 10^5 的噪声生成的干涉相位。从图 3.22 可以看出,随着相干性的下降(噪声方差变大),干涉相位的质量呈下降趋势,干涉条纹变得越来越难识别,图 3.22(i) 和(j)中还能勉强识别出部分条纹,但图 3.22(k)～(p)中的条纹已经完全被噪声淹没。

(a) DEM

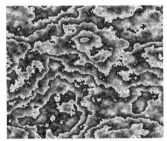

(b) 无噪相位

图 3.21　仿真 DEM 和无噪相位

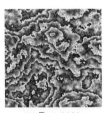

(a) $\bar{\gamma}=1.0000$

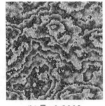

(b) $\bar{\gamma}=0.9002$

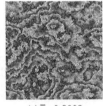

(c) $\bar{\gamma}=0.8009$

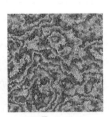

(d) $\bar{\gamma}=0.7010$

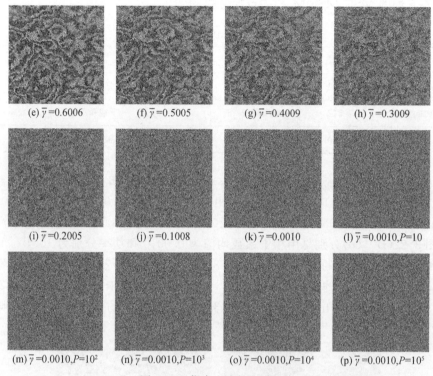

图 3.22　仿真生成的含噪相位

　　基于含噪相位和无噪相位计算得到的定量评价指标如表 3.3 所示。显然，图 3.22(a)就是无噪相位。当 $\bar{\gamma} \geqslant 0.0010$ 时，MSE、NOR、SPD 和 $\bar{\gamma}$ 成反比而 MSSIM 和 $\bar{\gamma}$ 成正比；当 $\bar{\gamma} < 0.0010$ 时，由于干涉相位的缠绕性，无论往干涉相位中再继续添加多少噪声，所有的定量评价指标都没有出现大的变动，而是围绕一个特定的值上下波动。相比 MSE 和 MSSIM 可以看到，前者随 $\bar{\gamma}$ 的变化一直比较均匀，而后者在 $\bar{\gamma}$ 从 1.0000 变到 0.9002 时有一个陡降。这是因为 SSIM 是度量图像中结构信息的变化，而噪声作为一个随机信号极大地破坏了原始图像的结构信息，所以尽管 $\bar{\gamma}$ 高达 0.9002，其 MSSIM 还是只有 0.3488。因此，作为 MSE 的补充，MSSIM 能很有效地度量算法在保持图像结构上的能力。对 SPD 的观察可以发现，当 $\bar{\gamma}$ 仅从 1.0000 变到 0.9002 时，SPD 就增加了一倍多，这是因为相位信号主要是低频信号而噪声主要是高频信号，高频信号对应的相位梯度比低频信号对应的相位梯度大。当相干性进一步降低时，无噪相位的 SPD 在含噪相位 SPD 中所占的比例越来越小，这就证明了前面 $SPD_n > SPD_{nf}$ 的推论。注意到该仿真相位的尺寸大小只有 512×512，当 $\bar{\gamma} = 0.7$ 时，无噪相位的 SPD 在含噪相位的 SPD 中所占的比例约为 1/3。可以推测，该比例与干涉相位尺寸和噪声方差成反比，而与地形的复杂程度成正比。当干涉相位尺寸和噪声方差足够大而地形比较平坦时，$SPD_n \gg SPD_{nf}$ 是成立的。用于全球 DEM 生成的干涉数据的相干性一般较好，噪声方差不会太大，$SPD_n > SPD_{nf}$ 是成立的，但 $SPD_n \gg SPD_{nf}$ 是不成立的，因此 SPD_n 是 SPD_{ny} 中的主要分量但不是绝对分量，一味地降低 SPD_{ny} 很可能造成过滤波，这就证明了基于"SPD 越小算法性能越好"的准则来评判算法既有合理性又有局限性。

表 3.3　图 3.22 中含噪相位的定量评价结果

含噪相位	$\bar{\gamma}$/噪声功率	MSE	MSSIM	NOR	SPD/($\times 10^5$)
图 3.22(a)	1.0000/0	0	1	0	1.3906
图 3.22(b)	0.9002/0	0.4607	0.3488	9062	2.9439
图 3.22(c)	0.8009/0	0.8166	0.2105	21070	3.6391
图 3.22(d)	0.7010/0	1.1404	0.1431	33225	4.1136
图 3.22(e)	0.6006/0	1.4618	0.0963	45031	4.4903
图 3.22(f)	0.5005/0	1.7716	0.0656	55724	4.7616
图 3.22(g)	0.4009/0	2.0694	0.0432	64579	4.9856
图 3.22(h)	0.3009/0	2.3711	0.0275	72554	5.1690
图 3.22(i)	0.2005/0	2.6851	0.0158	79521	5.3130
图 3.22(j)	0.1008/0	2.9821	0.0086	84580	5.3975
图 3.22(k)	0.0010/0	3.2861	0.0043	87047	5.4430
图 3.22(l)	0.0010/10	3.2930	0.0036	87125	5.4532
图 3.22(m)	0.0010/10^2	3.2926	0.0040	87223	5.4485
图 3.22(n)	0.0010/10^3	3.2827	0.0041	86715	5.4468
图 3.22(o)	0.0010/10^4	3.2806	0.0039	87291	5.4583
图 3.22(p)	0.0010/10^5	3.2982	0.0046	86777	5.4449

3.5.2　实验二

本实验的目的是通过一个仿真数据展示部分现有算法的性能，并通过主观视觉和定量评价指标对结果进行分析。为了尽量符合实际情况，选择图 3.22(d) 为待处理的含噪相位，其对应的 SAR 主图像和相干系数图如图 3.23 所示。为了能尽量客观地展示算法的性能，选用代码由算法作者本人给出或者较易实现的算法，即均值算法、基于幅度加权的均值算法、圆周期中值算法[29]、Lee 算法[1]、Goldstein 算法[55]、Baran 算法[56]、局部条纹频率估计算法[66]、Wang 高效自适应算法[88]、PEARLS 算法[64]、WFF 算法[61]、NL-InSAR 算法[46] 和 SpInPHASE 算法[23] 共 12 个算法，算法的参数设置都用文献中默认的或者推荐的值。具体而言，均值算法、基于幅度加权的均值算法和圆周期中值算法的滤波窗口为 5×5;Goldstein 算法和 Baran 算法的图像块大小为 32×32,图像块之间重叠 28 个像素,功率谱的平滑是通过和 3×3 的均值核函数卷积实现,Goldstein 算法的滤波参数 α 取 0.5;基于局部条纹频率估计算法的频率估计窗口和滤波窗口都设为 13×13;Wang 高效自适应算法的图像块大小为 64×64,图像块重叠区域大小为 48,阈值设为频谱幅度最大值的 $1/\sqrt{2}$;对于 PEARLS 算法,$H=\{1,2,3,4\}$ 且 $\Gamma=2$;对于 WFF 算法,其二维高斯核函数的标准差为 10,频率范围为 $[-0.5,0.5]$,频率采样间隔为 0.1 个单位,阈值 $T=3\sigma$;对于 NL-InSAR 算法,图像块大小为 7×7,相似图像块搜索窗口大小为 21×21,迭代次数为 10 次,最少参与滤波的像素点个数为 10 个;对于 SpInPHASE 算法,正则参数为 0.11,衰减控制参数为 2,迭代次数为 500 次。

(a) SAR主图像   (b) 相干系数图

图 3.23   图 3.22(d)对应的 SAR 主图像和相干系数图

滤波结果如图 3.24 所示,定量的评价指标如表 3.4 所示。从视觉效果上对比含噪相位和各个滤波结果可以看出,所有算法都有效地抑制了噪声,干涉条纹变得清晰;对比无噪相位和滤波结果可以看出,所有滤波算法都存在不同程度的过滤波,因为滤波结果中的相位信号细节信息没有无噪相位中多。对比含噪相位、无噪相位和滤波结果的各个定量指标可以得到以下结论:

第一,各滤波算法在一定程度上抑制了噪声:相比含噪相位,各滤波结果的 MSE、NOR 和 SPD 减小而 MSSIM 增大。

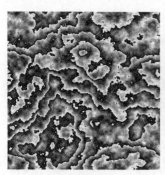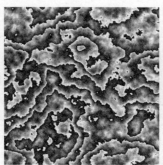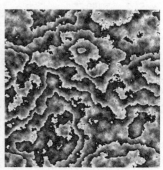

(a) 均值算法   (b) 基于幅度加权的均值算法   (c) 圆周期中值算法

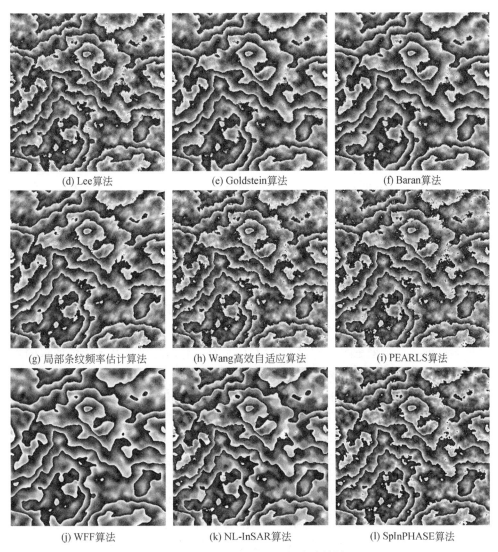

(d) Lee算法　　　　　　　(e) Goldstein算法　　　　　　　(f) Baran算法

(g) 局部条纹频率估计算法　　　(h) Wang高效自适应算法　　　(i) PEARLS算法

(j) WFF算法　　　　　　　(k) NL-InSAR算法　　　　　　(l) SpInPHASE算法

图 3.24　基于图 3.22(d)的滤波结果

表 3.4　图 3.24 中各滤波结果的定量评价指标

滤波结果	MSE	MSSIM	NOR	SPD /($\times10^5$)	CC	AFP /($\times10^5$)	RFP	NSP /($\times10^5$)	DPP /($\times10^5$)
无噪相位	0	1	0	1.3906	—	—	—	—	—
含噪相位	1.1404	0.1431	33225	4.1136	—	—	—	—	—
图 3.24(a)	0.1157	0.5412	53	1.1135	0.5312	3.0001	1.1332	1.4064	1.5937
图 3.24(b)	0.1005	0.5664	11	1.0546	0.5324	3.0590	1.1386	1.4303	1.6286

续表

滤波结果	MSE	MSSIM	NOR	SPD /(×10⁵)	CC	AFP /(×10⁵)	RFP	NSP /(×10⁵)	DPP /(×10⁵)
图 3.24(c)	0.1436	0.5053	50	1.2168	0.5260	2.8968	1.1096	1.3732	1.5237
图 3.24(d)	0.1572	0.4624	42	1.2430	0.5377	2.8707	1.1633	1.3270	1.5437
图 3.24(e)	0.1647	0.4657	28	1.1582	0.5114	2.9554	1.0465	1.4442	1.5113
图 3.24(f)	0.1619	0.4705	22	1.1865	0.5090	2.9271	1.0365	1.4373	1.4898
图 3.24(g)	0.2383	0.3636	0	0.9356	0.5537	3.1780	1.2407	1.4183	1.7597
图 3.24(h)	0.1568	0.4832	207	1.2307	0.5348	2.8829	1.1496	1.3411	1.5418
图 3.24(i)	0.2892	0.4174	4459	1.3073	0.5208	2.8063	1.0868	1.3448	1.4615
图 3.24(j)	0.2237	0.3700	0	0.7196	0.5533	3.3940	1.2386	1.5161	1.8779
图 3.24(k)	0.1565	0.4627	10	0.8236	0.5325	3.2900	1.1389	1.5382	1.7518
图 3.24(l)	0.1083	0.5546	0	0.9491	0.5289	3.1645	1.1227	1.4908	1.6738

第二，从 MSE 和 MSSIM 来看，12 个算法都非完美算法，因为滤波结果 MSE ≠ 0 且 MSSIM ≠ 1；同时，较好的算法具有较小的 MSE 和较大的 MSSIM。这两个指标性能最好的 3 个结果是图 3.24(b)、(l) 和 (a)，对应算法分别是基于幅度加权的均值算法、SpInPHASE 算法和均值算法。

第三，从 NOR 来看，由于本数据的残差点全部是由噪声引起的，因此图 3.24 (a)～(f)、(h)、(i) 和 (k) 中的部分区域存在欠滤波的情况，因为这些滤波结果的 NOR ≠ 0。这一指标性能最好的 3 个结果是图 3.24(g)、(j) 和 (l)，对应算法分别是局部条纹频率估计算法、WFF 算法、SpInPHASE 算法。

第四，从 SPD 来看，由于 12 个滤波结果的 SPD 都小于无噪相位的 SPD，因此 12 个滤波算法在整体上都是过滤波的，这印证了主观视觉效果和前面的"牺牲相位信号高频细节来抑制噪声"推论。根据"滤波结果的 SPD 越接近无噪相位的 SPD 说明算法越好"的准则，这一指标性能最好的 3 个结果是图 3.24(i)、(d) 和 (h)，对应算法分别是 PEARLS 算法、Lee 算法和 Wang 高效自适应算法。

第五，从 CC 和 RFP 来看，根据"CC/RFP 越小算法性能越好"的准则，这一指标性能最好的 3 个结果是图 3.24(f)、(e) 和 (i)，对应算法分别是 Baran 算法、Goldstein 算法和 PEARLS 算法。

第六，从 AFP 来看，绝对滤波力度最大的结果是图 3.24(j)、(k) 和 (g)，对应算法分别是 WFF 算法、NL-InSAR 算法和局部条纹频率估计算法。

第七，从 NSP 来看，噪声抑制能力最强的 3 个结果是图 3.24(k)、(j) 和 (l)，对应算法分别是 NL-InSAR 算法、WFF 算法和 SpInPHASE 算法。

第八，从 DPP 来看，细节损失最少的 3 个结果是图 3.24(i)、(f) 和 (e)，对应算法分别是 PEARLS 算法、Baran 算法和 Goldstein 算法。

第九,不同的定量评价指标只能反映算法性能的不同方面,需要对多个评价指标进行综合分析和比较,才能全面了解算法的性能。很显然,如果一个算法是完美滤波算法,那么它的滤波结果在每个定量评价指标上都是最优的;反过来,如果一个算法在某个指标上是最优的,并不能说明它在其他指标上也是最优的,需要联合多个指标进行综合分析。下面举例说明。

(1) 图 3.24(b)和(l),对应算法是基于幅度加权的均值算法和 SpInPHASE 算法。在 RFP 上,后者略优于前者,这意味着在相同 NSP 的情况下,后者应该在 DPP 上优于前者,那么在 MSE 和 MSSIM 上应该是后者优于前者。但是从图 3.24(b)和(l)的各项指标来看,前者居然在 NOR 劣于后者的情况下在 MSE 和 MSSIM 上优于后者,根源在于两者在 AFP、NSP 和 DPP 上的差异。后者比前者的绝对滤波力度大,抑制噪声的能力更强,同时损失的信号细节也更多。噪声得到抑制时,MSE 应该减小;信号细节损失时,MSE 应该增大。基于此推断,对比图 3.24(b)和(l),后者中由更强噪声抑制能力带来的 MSE 减小量应该小于更多信号细节损失带来的 MSE 增大量,因此后者在 MSE 和 MSSIM 上才劣于前者。对比两者在 CC 和 DPP 上的性能可以看出,两者损失细节的方式是不同的。前者比后者损失的细节信息要少,那么前者理应在 CC 上优于后者,但表 3.4 中的结果恰恰相反。一个可能的解释是,前者在差分相位中的细节比较集中,而后者在差分相位中的细节比较分散。

(2) 图 3.24(d)和(e),对应算法是 Lee 算法和 Goldstein 算法。在 RFP 上,后者优于前者,并且后者的噪声抑制能力更强同时损失的细节更少,那么后者应该在 MSE、MSSIM 和 NOR 上都优于前者,但表中的结果表明,后者居然在 MSE 上劣于前者,这证实了 MSE 的局限性。同样的情况也发生在图 3.24(d)和(f)的对比中。

(3) 图 3.24(a)和(g),对应算法是均值算法和局部条纹频率估计算法。虽然在 NOR 上前者劣于后者,但从 SPD 上可以看出,后者存在严重的过滤波,前者和后者的噪声抑制能力相近但前者比后者保持了更多的信号细节,因此,在 MSE 和 MSSIM 上前者明显优于后者。同样的情况也发生在图 3.24(b)和(g)、图 3.24(c)和(g)的对比中。

(4) 图 3.24(g)和(i),对应算法是局部条纹频率估计算法和 PEARLS 算法。这两个结果的对比比较复杂。从 MSE 上看,前者优于后者。从 MSSIM 上看前者却劣于后者。从 NOR 和 SPD 上看,前者是过滤波后者是欠滤波。从 CC、RFP、NSP 和 DPP 上看,前者的噪声抑制能力优于后者,但细节保持能力明显劣于后者。结合视觉效果来看,虽然图 3.24(i)中存在明显的噪声,但图 3.24(g)中存在明显的畸变,这种畸变极大地破坏了无噪相位的结构信息,导致 MSSIM 过低。同样的情况也发生在图 3.24(j)和(i)、图 3.24(h)和(j)的对比中。

　　(5) 图 3.24(i)和(k),对应算法是 PEARLS算法和 NL-InSAR 算法。从 CC、RFP 和 DPP 上看,后者劣于前者,但在 MSE、MSSIM 和 NOR 上,后者明显优于前者,根源在于后者在噪声抑制能力上优于前者。可以看出,此数据滤波的重点还是对噪声的抑制,撇开噪声抑制能力来看算法的细节保持能力是没有意义的。因此,比较算法保持细节的能力必须在其滤波力度差不多的情况下才有意义。尽管算法保持细节的能力很强,但如果它不能有效地抑制噪声,那么这种细节保持能力对于滤波是没有实际意义的。

3.6　本 章 小 结

　　干涉相位滤波是一个富有挑战性的课题。本章围绕干涉相位滤波的相关内容进行了阐述,主要研究内容和结论如下。

　　(1) 总结了干涉相位滤波的特点。

　　(2) 对现有滤波算法及其改进算法进行了分类和详细介绍,并对算法的本质和优缺点进行了分析。通过分析发现,大部分算法都采用迭代滤波技术来提高滤波精度。

　　(3) 对现有滤波评价指标进行了介绍并对其局限性进行了分析。

　　(4) 提出了 4 个新的评价指标,基于绝对相位梯度和对 4 个指标进行量化,使之可用于滤波结果的定量比较。

　　(5) 利用仿真数据对部分算法的性能和评价指标的作用进行了展示和分析。由数据处理结果可以看到:现有滤波算法都存在不同程度的过滤波;需要综合多个评价指标才能对算法的性能有一个比较全面的了解。

参 考 文 献

[1] Lee J S,Papathanassiou K P,Ainsworth T L,et al. A new technique for noise filtering of SAR interferometric phase images[J]. IEEE Transactions on Geoscience and Remote Sensing,1998,36(5):1456—1465.

[2] López-Martínez C,Fàbregas X. Modeling and reduction of SAR interferometric phase noise in the wavelet domain[J]. IEEE Transactions on Geoscience and Remote Sensing,2002,40 (12):2553—2566.

[3] Healey G E,Kondepudy R. Radiometric CCD camera calibration and noise estimation[J]. IEEE Transactions on Pattern Analysis and Machine Intelligence,1994,16(3):267—276.

[4] Liu C,Szeliski R,Kang S B,et al. Automatic estimation and removal of noise from a single image[J]. IEEE Transactions on Pattern Analysis and Machine Intelligence,2008,30(2): 299—314.

[5] Chatterjee P, Milanfar P. Patch-based near-optimal image denoising[J]. Transactions on Image Processing, 2012, 21(4): 1635—1649.

[6] Buades A, Coll B, Morel J M. A review of image denoising algorithms, with a new one[J]. SIAM Journal on Multiscale Modeling and Simulation, 2005, 4(2): 490—530.

[7] Takeda H, Farsiu S, Milanfar P. Kernel regression for image processing and reconstruction[J]. IEEE Transactions on Image Processing, 2007, 16(2): 349—366.

[8] Dabov K, Foi A, Katkovnik V, et al. Image denoising by sparse 3-D transform-domain collaborative filtering [J]. IEEE Transactions on Image Processing, 2007, 16 (8): 2080—2095.

[9] Bamler R, Hartl P. Synthetic aperture radar interferometry[J]. Inverse Problems, 1998, 14(4): R1—R54.

[10] Eineder M, Rabus B, Holzner J, et al. Filtering of interferometric SRTM X-SAR data[C]// Proceedings of the 2002 IEEE International Geoscience and Remote Sensing Symposium, Toronto, 2002.

[11] Vasile G, Trouvé E, Lee J S, et al. Intensity-driven adaptive-neighborhood technique for polarimetric and interferometric SAR parameters estimation[J]. IEEE Transactions on Geoscience and Remote Sensing, 2006, 44(6): 1609—1621.

[12] Deledalle C A, Tupin F, Denis L. A non-local approach for SAR and interferometric SAR denoising[C]//Proceedings of the 2010 IEEE International Geoscience and Remote Sensing Symposium, Honolulu, 2010.

[13] Deledalle C A, Denis L, Tupin F, et al. NL-SAR: A unified nonlocal framework for resolution-preserving(Pol)(In)SAR denoising[J]. IEEE Transactions on Geoscience and Remote Sensing, 2015, 53(4): 2021—2038.

[14] Parizzi A, Brcic R. Adaptive InSAR stack multilooking exploiting amplitude statistics: A comparison between different techniques and practical results[J]. IEEE Geoscience and Remote Sensing Letters, 2011, 8(3): 441—445.

[15] Ferretti A, Fumagalli A, Novali F, et al. A new algorithm for processing interferometric data-stacks: SqueeSAR[J]. IEEE Transactions on Geoscience and Remote Sensing, 2011, 49(4): 3460—3470.

[16] 郭交, 李真芳, 刘艳阳, 等. 一种 InSAR 干涉相位图的自适应滤波算法[J]. 西安电子科技大学学报(自然科学版), 2011, 38(4): 77—82.

[17] Chen R P, Yu W D, Wang R, et al. Interferometric phase denoising by pyramid nonlocal means filter[J]. IEEE Geoscience and Remote Sensing Letters, 2013, 10(4): 826—830.

[18] Schmitt M, Stilla U. Adaptive multilooking of airborne single-pass multi-baseline InSAR stacks[J]. IEEE Transactions on Geoscience and Remote Sensing, 2014, 52(1): 305—312.

[19] Baier G, Zhu X X. Region growing based on nonlocal filtering for InSAR[C]//Proceedings of the 2015 IEEE International Geoscience and Remote Sensing Symposium, Milan, 2015.

[20] Li J W, Li Z F, Bao Z, et al. Noise filtering of high-resolution interferograms over vegetation and urban areas with a refined nonlocal filter[J]. IEEE Geoscience and Remote Sensing

Letters,2015,12(1):77—81.

[21] Lin X,Li F F,Meng D D,et al. Nonlocal SAR interferometric phase filtering through higher order singular value decomposition[J]. IEEE Geoscience and Remote Sensing Letters,2015, 12(4):806—810.

[22] Bruzzone L,Marconcini M,Wegmüller U,et al. An advanced system for the automatic classification of multitemporal SAR images[J]. IEEE Transactions on Geoscience and Remote Sensing,2004,42(6):1321—1334.

[23] Hao H X,Bioucas-Dias J M,Katkovnik V. Interferometric phase image estimation via sparse coding[J]. IEEE Transactions on Geoscience and Remote Sensing, 2015, 53 (5): 2587—2602.

[24] Li Z W,Ding X L,Huang C,et al. Improved filtering parameter determination for the Goldstein radar interferogram filter[J]. ISPRS Photogrammetry and Remote Sensing,2008, 63(6):621—634.

[25] Jiang M,Ding X L,Tian X,et al. A hybrid method for optimization of the adaptive Goldstein filter[J]. ISPRS Photogrammetry and Remote Sensing,2014,98:29—43.

[26] Jiang M,Ding X L,Li Z W,et al. The improvement for Baran phase filter derived from unbiased InSAR coherence[J]. IEEE Journal of Selected Topics in Applied Earth Observation and Remote Sensing,2014,7(7):3002—3010.

[27] Zhao C Y,Zhang Q,Ding X L, et al. An iterative Goldstein SAR interferogram filter[J]. International Journal of Remote Sensing,2011,33(11):3443—3455.

[28] Just D,Bamler R. Phase statistics of interferograms with applications to synthetic aperture radar[J]. Applied Optics,1994,33(20):4361—4368.

[29] Lanari R,Fornaro G,Riccio D,et al. Generation of digital elevation models by using SIR-C&X-SAR multifrequency two-pass interferometry:The Etna case study[J]. IEEE Transactions on Geoscience and Remote Sensing,1996,34(5):1097—1114.

[30] Press W H,Flannery B P,Teukolsky S A,et al. Numerical Recipes in C[M]. Cambridge: Cambridge University Press,1988.

[31] Candeias A L B, Mura J C, Dutra L V, et al. Interferogram phase noise reduction using morphological and modified median filters[C]//Proceedings of the 1995 IEEE International Geoscience and Remote Sensing Symposium,Firenze,1995.

[32] 穆东,朱兆达,张焕春. 干涉 SAR 相位条纹的鲁棒加权圆周期滤波[J]. 数据采集与处理, 2001,16(3):299—303.

[33] 徐华平,周萌清,陈杰,等. 干涉 SAR 中相位图的噪声抑制[J]. 北京航空航天大学学报, 2001,27(1):16—19.

[34] 廖明生,林珲,张祖勋,等. InSAR 干涉条纹图的复数空间自适应滤波[J]. 遥感学报,2003, 7(2):98—105.

[35] Yang J,Xiong T,Peng Y. A fuzzy approach to filtering interferometric SAR data[J]. International Journal of Remote Sensing,2007,28(6):1375—1382.

[36] 葛仕奇,丁泽刚,陈亮,等. 基于模数的干涉相位自适应中值滤波法[J]. 电子与信息学报,

2012,34(4):917—922.

[37] Chao C F, Chen K S, Lee J S. Refined filtering of interferometric phase from InSAR data[J]. IEEE Transactions on Geoscience and Remote Sensing,2013,51(12):5313—5323.

[38] Wu N, Feng D Z, Li J X. A locally adaptive filter of interferometric phase images[J]. IEEE Geoscience and Remote Sensing Letters,2006,3(1):73—77.

[39] 邹博,梁甸农,董臻. 旋滤波降噪在干涉 SAR 相位解缠中的应用研究[J]. 现代雷达,2006, 28(12):58—61.

[40] Yu Q F, Yang X, Fu S H, et al. An adaptive contoured window filter for interferometric synthetic aperture radar[J]. IEEE Geoscience and Remote Sensing Letters,2007,4(1): 23—26.

[41] Fu S H, Long X J, Yang X, et al. Directionally adaptive filter for synthetic aperture radar interferometric phase images[J]. IEEE Transactions on Geoscience and Remote Sensing, 2013,51(1):552—559.

[42] 于起峰. 基于图像的精密测量与运动测量[M]. 北京:科学出版社,2002.

[43] Lee J S. Digital noise smoothing and the sigma filter[J]. Computer Vision Graphics and Image Processing,1983,24(2):255—269.

[44] Goodman J W. Statistical analysis based on a certain multivariate complex Gaussian distribution (an introduction)[J]. Annals of Matchematical Statistics,1963,34(1):152—177.

[45] Goodman J W. Some fundamental properties of speckle[J]. Journal of the Optical Society of America A,1976,66(66):1145—1149.

[46] Deledalle C A, Denis L, Tupin F. NL-InSAR: Nonlocal interferogram estimation[J]. IEEE Transactions on Geoscience and Remote Sensing,2011,49(4):1441—1452.

[47] Seymour M, Cumming I. Maximum likelihood estimation for SAR interferometry[C]//Proceedings of the 1994 IEEE International Geoscience and Remote Sensing Symposium,Pasadena,1994.

[48] Goodman J W. Speckle Phenomena in Optics: Theory and Applications[M]. Greenwood: Roberts and Company Publishers,2006.

[49] Polzehl J, Spokoiny V. Propagation-separation approach for local likelihood estimation[J]. Probability Theory and Related Fields,2006,135(3):335—362.

[50] Natarajan K. Sparse approximate solutions to linear systems[J]. SIAM Journal on Computing, 1995,24(2):227—234.

[51] Mairal J, Bach F, Zisserman A. Non-local sparse models for image restoration[C]//Proceedings of the 12th IEEE International Conference on Computer Vision,Tokyo,2009.

[52] Mairal J, Bach F, Ponce J, et al. Online dictionary learning for sparse coding[C]//Proceedings of the 26th Annual International Conference on Machine Learning,New York,2009.

[53] Mairal J, Bach F, Ponce J. Task-driven dictionary learning[J]. IEEE Transactions on Pattern Analysis and Machine Intelligence,2012,34(4):791—804.

[54] Aharon M, Elad M, Bruckstein A. K-SVD: An algorithm for designing overcomplete dictionaries for sparse representation[J]. IEEE Transactions on Signal Processing,2006, 54(11):4311—4322.

［55］ Goldstein R M, Werner C L. Radar interferogram filtering for geophysical applications［J］. Geophysical Research Letters, 1998, 25(21): 4035—4038.

［56］ Baran I, Stewart M P, Kampes B M, et al. A modification to the Goldstein radar interferogram filter［J］. IEEE Transactions on Geoscience and Remote Sensing, 2003, 41(9): 2114—2118.

［57］ Li Z W, Ding X L, Huang C, et al. Filtering method for SAR interferograms with strong noise［J］. International Journal of Remote Sensing, 2007, 27(14): 2991—3000.

［58］ Sun Q, Li Z W, Zhu J J, et al. Improved Goldstein filter for InSAR noise reduction based on local SNR［J］. Journal of Central South University, 2013, 20(7): 1896—1903.

［59］ Baumgartner W, Weiß P, Schindler H. A nonparametric test for the general two-sample problem［J］. Biometrics, 1998, 54(3): 1129—1135.

［60］ Touzi R, Lopes A, Bruniquel J, et al. Coherence estimation for SAR imagery［J］. IEEE Transactions on Geoscience and Remote Sensing, 1999, 37(1): 135—149.

［61］ Qian K M. Two-dimensional windowed Fourier transform for fringe pattern analysis: Principles, applications and implementations［J］. Optics and Lasers Engineering, 2007, 45(2): 304—317.

［62］ Fattahi H, Zoej M J V, Mobasheri M R, et al. Windowed Fourier transform for noise reduction of SAR interferograms［J］. IEEE Geoscience and Remote Sensing Letters, 2009, 6(3): 418—422.

［63］ Fodor I K, Kamath C. Denoising through wavelet shrinkage: An empirical study［J］. Journal of Electronic Imaging, 2001, 12(1): 151—160.

［64］ Bioucas-Dias J, Katkovnik V, Astola J, et al. Absolute phase estimation: Adaptive local denoising and global unwrapping［J］. Applied Optics, 2008, 47(29): 5358—5369.

［65］ Hao H X, Wu L D. PUMA-SPA: A phase unwrapping method based on PUMA and second-order polynomial approximation［J］. IEEE Geoscience and Remote Sensing Letters, 2014, 11(11): 1906—1910.

［66］ Trouvé E, Carame M, Maitre H. Fringe detection in noisy complex interferograms［J］. Applied Optics, 1996, 35(20): 3799—3806.

［67］ Trouvé E, Nicolas J M, Maitre H. Improving phase unwrapping techniques by the use of local frequency estimates［J］. IEEE Transactions on Geoscience and Remote Sensing, 1998, 36(6): 1963—1972.

［68］ Cai B, Liang D N, Dong Z. A new adaptive multiresolution noise-filtering approach for SAR interferometric phase images［J］. IEEE Geoscience and Remote Sensing Letters, 2008, 5(2): 266—270.

［69］ Suo Z Y, Li Z F, Bao Z. A new strategy to estimate local fringe frequencies for InSAR phase noise reduction［J］. IEEE Geoscience and Remote Sensing Letters, 2010, 7(4): 771—775.

［70］ Spagnolini U. 2-D phase unwrapping and instantaneous frequency estimation［J］. IEEE Transactions on Geoscience and Remote Sensing, 1995, 33(3): 579—589.

［71］ Abdelfattah R, Bouzid A. SAR interferogram filtering in the wavelet domain using a coherence map mask［C］//Proceedings of the 2008 IEEE International Conference on Image

Processing, San Diego, 2008.

[72] Abdallah W B, Abdelfattah R. Two-dimensional wavelet algorithm for interferometric synthetic aperture radar phase filtering enhancement [J]. Journal of Applied Remote Sensing, 2015, 9(096061):1—17.

[73] Bian Y, Mercer B. Interferometric SAR phase filtering in the wavelet domain using simultaneous detection and estimation[J]. IEEE Transactions on Geoscience and Remote Sensing, 2011, 49(4): 1396—1416.

[74] Ruskai M B. Wavelets and Their Applications[M]. Boston: Jones & Bartlett, 1992.

[75] Walczak B, Massart D L. Noise suppression and signal compression using the wavelet packet transform[J]. Chemometrics and Intelligent Laboratory Systems, 1997, 36(2):81—94.

[76] Argenti F, Alparone L. Speckle removal from SAR images in the undecimated wavelet domain [J]. IEEE Transactions on Geoscience and Remote Sensing, 2002, 40 (11): 2363—2374.

[77] Middleton D, Esposito R. Simultaneous optimum detection and estimation of signals in noise [J]. IEEE Transactions on Information Theory, 1968, 14(3):434—444.

[78] Abramson A, Cohen I. Simultaneous detection and estimation approach for speech enhancement[J]. IEEE Transactions on Audio, Speech, Language Processing, 2007, 15(8): 2348—2359.

[79] Martin R. Speech enhancement based on minimum mean-square error estimation and super-Gaussian priors[J]. IEEE Transactions on Speech and Audio Processing, 2005, 13 (5): 845—856.

[80] Gradshteyn I S, Ryzhik I M. Table of Integrals, Series, and Products[M]. 6th ed. New York: Academic Press, 2000.

[81] Xu G, Xing M D, Xia X G, et al. Sparse regularization of interferometric phase and amplitude for InSAR image formation based on Bayesian representation[J]. IEEE Transactions on Geoscience and Remote Sensing, 2015, 53(4):2123—2136.

[82] Zhang L, Qiao Z J, Xing M D, et al. High-resolution ISAR imaging with sparse stepped-frequency waveforms[J]. IEEE Transactions on Geoscience and Remote Sensing, 2011, 49(11):4630—4651.

[83] Xu G, Xing M D, Zhang L, et al. Bayesian inverse synthetic aperture radar imaging[J]. IEEE Geoscience and Remote Sensing Letters, 2011, 8(6):1150—1154.

[84] Tomasi C, Manduchi R. Bilateral filtering for gray and color images[C]//Proceedings of the 6th IEEE International Conference on Computer Vision, Bombay, 1998.

[85] Milanfar P. A tour of modern image filtering: New insights and methods, both practical and theoretical[J]. IEEE Signal Processing Magazine, 2013, 30(1):106—128.

[86] Meng D, Sethu V, Ambikairajah E, et al. A novel technique for noise reduction in InSAR images[J]. IEEE Geoscience and Remote Sensing Letters, 2007, 4(2):226—230.

[87] Chang L, He X F, Li J. A wavelet domain detail compensation filtering technique for InSAR interferograms[J]. International Journal of Remote Sensing, 2011, 32(23):7985—7995.

［88］ Wang Q S,Huang H F,Yu A X,et al. An efficient and adaptive approach for noise filtering of SAR interferometric phase images［J］. IEEE Geoscience and Remote Sensing Letters, 2011,8(6):1140—1144.

［89］ Wang Z,Bovik A C,Sheikh H R,et al. Image quality assessment:From error visibility to structural similarity［J］. IEEE Transactions on Image Processing,2004,13(4):600—612.

［90］ Ghiglia D C,Mastin G A,Romero L A. Cellular automata method for phase unwrapping［J］. Journal of the Optical Society of America,1987,4(1):267—280.

［91］ Goldstein R M,Zebker H A,Werner C L. Satellite radar interferometry:Two-dimensional phase unwrapping［J］. Radio Science,1988,23(4):713—720.

［92］ Li Z L, Zou W B, Ding X L, et al. A quantitative measure for the quality of InSAR interferograms based on phase differences［J］. Photogrammetric Engineering and Remote Sensing,2004,70(10):1131—1137.

［93］ Kampes B,Usai S. The Delft object-oriented radar interferometric software［C］//Proceedings of the 1999 International Symposium on Operationalization of Remote Sensing,Enschede,1999.

［94］ Dias J M B,Silva T A M,Leitão J M N. Adaptive restoration of speckled SAR images［C］// Proceedings of the 1998 IEEE International Geoscience and Remote Sensing Symposium, Seattle,1998.

第4章 MPLOW 干涉相位滤波算法

4.1 引　言

　　NLM 算法无论在噪声抑制还是有用信号的细节保持上都超越了传统算法,它的出现使科研人员找到了提升算法性能的新途径,催生了一大批高性能滤波算法[1~6],其中的 BM3D 算法[3] 曾经被学术界公认为是加性高斯噪声模型下的最优滤波算法。在干涉相位滤波算法研究方面,继 NL-InSAR 算法之后 Chen 等[7]、Li 等[8] 和 Lin 等[9] 也相继提出了基于 NL 技术的干涉相位滤波算法。尽管上述算法在具体的滤波形式上有差异,但它们的核心都是基于相似图像块的非局部技术,不同的算法滤波参数的定义和计算方式不同。

　　然而,NLM 算法的性能仍然存在提升的空间。第一,滤波权值是基于相似图像块灰度相似性计算得到的,而没有考虑图像块的结构相似性。图像中的像素点都是与相邻像素点形成某种结构,如角点、物体的边缘和同质区域等,就是这些重复出现的图像结构才构成了 NLM 算法的基础。第二,滤波权值的计算没有考虑图像块中噪声方差大小的差异。噪声方差的大小直接影响滤波窗口的大小,即参与滤波的像素点个数。一般而言,噪声方差大的区域应该用较大的滤波窗口而方差小的区域用较小的滤波窗口;窗口中的像素点应该具有相同的噪声方差,这样才能在去噪的同时不损失细节信息。然而,NLM 算法忽略了这一点,导致具有不同噪声方差的像素点参与滤波,降低了算法的精度。由于 NL-InSAR 算法是基于 NLM 算法得到的,因此上述问题在 NL-InSAR 算法中也存在。

　　为了提升 NLM 算法的性能,Chatterjee 等[1] 提出了 PLOW 算法。该算法是加性高斯噪声模型下的线性最小均方误差估计(linear minimum mean squared error estimator,LMMSE),在滤波参数的估计上采用了非局部技术。相比 NLM 算法,PLOW 算法考虑了图像块结构相似性的影响,并通过补偿滤波来提升滤波精度。

　　基于干涉相位的统计特性,本章提出适用于干涉相位滤波的改进 PLOW (MPLOW)算法。主要内容安排如下:4.2 节介绍 PLOW 算法的原理;4.3 节分析 PLOW 算法不适用于干涉相位滤波的原因并提出改进策略;4.4 节利用仿真数据和实测数据对算法的性能进行验证;4.5 节为本章小结。

4.2 PLOW算法

基于图像块的加性高斯噪声模型为[1]

$$y_i = z_i + \eta_i \tag{4.1}$$

式中，y_i、z_i 和 η_i 分别为以像素 i 为中心 $\sqrt{n} \times \sqrt{n}$ 的含噪图像块、真值图像块和噪声图像块。基于 Cramér-Rao 界限可得任意图像块滤波结果的 MSE 为

$$E(\|z_i - \hat{z}_i\|^2) \geqslant \mathrm{Tr}[(J_i + C_z^{-1})^{-1}] \tag{4.2}$$

式中，$\hat{z}_i$ 为 z_i 的滤波结果（估计值）；$\|\cdot\|$ 为 l_2 范数；$\mathrm{Tr}[\cdot]$ 为取矩阵的迹；J_i 为 Fisher 信息矩阵（Fisher information matrix，FIM）；C_z 为图像块的协方差矩阵，它是基于所有与待滤波图像块结构相似的图像块计算得到的。图像块的结构相似性示意图如图 4.1 所示，按照结构相似性将真值图像中的像素点分成 4 类：水平边缘、垂直边缘、角点和平地，每一类中像素点的灰度值可能有差异，但它们都具有相同的几何结构。C_z 与图像的几何结构相关，而 Fisher 信息矩阵与噪声的统计特性相关。对于加性高斯噪声，Fisher 信息矩阵可表示为

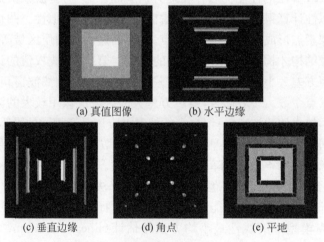

(a) 真值图像　　　(b) 水平边缘

(c) 垂直边缘　　　(d) 角点　　　(e) 平地

图 4.1　图像块结构相似性示意图

$$J_i = N_i \frac{I}{\sigma^2} \tag{4.3}$$

式中，I 为单位矩阵；σ 为噪声标准差；N_i 为与真值图像块 z_i 灰度相似的真值图像块的个数。灰度相似性定义为图像块的灰度值差：

$$\|\varepsilon_{ij}\|^2 \leqslant \gamma^2, \quad \varepsilon_{ij} = z_j - z_i \tag{4.4}$$

式中，γ 与图像块中像素点的个数 n 有关，其定义为

$$\gamma=\left(\frac{5\times255}{100}\right)^{2}n \tag{4.5}$$

对于含噪图像块,式(4.4)扩展为

$$\|\,\widetilde{\boldsymbol{\varepsilon}}_{ij}\,\|^{2}\leqslant\gamma^{2}+2\sigma^{2}n,\quad \boldsymbol{\varepsilon}_{ij}=\boldsymbol{y}_{j}-\boldsymbol{y}_{i} \tag{4.6}$$

此时,N_i 为满足式(4.6)的图像块的个数。图像块灰度相似性示意图如图 4.2[1] 所示,y_i 是待滤波图像块,$y_1,\cdots,y_N$ 是与 y_i 灰度相似的图像块。注意到灰度相似比结构相似更加严格,因此灰度相似的图像块一定结构相似,反之不一定成立。在式(4.1)的前提下,LMMSE 和 Wiener 滤波是等价的而 LMMSE 的估计误差能够达到式(4.2)的下界,因此可以采用 Wiener 滤波进行真值图像估计。

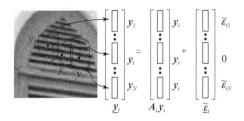

图 4.2　图像块灰度相似性示意图

假设将 z_i 看做随机变量 z 的样本,结构相似的图像块是来自同一个概率密度函数 pdf(z)的样本,根据 LMMSE 和式(4.1),真值图像块 z_i 的估计结果为[10]

$$\hat{z}_{i}=\bar{z}+C_{z}C_{y}^{-1}(\boldsymbol{y}_{i}-\bar{z}) \tag{4.7}$$

式中,$\bar{z}$ 和 C_z 分别为与 z_i 结构相似的所有图像块组成的样本的一、二阶矩。协方差矩阵 C_y 表示为

$$C_{y}=C_{z}+\sigma^{2}\boldsymbol{I} \tag{4.8}$$

前面提到基于图像块的 NL 算法都利用到了图像块的灰度相似性,该相似性的使用也可以在式(4.7)中体现出来。对于满足式(4.6)的 N_i 个图像块 y_j,可以将它们表示为

$$\begin{aligned} \underline{\boldsymbol{y}}_{i}&=A_{i}\boldsymbol{y}_{i}+\widetilde{\boldsymbol{\varepsilon}}_{i}=A_{i}(z_{i}+\boldsymbol{\eta}_{i})+(\underline{\boldsymbol{\varepsilon}}_{i}+\boldsymbol{\eta}_{i}-A_{i}\boldsymbol{\eta}_{i})\\ &=A_{i}z_{i}+\underline{\boldsymbol{\varepsilon}}_{i}+\boldsymbol{\eta}_{i} \end{aligned} \tag{4.9}$$

式中,$\underline{\boldsymbol{y}}_i$ 为由 N_i 个图像块 y_j 组成的矢量;$\boldsymbol{\eta}_i$ 为噪声矢量;$\underline{\boldsymbol{\varepsilon}}_i$ 和 $\widetilde{\boldsymbol{\varepsilon}}_i$ 分别由满足式(4.4)和式(4.6)的 $\boldsymbol{\varepsilon}_{ij}$ 和 $\widetilde{\boldsymbol{\varepsilon}}_{ij}$ 组成;$A_i=\begin{bmatrix}\boldsymbol{I}&\cdots&\boldsymbol{I}\end{bmatrix}^{\mathrm{T}}$ 且 $\boldsymbol{I}$ 为 $n\times n$ 的单位矩阵。令 $C_{\boldsymbol{\zeta}_i}$ 为误差矢量 $\boldsymbol{\zeta}_i=\underline{\boldsymbol{\varepsilon}}_i+\boldsymbol{\eta}_i$ 的协方差矩阵,式(4.7)可以变为[10]

$$\begin{aligned} \hat{z}_{i}&=\bar{z}+C_{z}A_{i}^{\mathrm{T}}(AC_{z}A_{i}^{\mathrm{T}}+C_{\boldsymbol{\zeta}_i})^{-1}(\underline{\boldsymbol{y}}_{i}-A_{i}\bar{z})\\ &=\bar{z}+(C_{z}^{-1}+A_{i}^{\mathrm{T}}C_{\boldsymbol{\zeta}}^{-1}A_{i})^{-1}A_{i}^{\mathrm{T}}C_{\boldsymbol{\zeta}}^{-1}(\underline{\boldsymbol{y}}_{i}-A_{i}\bar{z}) \end{aligned} \tag{4.10}$$

令 $\boldsymbol{\varepsilon}_{ij}$ 满足独立同分布且与 $\boldsymbol{\eta}_i$ 相互独立,$C_{\boldsymbol{\zeta}_i}$ 可表示为

$$C_{\zeta_i}=C_{\varepsilon_i}+C_{\eta_i}=\begin{bmatrix}\ddots & & 0 \\ & \delta_{ij}^2I & \\ 0 & & \ddots\end{bmatrix} \tag{4.11}$$

式中，δ_{ij}^2 的计算公式为

$$\delta_{ij}^2=\frac{1}{n}E(\parallel y_i-y_j\parallel^2)-\sigma^2 \tag{4.12}$$

由于 C_{ζ_i} 是一个对角矩阵，因此 $A_i^{\mathrm{T}}C_{\zeta}^{-1}(y_i-A_i\bar{z})$ 可以表示为

$$A_i^{\mathrm{T}}C_{\zeta}^{-1}(y_i-A_i\bar{z})=[I\cdots I]\begin{bmatrix}\ddots & & 0 \\ & \delta_{ij}^{-2}I & \\ 0 & & \ddots\end{bmatrix}\left(\begin{bmatrix}y_1 \\ \vdots \\ y_{N_i}\end{bmatrix}-\begin{bmatrix}\bar{z} \\ \vdots \\ \bar{z}\end{bmatrix}\right)$$

$$=[\cdots\delta_{ij}^{-2}I\cdots]\begin{bmatrix}\vdots \\ y_j-\bar{z} \\ \vdots\end{bmatrix}$$

$$=\sum_{j=1}^{N_i}\delta_{ij}^{-2}(y_j-\bar{z}) \tag{4.13}$$

同样，$A_i^{\mathrm{T}}C_{\zeta}^{-1}A_i$ 可表示为

$$A_i^{\mathrm{T}}C_{\zeta}^{-1}A_i=[\cdots\delta_{ij}^{-2}I\cdots]\begin{bmatrix}I \\ \vdots \\ I\end{bmatrix}$$

$$=\sum_{j=1}^{N_i}\delta_{ij}^{-2}I \tag{4.14}$$

将式(4.13)和式(4.14)代入式(4.10)可得

$$\hat{z}_i=\bar{z}+\left(C_z^{-1}+\sum_{j=1}^{N_i}\delta_{ij}^{-2}I\right)^{-1}\sum_{j=1}^{N_i}\delta_{ij}^{-2}(y_j-\bar{z})$$

$$=\bar{z}+\left(\frac{C_z^{-1}}{\sum\limits_{j=1}^{N_i}\delta_{ij}^{-2}}+I\right)^{-1}\sum_{j=1}^{N_i}\frac{\delta_{ij}^{-2}}{\sum\limits_{j=1}^{N_i}\delta_{ij}^{-2}}(y_j-\bar{z}) \tag{4.15}$$

求解式(4.15)要求 C_z 可逆，但 C_z 可能是病态或秩亏的。为了解决这个问题，根据矩阵求逆准则可得

$$\left(\frac{C_z^{-1}}{\sum\limits_{j=1}^{N_i}\delta_{ij}^{-2}}+I\right)^{-1}=I-\left(\sum_{j=1}^{N_i}\delta_{ij}^{-2}C_z+I\right)^{-1} \tag{4.16}$$

将该式代入式(4.15)并令 $\omega_{ij}=\delta_{ij}^{-2}$ 可得最终的滤波表达式为

$$\hat{z}_i=\bar{z}+\left[I-\left(I+\sum_{j=1}^{N_i}\omega_{ij}C_z\right)^{-1}\right]\sum_{j=1}^{N_i}\frac{\omega_{ij}}{\sum\limits_{j=1}^{N_i}\omega_{ij}}(y_j-\bar{z}) \tag{4.17}$$

由式(4.17)可以看出，PLOW 算法用到了补偿滤波。将式(4.17)展开可得

$$\hat{\boldsymbol{z}}_i = \sum_{j=1}^{N_i} \frac{\omega_{ij}\boldsymbol{y}_j}{\sum\limits_{j=1}^{N_i}\omega_{ij}} + \left[\sum_{j=1}^{N_i}\frac{\omega_{ij}}{\sum\limits_{j=1}^{N_i}\omega_{ij}}\left(\boldsymbol{I}+\sum_{j=1}^{N_i}\omega_{ij}\boldsymbol{C}_z\right)^{-1}(\bar{\boldsymbol{z}}-\boldsymbol{y}_j)\right] \tag{4.18}$$

式中,等号右边的第一项为 NLM 滤波算法的表达式;第二项为补偿滤波。该式说明,PLOW 算法认为 NLM 的滤波结果是存在过滤波的,通过补偿滤波将部分细节信息补偿回来。

整个 PLOW 算法的步骤如下。

1) 基于结构相似性的图像块分类

该算法是基于结构相似的图像块进行的,对于每一个待滤波的图像块,需要找到与它结构相似的图像块。具体而言,将图像划分成具有重叠区域的图像块,计算图像块的 LARK 特征。该特征能较好地反映图像块的几何结构,并且对噪声强弱、图像对比度变化和灰度变化较为鲁棒。得到所有图像块的 LARK 特征后,采用 K 均值分类算法[11]对图像块进行分类。需要注意的是,滤波的结果与分类数量(number of clusters,NOC)有关。NOC 太少,意味着结构差异较大的图像块被分到了一起,导致基于结构相似图像块计算出的滤波参数具有较大误差;NOC 太多,意味着每一个类中图像块的数量太少,导致滤波参数不稳定。实验发现,取 NOC=15[1]能获得较好和较鲁棒的结果。

2) 类均值和类协方差计算

将图像块分类完毕后就可以根据每一类中的所有图像块计算该类的类均值和类协方差。$\boldsymbol{\eta}_i$ 是零均值独立同分布的噪声,真值图像块的均值可以通过对一类中所有图像块取均值得到:

$$\bar{\boldsymbol{z}} = E(\boldsymbol{y}_i \in \boldsymbol{\Omega}_k) \approx \frac{1}{M_k}\sum_{\boldsymbol{y}_i \in \boldsymbol{\Omega}_k}\boldsymbol{y}_i \tag{4.19}$$

式中,$\boldsymbol{\Omega}_k$ 为第 k 个类且包含 M_k 个图像块。$\bar{\boldsymbol{z}}$ 的精度与 M_k 有关,如果 M_k 太小,那么得到的 $\bar{\boldsymbol{z}}$ 中仍然含有部分噪声。

类协方差也是基于类中所有图像块计算得到的。具体而言,根据式(4.8),真值图像块的类协方差可表示为

$$\hat{\boldsymbol{C}}_z = [\hat{\boldsymbol{C}}_y - \sigma^2\boldsymbol{I}]_+ \tag{4.20}$$

式中,$[\ ]_+$ 算子将矩阵的负特征值置为零或一个较小的正数;$\hat{\boldsymbol{C}}_y$ 为含噪图像块的类协方差,可以用最大似然估计或复杂的估计算法[12~14]得到;σ^2 为噪声协方差,可以通过基于梯度的估计算法得到[15]:

$$\hat{\sigma} = 1.4826\,\mathrm{median}\left[\left|\nabla\boldsymbol{Y}-\mathrm{median}(\nabla\boldsymbol{Y})\right|\right] \tag{4.21}$$

式中,$\nabla\boldsymbol{Y}$ 为图像 $\boldsymbol{Y}$ 梯度的矢量化形式,其表达式为

$$\nabla\boldsymbol{Y} = \frac{1}{\sqrt{6}}\mathrm{vec}\left(\boldsymbol{Y}*\begin{bmatrix}2 & -1\\ -1 & 0\end{bmatrix}\right) \tag{4.22}$$

式中,vec 为矢量化算子; * 为卷积。

3) 滤波权值计算

在得到 $\bar{z}$、$\hat{C}_y$ 和 $\hat{C}_z$ 以后就可以根据式(4.7)进行滤波。正如前面提到的,可以利用图像块的灰度相似性进一步提升算法的滤波性能。灰度相似的图像块一定也是结构相似的,可以在待滤波图像块所在的类中寻找灰度相似的图像块。但受噪声的影响,基于 LARK 特征和 K 均值分类算法得到的分类结果中存在错误,这就降低了灰度相似图像块的数量;同时,在整幅图像中寻找灰度相似图像块是非常耗时的。因此,本章选择在 30×30 的搜索窗中寻找。

灰度相似图像块搜索完毕后,可根据式(4.12)和 $\omega_{ij} = \delta_{ij}^{-2}$ 计算权值。但基于一对 $\boldsymbol{y}_i$ 和 $\boldsymbol{y}_j$ 无法得到 $E(\| \boldsymbol{y}_i - \boldsymbol{y}_j \|^2)$,可采用式(4.23)所示的权值来近似:

$$\omega_{ij} \approx \frac{1}{\sigma^2} \exp\left(-\frac{\| \boldsymbol{y}_i - \boldsymbol{y}_j \|^2}{h^2}\right) \tag{4.23}$$

式中,$h^2 = 1.75\sigma^2 n$。

4) 多个滤波结果融合

得到 $\bar{z}$、$\hat{C}_z$ 和 ω_{ij} 以后就可以根据式(4.17)对所有图像块进行滤波。为了避免在图像块边缘产生伪信息或者图像块不连续,图像块之间必须有重叠区域,这样做还可以增加相似图像块的数量。因此,会获得同一个像素点在不同图像块中的多个滤波结果。如图 4.3 所示,图像块 z_1、z_2 和 z_3 均包含像素点 z_i,因此该像素点有 3 个滤波值,多个滤波值需要以某种方式结合起来形成最终的滤波结果。最简单的方法是对多个滤波值直接进行平均,但由于不同滤波值的估计方差不同,这种方法会导致过滤波。这里基于估计方差的 LMMSE 框架来结合多个滤波值。式(4.17)的估计方差为

$$\boldsymbol{C}_e \approx \left(\hat{\boldsymbol{C}}_z^{-1} + \sum_{j=1}^{N_i} \omega_{ij} \boldsymbol{I}\right)^{-1} \tag{4.24}$$

令 $\hat{z}_{rl}$ 表示像素点 z_i 在第 r 个图像块第 l 个位置的滤波值(图 4.3),那么 $\hat{z}_{rl}$ 的方差 v_{rl} 就是 $\boldsymbol{C}_e$ 对角线上第 l 个元素。令 $\hat{z}_{rl}$ 具有 R 个滤波值,将它们组合成矢量:

$$\hat{\boldsymbol{z}}_{ir} = \boldsymbol{1} z_i + \boldsymbol{\tau}_{ir} \tag{4.25}$$

式中,$\boldsymbol{1}$ 为全 1 矢量;$\boldsymbol{\tau}$ 为零均值高斯误差矢量,其协方差为 $\boldsymbol{C}_\tau = \text{diag}(\cdots v_{rl} \cdots)$。基于 LMMSE 的多个滤波值联合结果可表示为

$$\begin{aligned}
\hat{z}_i &= (\sigma_z^{-2} + \boldsymbol{1}^{\mathrm{T}} \boldsymbol{C}_\tau^{-1} \boldsymbol{1})^{-1} \boldsymbol{1}^{\mathrm{T}} \boldsymbol{C}_\tau^{-1} \hat{\boldsymbol{z}}_{ir} \\
&= \frac{\displaystyle\sum_{r=1}^{R} v_{rl}^{-1} \hat{z}_{rl}}{\displaystyle\sum_{r=1}^{R} v_{rl}^{-1} + \sigma_z^{-2}}
\end{aligned} \tag{4.26}$$

式中,σ_z^2 为 z_i 的方差。尽管前面得到了 $\hat{C}_z$,但该矩阵是图像块的联合协方差矩阵

而非单个像素点的方差。为方便起见，认为 z_i 在 $[0,255]$ 是均匀分布的，其方差 $\sigma_z^2=(256^2-1)/12$，可得 $\sigma_z^{-2}\approx0$。此时，式(4.26)可简化为

$$\hat{z}_i=\frac{\sum_{r=1}^{R}v_{rl}^{-1}\hat{z}_{rl}}{\sum_{r=1}^{R}v_{rl}^{-1}} \tag{4.27}$$

由于 PLOW 算法是基于图像块的，R 与图像块大小、重叠区域大小及像素点在图像块中的位置有关。式(4.27)实际上是基于估计误差的加权最小二乘估计（weighted least-square estimate）[16]，已广泛用于高性能滤波算法中[3,17,18]。

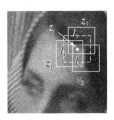

图 4.3　同一个像素在多个图像块中的滤波结果

4.3　MPLOW 干涉相位滤波算法

　　PLOW 算法的理论基础深厚，将最新的 NL 技术和传统的 LMMSE 框架结合起来，取得了良好的滤波结果。干涉相位是绝对相位的缠绕值，其干涉条纹呈周期性变化，干涉相位中存在大量的灰度和结构相似性，从原理上看，干涉相位特别适合利用 PLOW 算法进行处理。但 PLOW 算法是在加性高斯（空不变）噪声的假设下推导出来的，而干涉相位噪声模型[式(3.10)和式(3.11)]中的噪声是空变的非高斯噪声，既有加性特性又有乘性特性。如果在只对基于图像灰度范围的参数进行修改而不对算法本身进行深入分析的情况下，将 PLOW 算法直接用于干涉相位滤波，那么不会得到较好的滤波结果。下面就 PLOW 算法不适用于干涉相位滤波的原因进行分析并提出相应的改进。

　　1) 基于相干系数的图像块分类

　　图像块的分类是 PLOW 算法的第一步，后续的滤波参数计算都是基于该步骤开展的。因此，结构特征对噪声的鲁棒性和分类的准确性对算法性能的影响很大。PLOW 算法中对图像块的分类采用的是基于 LARK 特征的 K 均值分类算法，其中 $K=15$。LARK 特征用来表征图像块的几何结构特征，其定义是在加性高斯噪声的前提下推导出来的[2,6]。

$$\text{LARK}=\frac{\sqrt{\det(\boldsymbol{C}_l)}}{2\pi h^2}\exp\left[-\frac{(x_j-x_i)^{\text{T}}\boldsymbol{C}_l(x_j-x_i)}{2h^2}\right] \tag{4.28}$$

式中,x_i 和 x_j 分别为图像块的中心像素点和其他像素点;h 为预设的平滑参数;det 为求行列式的值;C_l 由 x_j 的梯度组成的协方差矩阵。由式(4.28)可知,LARK 特征以图像的梯度为基础,为了降低特征对噪声的敏感性,这里采用了高斯核加权。当噪声的方差不大时,LARK 特征能有效地表征图像块的结构,并且对图像灰度和对比度的变化具有很强的鲁棒性。但当噪声方差增大时,噪声对 LARK 特征的影响会增大,即便采用高斯核加权,LARK 特征的性能也会逐渐下降。此时,基于 LARK 特征的图像块分类将会出现许多误分,以上只是简单地增加噪声方差会出现的情况。干涉相位中的噪声是空变的,既有加性特性又有乘性特性,这将导致原本具有相似几何结构的图像块的 LARK 特征会因空变噪声而出现极大的差异。因此,LARK 特征的性能在空变噪声的影响下会急剧恶化。

K 均值分类算法是一种基于某种距离度量准则对所有数据样本进行分类的过程。具体的算法流程如下:首先指定最终的分类数量为 K,从 n 个数据样本中随机选择 K 个样本($n>K$)作为初始分类的中心;对于剩下的样本,分别计算它们与分类中心的距离,根据最小距离原则对这些样本点分类;然后重新计算每一个类的类中心(类均值)并对所有样本进行重新分类;不断重复上述过程直到分类结果不再变化。K 均值分类算法作为一个经典算法,虽然经过很多改进,但其缺点还是非常明显的:

(1) 分类的数量 K 需要预设,这个 K 值的选择是非常难以确定的。很多时候,事先并不知道给定的数据样本应该分成多少类才是最合适的。此外,噪声方差较小时,K 值对滤波结果的影响不大;当噪声方差较大时,K 值对滤波结果的影响是不能忽略的。

(2) 数据样本较少时,初始化的分类将很大程度上决定最终的分类结果。输入数据的顺序不同可能会导致不同的分类结果,这会造成滤波结果的不稳定。

(3) 分类问题的本质是一个 NP 问题,求解时需要在精度和效率之间折中。尽管算法通过迭代不断地优化分类结果,但未必能得到全局最优分类结果。

(4) 算术平均对噪声非常敏感,远离分类中心的数据样本会使计算得到的分类中心偏离真值。

经分析可以看到,噪声对图像块分类结果的影响很大,关键就在于降低噪声的影响。由式(2.45)可以看到,相干系数和噪声的方差是一一对应的,在计算得到相干系数图之后就相当于知道了每一个像素点的噪声方差。如果将具有相同或相近相干系数和几何结构的图像块进行平均,那么就可以在有效滤除噪声的同时不损失相位细节。为此,本章提出基于相干系数的图像块分类算法。该算法的详细步骤如下:

(1) 根据式(2.33)估计干涉相位的相干系数图 γ。

(2) 基于 γ 计算图像块的特征值。具体而言,对于 γ 中的每一个像素点 (i,j),以它为中心取一个 11×11 的窗口 W,计算 W 中相干系数均值 $\bar{\gamma}_{W\_mean}$:

$$\bar{\gamma}_{W\_mean}(i,j) = \frac{1}{121}\sum_{m=-5}^{5}\sum_{n=-5}^{5}\gamma(i+m,j+n) \tag{4.29}$$

由于 $0 \leqslant \gamma \leqslant 1$，因此 $0 \leqslant \bar{\gamma}_{W\_mean}(i,j) \leqslant 1$。以 $\bar{\gamma}_{W\_mean}(i,j)$ 作为干涉相位中以像素点 (i,j) 为中心、11 像素×11 像素的图像块的特征值。在得到所有像素点的特征值后，可以根据特征值的大小对特征值进行分类，即可完成图像块的分类。然而，这种分类方法忽略了两个问题。第一个问题，由于没有进行结构相似性检测，特征值相同或相近的图像块未必具有相同或相似的几何结构，将几何结构差异较大的图像块进行平均会造成过滤波。然而，在空变噪声情况下寻找结构相似的图像块是很困难的，并且由式(4.17)可知，PLOW 算法用到了补偿滤波，因此该问题可以得到缓解，所以没有检测图像块的结构相似性。第二个问题，窗口 W 中的相干系数仍然是空变的并且由估计得到的相干系数都是有偏的，这种空变性和有偏性会严重影响基于 $\bar{\gamma}_{W\_mean}$ 的分类结果，并且不同图像块中相干系数的空变性和有偏性的程度不同。为了解决第二个问题，将 $\bar{\gamma}_{W\_mean}$ 乘以一个自适应的尺度因子 α 得到修正后的特征值。令 $\bar{\gamma}_{W\_median}$、$\bar{\gamma}_{W\_max}$ 和 $\bar{\gamma}_{W\_min}$ 分别表示窗口 W 中相干系数的中值、最大值和最小值，有

$$\bar{\gamma}_{W\_median} = \text{median}[\gamma(i+m, j+n)], \quad (i,j) \in W$$
$$\bar{\gamma}_{W\_max} = \text{max}[\gamma(i+m, j+n)], \quad (i,j) \in W \qquad (4.30)$$
$$\bar{\gamma}_{W\_min} = \text{min}[\gamma(i+m, j+n)], \quad (i,j) \in W$$

式中，median、max 和 min 分别为取中值、最大值和最小值算子。根据式(4.30)定义 α 为

$$\alpha = \begin{cases} \dfrac{\bar{\gamma}_{W\_mean} / \bar{\gamma}_{W\_median}}{\bar{\gamma}_{W\_max} / \bar{\gamma}_{W\_min}}, & \bar{\gamma}_{W\_mean} \geqslant \bar{\gamma}_{W\_median} \\[3mm] \dfrac{\bar{\gamma}_{W\_median} / \bar{\gamma}_{W\_mean}}{\bar{\gamma}_{W\_max} / \bar{\gamma}_{W\_min}}, & \bar{\gamma}_{W\_mean} < \bar{\gamma}_{W\_median} \end{cases} \qquad (4.31)$$

当窗口 W 中的相干系数都为零时，$\bar{\gamma}_{W\_mean} = \bar{\gamma}_{W\_median} = \bar{\gamma}_{W\_min} = \bar{\gamma}_{W\_max} = 0$，此时 $\alpha = 0$；当窗口 W 中的相干系数都为一非零常数时，$\bar{\gamma}_{W\_mean} = \bar{\gamma}_{W\_median} = \bar{\gamma}_{W\_min} = \bar{\gamma}_{W\_max} \neq 0$，此时 $\alpha = 1$；在实际情况中，受相干斑的影响，$\gamma = 0$ 的情况不会发生，而且窗口 W 中的相干系数是空变的，因此 $0 < \alpha < 1$。最后，得到空变性和有偏性修正后的特征值 $\bar{\gamma}_{W\_mean\_r}$：

$$\bar{\gamma}_{W\_mean\_r} = \alpha\, \bar{\gamma}_{W\_mean} \qquad (4.32)$$

(3) 根据 $\bar{\gamma}_{W\_mean\_r}$ 进行图像块分类。分类既要考虑 $\bar{\gamma}_{W\_mean\_r}$ 的统计特性，又要兼顾 PLOW 算法中关于分类数量的原则。以图 3.3(b)为例，基于该图得到的 $\bar{\gamma}_{W\_mean\_r}$ 和其直方图分别如图 4.4(a)和(b)所示，可以看到相干系数图和其对应的特征值分布是相似的，特征值的直方图不是均匀分布的。基于直方图的特点和分类数量的原则，采用如下的分类策略。首先，取 NOC=10。该值是通过处理大量的仿真和实测数据得到的经验值，虽然在部分情况下不能得到最优的滤波结果，但对于地形和相干系数的变化较为鲁棒。其次，基于 NOC 和 $\bar{\gamma}_{W\_mean\_r}$，得到分类间隔 b 为

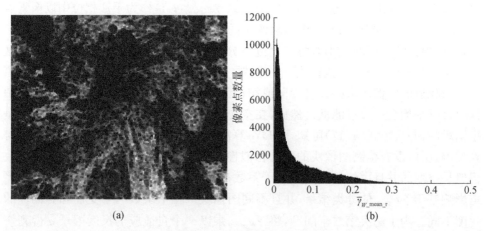

$$(a) \qquad\qquad\qquad (b)$$

图 4.4　基于图 3.3(b)得到的 $\bar\gamma_{W\_mean\_r}$ 及其直方图

$$b = \mathrm{ceil}\left(\frac{\bar\gamma_{W\_mean\_r\_max} - \bar\gamma_{W\_mean\_r\_min}}{\mathrm{NOC}} \right) \qquad (4.33)$$

式中,ceil 为向上取整算子;$\bar\gamma_{W\_mean\_r\_max}$ 和 $\bar\gamma_{W\_mean\_r\_min}$ 分别为 $\bar\gamma_{W\_mean\_r}$ 中的最大值和最小值。最后,根据 b 对图像块分类。令 φ_W 表示干涉相位图像块,其分类结果可表示为

$$\varphi_W \in \begin{cases} \text{第 1 类,} & \bar\gamma_{W\_mean\_r} \in \left[\bar\gamma_{W\_mean\_r\_min}, \bar\gamma_{W\_mean\_r\_min} + b \right] \\ \text{第 2 类,} & \bar\gamma_{W\_mean\_r} \in \left(\bar\gamma_{W\_mean\_r\_min} + b, \bar\gamma_{W\_mean\_r\_min} + 2b \right] \\ \text{第 3 类,} & \bar\gamma_{W\_mean\_r} \in \left(\bar\gamma_{W\_mean\_r\_min} + 2b, \bar\gamma_{W\_mean\_r\_min} + 3b \right] \\ \text{第 4 类,} & \bar\gamma_{W\_mean\_r} \in \left(\bar\gamma_{W\_mean\_r\_min} + 3b, \bar\gamma_{W\_mean\_r\_min} + 4b \right] \\ \text{第 5 类,} & \bar\gamma_{W\_mean\_r} \in \left(\bar\gamma_{W\_mean\_r\_min} + 4b, \bar\gamma_{W\_mean\_r\_min} + 5b \right] \\ \text{第 6 类,} & \bar\gamma_{W\_mean\_r} \in \left(\bar\gamma_{W\_mean\_r\_min} + 5b, \bar\gamma_{W\_mean\_r\_min} + 6b \right] \\ \text{第 7 类,} & \bar\gamma_{W\_mean\_r} \in \left(\bar\gamma_{W\_mean\_r\_min} + 6b, \bar\gamma_{W\_mean\_r\_min} + 7b \right] \\ \text{第 8 类,} & \bar\gamma_{W\_mean\_r} \in \left(\bar\gamma_{W\_mean\_r\_min} + 7b, \bar\gamma_{W\_mean\_r\_min} + 8b \right] \\ \text{第 9 类,} & \bar\gamma_{W\_mean\_r} \in \left(\bar\gamma_{W\_mean\_r\_min} + 8b, \bar\gamma_{W\_mean\_r\_min} + 9b \right] \\ \text{第 10 类,} & \bar\gamma_{W\_mean\_r} \in \left(\bar\gamma_{W\_mean\_r\_min} + 9b, \bar\gamma_{W\_mean\_r\_max} \right] \end{cases} \qquad (4.34)$$

以图 3.3(a)作为待处理的干涉相位对两种分类算法进行对比。图 4.5(a)和(b)分别是基于 LARK 的 K 均值分类结果和基于相干系数的分类结果,图中的每一个像素点代表以它为中心的图像块。经观察可以看出:第一,两种分类算法得到的结果具有一定的相似性,这证明基于相干系数的分类算法是有效的;第二,图 4.5(a)中的分类结果更加杂乱无章,许多噪声方差差异较大的图像块被分为一类,势必影响后续滤波参数的计算和最终滤波结果的精度。图 4.5(b)中分类结果的区域一致性较好,每一类中图像块的噪声方差相近,对于滤波参数的计算和滤波是非常有

利的。

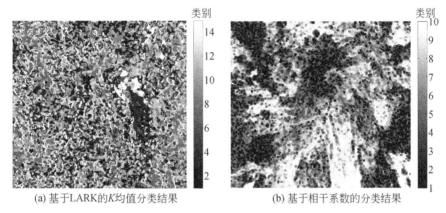

(a) 基于LARK的K均值分类结果　　　　　　　(b) 基于相干系数的分类结果

图 4.5　两种分类算法的分类结果

2) 基于相干系数加权的类均值估计

完成图像块分类后,根据式(4.19)可得类均值的估计值。注意到 PLOW 算法是基于图像块的 LARK 特征对其分类,每一个类中的图像块具有相似的几何结构,但很可能具有不同的噪声方差。在这种情况下,基于简单的算术平均对这些图像块进行处理,得到的滤波结果是不够理想的。此外,注意到式(4.19)针对的是加性高斯噪声,当处理具有乘性特性的空变噪声时,式(4.19)的性能会进一步恶化。为了解决该问题,本章提出基于相干系数加权的类均值估计算法

$$\overline{\boldsymbol{z}}_w = \frac{1}{\displaystyle\sum_{i=1}^{M_k} \boldsymbol{\gamma}_i} \sum_{i=1}^{M_k} \boldsymbol{\gamma}_i \boldsymbol{\Phi}_{Wi} \tag{4.35}$$

式中,M_k 为第 k 个类中图像块的数量;$\boldsymbol{\Phi}_{Wi}$ 为矢量化的图像块;$\boldsymbol{\gamma}_i$ 为 $\boldsymbol{\Phi}_{Wi}$ 对应的、矢量化的相干系数图。

3) 基于局部自适应均值的类噪声协方差估计

加性高斯噪声是空不变的,而 PLOW 算法在估计噪声协方差时是基于整个含噪图像进行的[式(4.21)和式(4.22)],显然,这种基于全局得到的参数不适合处理具有空变噪声的干涉相位。一个简单的解决办法是将噪声协方差的估计局部化,并同时基于噪声的空变性进行调整。Bian 等[19] 通过将 $\hat{\sigma}$ 乘以一个尺度参数 λ 来解决这个问题,其中 $\lambda \in [1,2]$。实际上,Bian 等是想通过较大的滤波参数来抑制空变噪声,但他并没有给出 λ 的计算方法,而是根据不同的数据手动设置,为了获得较好的结果,需要不断地调整 λ 的取值,这样会使算法的实用性大打折扣。此外,干涉相位中不同区域噪声的空变性不同,λ 应该自适应地确定。基于上述分析,本章提出基于局部自适应均值的类噪声协方差估计算法。与类均值类似,噪声

协方差的估计也应在同一类中进行,此时类噪声协方差 $\hat{\sigma}_c$ 通过式(4.36)求得。

$$\hat{\sigma}_c = 1.4826\text{mean}\big[|\nabla\boldsymbol{\Phi}_k - \text{median}(\nabla\boldsymbol{\Phi}_k)|\big] \tag{4.36}$$

式中,$\boldsymbol{\Phi}_k$ 为由第 k 个类中所有图像块组成的矢量。

基于上述 3 点改进的 MPLOW 干涉相位滤波算法流程如图 4.6 所示。

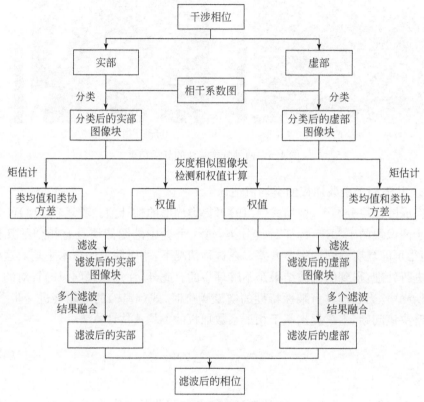

图 4.6　MPLOW 算法流程

4.4　实验与分析

本节将利用仿真数据和实测数据对 MPLOW 算法的性能进行验证,并与基于幅度加权的均值算法、Lee 算法[20]、NL-InSAR 算法[21]、SpInPHASE 算法[22] 和 PLOW 算法[1]进行对比。选择以上对比算法的理由如下:基于幅度加权的均值算法是平坦同质区域场景下的最优滤波算法,该算法两次用于全球数据的处理,其他算法主要针对的是陡峭的异质区域场景;Lee 算法是一个经典干涉相位滤波算法,很多算法将该算法作为比较对象;NL-InSAR 算法和 SpInPHASE 算法代表目前空域算法的最高水平。前 4 个算法的参数设置和 3.5.2 节中的设置相同,PLOW算法采用默认的参数设置[1]。

4.4.1　仿真数据

首先,利用 InSAR MATLAB 工具箱生成 DEM 和无噪相位,如图 4.7 所示,具体的仿真参数如表 4.1 所示。其次,利用生成的 DEM、无噪相位和 8 幅相干系数图(7 幅从实测数据得到,1 幅是相干系数全为 1 的仿真图),根据复圆高斯 SAR 图像模型生成 8 对 SAR 图像干涉对。8 幅相干系数图的均值($\bar{\gamma}$)分别为 0.3009、0.4009、0.5005、0.6006、0.7010、0.8009、0.9002 和 1.0000。其中,基于 $\bar{\gamma}$ 为 0.3009、0.5005、0.7010 和 0.9002 生成的干涉相位如图 4.8 所示。最后,从 SAR 图像干涉对中提取 8 个含噪相位进行滤波。

(a) DEM

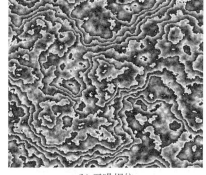

(b) 无噪相位

图 4.7　仿真生成的 DEM 和无噪相位

表 4.1　仿真参数

参数	数值	参数	数值	参数	数值
方位向/像素	512	模糊高度/m	35	卫星高度/km	680
距离向/像素	512	最小高程/m	0	下视角/(°)	35
垂直基线/m	250	最大高程/m	500	波长/cm	5.7

(a) $\bar{\gamma}$=0.3009时生成的含噪相位

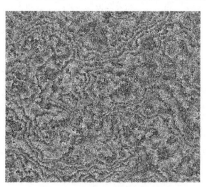

(b) $\bar{\gamma}$=0.5005时生成的含噪相位

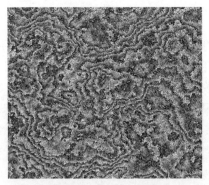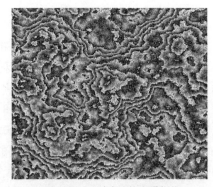

(c) $\bar{\gamma}=0.7010$时生成的含噪相位　　　　　　(d) $\bar{\gamma}=0.9002$时生成的含噪相位

图 4.8　仿真生成的含噪相位

图 4.8(a)、(b)、(c)和(d)的滤波结果分别如图 4.9、图 4.10、图 4.11 和图 4.12 所示,定量评价指标随 $\bar{\gamma}$ 的变化曲线如图 4.13 所示。从视觉效果上看,随着相干性的增大,噪声方差减小,滤波结果越来越好。当 $\bar{\gamma}=0.3009$ 时,噪声方差很大,噪声是含噪相位中的主要分量,此时很难准确地获得无噪相位的估计值,如图 4.9 所示,6 个滤波结果中干涉条纹的连续性遭到破坏,很多陡峭区域的干涉条纹融合在一起,这种情况在图 4.9(c)中尤为严重。当 $\bar{\gamma}=0.5005$ 时,图 4.10(d)是所有滤波结果中最好的:噪声得到有效抑制,条纹得到较好保持。其他的滤波结果中,还残留了部分噪声[图 4.10(a)、(b)和(e)],或者条纹遭到破坏[图 4.10(c)和(f)]。当 $\bar{\gamma}=0.7010$ 时,图 4.11(a)、(d)和(f)较好,图 4.11(b)和(e)中还残留着少量噪声,图 4.11(c)中的条纹过于平滑,存在过滤波的可能。当 $\bar{\gamma}=0.9002$ 时,图 4.12(c)、(d)和(f)较好,图 4.12(a)中部分密集条纹出现了断裂,图 4.12(b)和(e)中还残留着少量噪声。

从定量指标来看,有如下结论。

(1) 从 MSE 和 MSSIM 的变化曲线[图 4.13(a)和(b)]来看,相干性很低时,所有算法都无法有效抑制噪声,它们滤波结果的 MSE 和 MSSIM 都是很差的;当相干性逐渐增大时,滤波结果的 MSE 呈减小趋势而 MSSIM 呈增大趋势。对比 PLOW 算法和 MPLOW 算法的滤波结果可以看出,经改进,后者在 $0.3009 \leqslant \bar{\gamma} \leqslant 0.9002$ 时优于前者。当 $\bar{\gamma}=0.3009$ 时,所有算法都破坏了条纹,NL-InSAR 算法破坏条纹最严重,因此它的滤波结果在 MSE 和 MSSIM 上比其他滤波结果差得多;当相干性增大时,MPLOW 算法和基于幅度加权的均值算法性能接近,均劣于 SpInPHASE 算法;当 $0.7010 \leqslant \bar{\gamma} \leqslant 0.9002$ 时,MPLOW 算法成为最优算法;NL-InSAR 算法由于破坏了条纹,因此在 $\bar{\gamma}<0.6006$ 时劣于 Lee 算法。同时注意到,NL-InSAR 算法在 $\bar{\gamma}=1$ 时产生了严重畸变,导致 MSE 急剧增加和 MSSIM 急剧减小。最后,MPLOW 算法一直优于 NL-InSAR 算法。

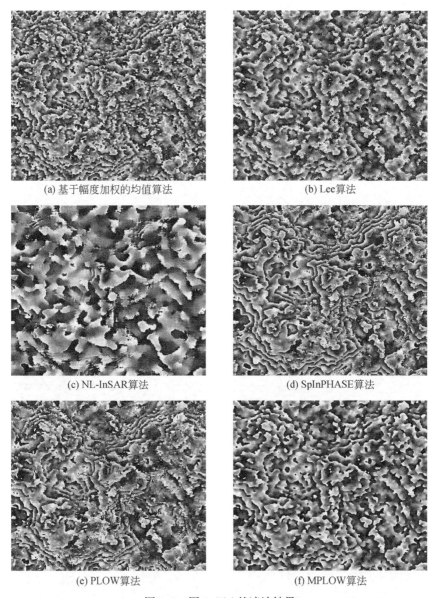

(a) 基于幅度加权的均值算法　　　　　　　(b) Lee算法

(c) NL-InSAR算法　　　　　　　　(d) SpInPHASE算法

(e) PLOW算法　　　　　　　　(f) MPLOW算法

图 4.9　图 4.8(a)的滤波结果

　　(2) 从 NOR 的变化曲线[图 4.13(c)]来看,MPLOW 算法比 PLOW 算法的残差点抑制能力强很多,尤其是在相干性较低时。当 $\bar{\gamma}=0.3009$ 时,MPLOW 算法优于其他算法;当相干性增大时,SpInPHASE 算法迅速成为最优算法并一直保持下去。这是因为当相干性足够高时,相位信号可以通过字典自适应地表示,但是噪声却不能。Lee 算法的残差点抑制能力随相干性的增大而缓慢增长,在 $\bar{\gamma}$ 高达

0.9002 时,其处理结果中仍然有约 2000 个残差点,甚至劣于 PLOW 算法,说明了 Lee 算法中固定方向窗的局限性。当 $\bar{\gamma}<0.5005$ 和 $\bar{\gamma}=1.0000$ 时,MPLOW 算法优于 NL-InSAR 算法;当 $0.5005\leqslant\bar{\gamma}\leqslant0.9002$ 时,NL-InSAR 算法残留的残差点少于 MPLOW 算法。结合 MPLOW 算法在 MSE 和 MSSIM 上一直优于 NL-InSAR 算法的情况可以推测出,当 $0.5005\leqslant\bar{\gamma}\leqslant0.9002$ 时,NL-InSAR 算法损失的相位信号细节比 MPLOW 算法多。此外,残差点少的滤波结果未必是好的滤波结果。

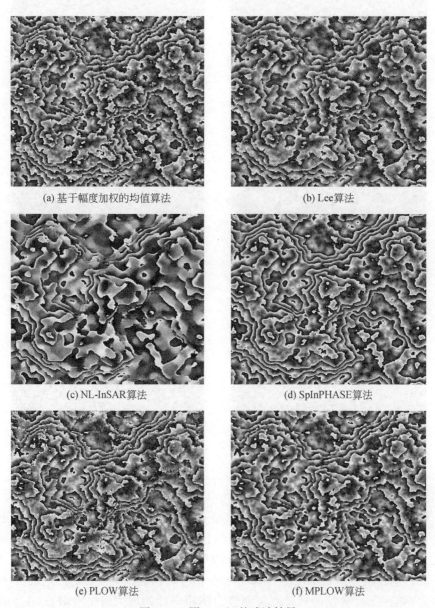

(a) 基于幅度加权的均值算法　　　　　　　(b) Lee算法

(c) NL-InSAR算法　　　　　　　(d) SpInPHASE算法

(e) PLOW算法　　　　　　　(f) MPLOW算法

图 4.10　图 4.8(b)的滤波结果

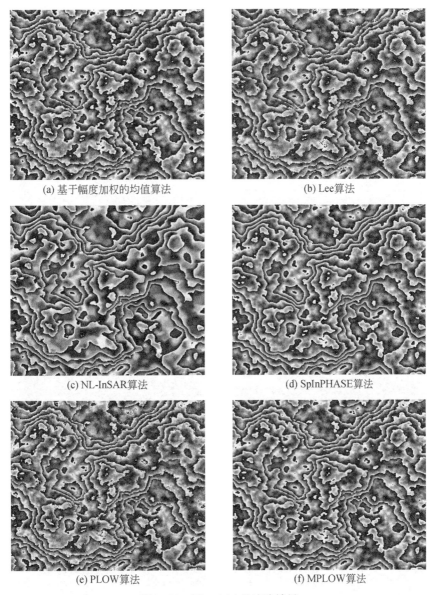

(a) 基于幅度加权的均值算法　　　　　　(b) Lee算法

(c) NL-InSAR算法　　　　　　　　(d) SpInPHASE算法

(e) PLOW算法　　　　　　　　(f) MPLOW算法

图 4.11　图 4.8(c)的滤波结果

　　(3) 从 SPD 的变化曲线[图 4.13(d)]来看，由于无噪相位的 SPD 为 1.6962×10^5，Lee 算法和 PLOW 算法在 $\bar{\gamma} \leqslant 0.9002$ 时是欠滤波的，这与它们的 NOR 曲线相符；基于幅度加权的均值算法和 SpInPHASE 算法随相干性的增大，由欠滤波变成过滤波；NL-InSAR 算法和 MPLOW 算法始终是过滤波的。基于幅度加权的均值算法、Lee 算法、PLOW 算法和 SpInPHASE 算法的 SPD 曲线与相干系数呈单调递减关系,MPLOW 算法的 SPD 曲线与相干系数呈单调递增关系。但 NL-InSAR 算法的 SPD 随相干系数的增大先减小后增大,这反映了 NL-InSAR 算法的鲁棒性较弱。

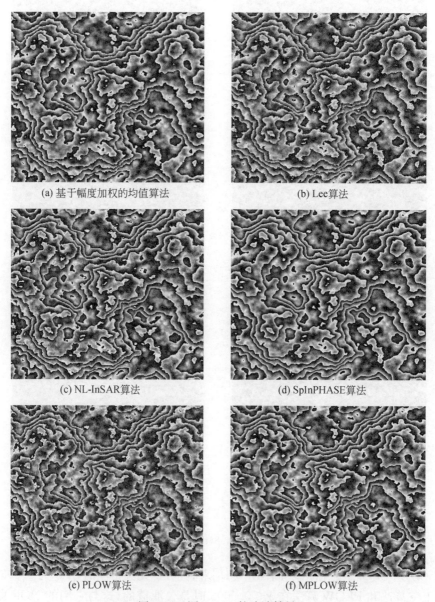

(a) 基于幅度加权的均值算法

(b) Lee算法

(c) NL-InSAR算法

(d) SpInPHASE算法

(e) PLOW算法

(f) MPLOW算法

图 4.12　图 4.8(d)的滤波结果

(4) 从 CC 和 RFP 的变化曲线[图 4.13(e)和(g)]来看,PLOW 算法的细节保持能力优于其他算法,但根据其在前述指标上的表现可以看出,这是因为 PLOW

算法绝对滤波力度较弱。经改进得到的 MPLOW 算法比 PLOW 算法丢失更多的细节,但有效抑制了噪声和残差点,获得了更高精度的滤波结果(MSE 和 MSSIM)。随着相干性的变化,总体来说 MPLOW 算法在细节保持能力上还是优于基于幅度加权的均值算法、NL-InSAR 算法和 SpInPHASE 算法。

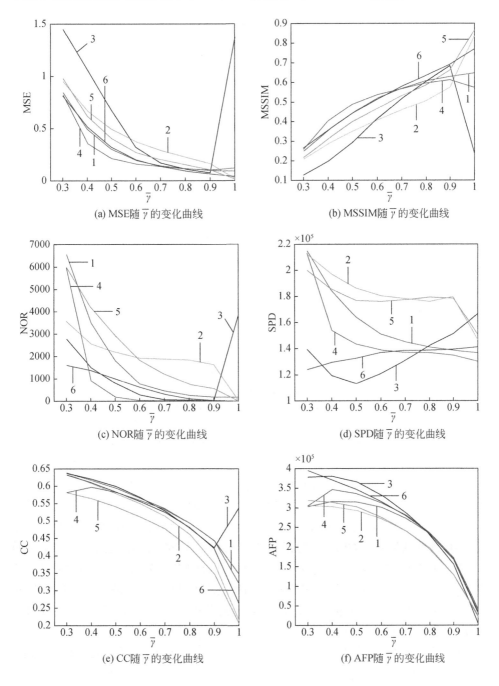

(a) MSE随 $\bar{\gamma}$ 的变化曲线

(b) MSSIM随 $\bar{\gamma}$ 的变化曲线

(c) NOR随 $\bar{\gamma}$ 的变化曲线

(d) SPD随 $\bar{\gamma}$ 的变化曲线

(e) CC随 $\bar{\gamma}$ 的变化曲线

(f) AFP随 $\bar{\gamma}$ 的变化曲线

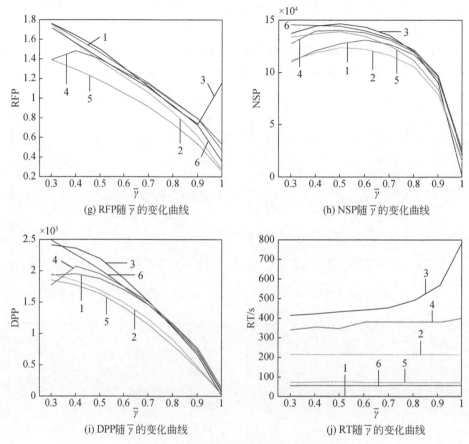

(g) RFP随 $\bar{\gamma}$ 的变化曲线　　　　(h) NSP随 $\bar{\gamma}$ 的变化曲线

(i) DPP随 $\bar{\gamma}$ 的变化曲线　　　　(j) RT随 $\bar{\gamma}$ 的变化曲线

图 4.13　定量评价指标随 $\bar{\gamma}$ 的变化曲线

1-基于幅度加权的均值算法;2-Lee 算法;3-NL-lnSAR 算法;
4-SplnPHASE 算法;5-PLOW 算法;6-MPLOW 算法

　　(5) 从 AFP 的变化曲线[图 4.13(f)]来看,AFP 是 NSP 与 DPP 的和,对于理想滤波算法,DPP=0 且 AFP=NSP,因此 AFP 应该与相干系数呈反比关系;对于现有滤波算法,它们在去噪的同时总会损失相位信号细节,因此 DPP 不为 0。同时,滤波算法的 NSP 应该随噪声方差的增大而增大,那么 NSP 应该和相干系数成反比;当算法的 NSP 变大时,算法易损失更多相位信号细节,那么其 DPP 也会变大,因此现有滤波算法的 AFP 曲线也应该与相干系数呈反比关系。只有 Lee 算法、PLOW 算法和 MPLOW 算法满足这个条件,且 MPLOW 算法的绝对滤波力度大于 Lee 算法和 PLOW 算法;基于幅度加权的均值算法、NL-InSAR 算法和 SpIn-PHASE 算法的 AFP 与相干系数先呈正比关系再呈反比关系,3 个算法的最大 AFP 均出现在 $\bar{\gamma}$=0.4009。

　　(6) 从 NSP 的变化曲线[图 4.13(h)]来看,只有 MPLOW 算法的 NSP 和相关系数呈反比关系,其他 5 个算法的 NSP 都与相干系数先成正比关系后成反比关系。其中,基于幅度加权的均值算法的最大 NSP 出现在 $\bar{\gamma}=0.6006$,而 Lee 算法、NL- InSAR 算法、SpInPHASE 算法和 PLOW 算法的最大 NSP 出现在 $\bar{\gamma}=0.5005$。可以看出,基于幅度加权的均值算法因为滤波参数是固定的,所以该算法对噪声的自适应性和鲁棒性劣于其他算法,但基于幅度加权的均值算法在很多情况下相比 Lee 算法、NL- InSAR 算法和 PLOW 算法可获得更好的 MSE 和MSSIM。当 $\bar{\gamma}=0.3009$ 时,MPLOW 算法的噪声抑制能力是最强的,这与该算法的 MSE 和 MSSIM 最优相符;当 $0.4009\leqslant\bar{\gamma}\leqslant0.7010$ 时,NL- InSAR 算法超越MPLOW 算法成为噪声抑制能力最强的算法,在这个相干系数区间内 NL-InSAR算法抑制的残差点也比 MPLOW 算法多,但在 MSE 和 MSSIM 上 NL- InSAR 算法不如 MPLOW 算法,一个合理的解释是,NL- InSAR 算法损失的细节也比MPLOW 算法多。虽然 SpInPHASE 算法的噪声抑制能力不如 NL- InSAR 算法和 MPLOW 算法,但能更加有效地抑制残差点,这说明抑制噪声和抑制残差点是有区别的。

（7）从 DPP 的变化曲线[图 4.13(i)]来看,该曲线基本和 NSP 曲线成正比,这说明滤波算法的噪声抑制能力增强时,损失的相位信号细节也会增多。当 $\bar{\gamma}=0.3009$ 时,损失细节最多的是 MPLOW 算法,但是该算法有效抑制了噪声和残差点,获得了该相干系数下最优的 MSE 和 MSSIM。当 $0.4009\leqslant\bar{\gamma}\leqslant0.7010$ 时,NL-InSAR 算法损失细节最多,同时该算法的噪声抑制能力是最强的,因此 NL-InSAR算法在该相干系数区间内能比 MPLOW 算法抑制掉更多的残差点,但是在 MSE 和 MSSIM 上不如 MPLOW 算法。此外,由于 NL- InSAR 算法损失了较多细节,其滤波结果中的条纹比其他滤波结果中的条纹要平滑,如图 4.10(c)和图 4.11(c)所示。从总体上看,Lee 算法和 PLOW 算法的细节保持能力强于其他 4 个算法,但这并未使 Lee 算法和 PLOW 算法获得更高精度的滤波结果(MSE、MSSIM 和NOR)。究其原因,Lee 算法是由于噪声抑制能力弱[图 4.13(h)],而损失的细节较少;PLOW 算法的噪声抑制能力大于 Lee 算法,同时细节保持能力也优于 Lee算法,因此 PLOW 算法在 MSE 和 MSSIM 上优于 Lee 算法。值得注意的是,在 $\bar{\gamma}\leqslant0.6006$ 时,PLOW 算法残留的残差点比 Lee 算法多,这种差异随相干性的下降越来越大。因此,残差点较少的滤波结果未必就是高精度的滤波结果。

（8）由于各个算法采用了不同的语言和编程技术,因此这里只是简单地将 6个算法的运行时间进行罗列。基于幅度加权的均值、Lee 和 SpInPHASE 算法使用 MATLAB 编写,NL- InSAR、PLOW 和 MPLOW 使用 MATLAB/C/Mex 编写。值得注意的是,NL- InSAR 和 SpInPHASE 算法的用时随相干性增大而明显增加。

综上所述,本章基于 InSAR 统计特性提出的改进提升了 PLOW 算法的滤波性能,极大减少了残差点的数量,这对于后续的相位解缠是非常有利的,但代价是信号细节的保持能力下降[图 4.13(f)]。MPLOW 算法获得的滤波结果在滤波精度(MSE 和 MSSIM)上高于 NL-InSAR 算法,因此,MPLOW 算法得到的滤波结果比 NL-InSAR 算法获得的滤波结果更加接近无噪相位。此外,在密集条纹的处理上,MPLOW 算法优于 NL-InSAR 算法。但是,MPLOW 算法的性能不如 SpIn-PHASE 算法,不过比较接近。

4.4.2　实测数据

本节用实测数据对 MPLOW 算法的性能进行验证。

1. 实测数据一

本节所用实测数据对应于美国亚利桑那州的 Grand Canyon。主、辅 SAR 图像是由德国的 TerraSAR-X 分别于 2008 年 3 月 10 日和 2008 年 3 月 21 日在条带模式下获取的。经图像配准和去平地相位后得到干涉相位及其对应的相干系数图,截取其中一块 500×500 的区域进行处理,待处理的含噪相位和对应的相干系数图如图 4.14 所示,根据干涉条纹的密度可以看出该数据对应的地形比较平坦,数据的相干性较好,$\bar{\gamma}=0.8317$。

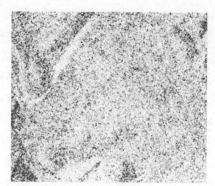

　　　　(a) 含噪相位　　　　　　　　　　　　(b) 相干系数图

图 4.14　实测数据一:含噪相位和相干系数图

滤波结果如图 4.15 所示,定量评价指标如表 4.2 所示。从视觉效果上可以将滤波结果分为 3 类。第 1 类的滤波结果比较平滑,包括图 4.15(d);第 2 类的滤波结果中还存在很多噪声,包括图 4.15(e)。第 3 类在噪声抑制和条纹平滑程度上介于第 1 类和第 2 类之间,包括图 4.15(a)、(b)、(c)、(f)。

从定量评价指标来看,图 4.15(d)在 NOR 和 SPD 上都是最小的,在 CC、AFP、RFP、NSP 和 DPP 上都是最大的,说明 SpInPHASE 算法抑制残差点的能力和抑制噪声的能力是 6 个算法中最强的,但同时损失细节也是最多的,这与其视觉

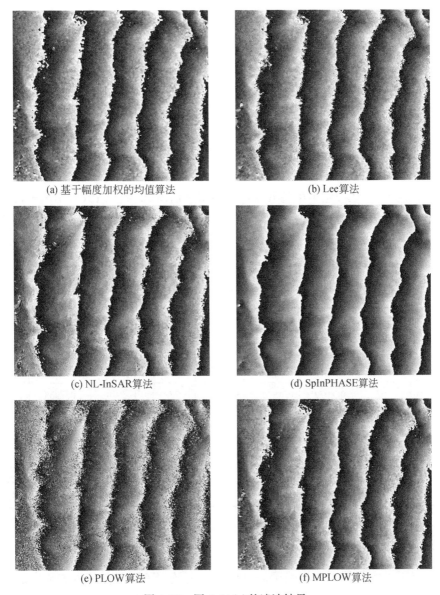

(a) 基于幅度加权的均值算法　　　　　　　　　　(b) Lee算法

(c) NL-InSAR算法　　　　　　　　　　　　　(d) SpInPHASE算法

(e) PLOW算法　　　　　　　　　　　　　　(f) MPLOW算法

图 4.15　图 4.14(a)的滤波结果

效果相符合。图 4.15(e)在 NOR 和 SPD 上都是最大的,在 CC、AFP、RFP、NSP 和 DPP 上都是最小的,说明 PLOW 算法抑制残差点的能力和抑制噪声的能力是 6 个算法中最弱的,损失细节也是最少的。尽管如此,大量的残差点也极有可能在解缠时引入误差,极大影响 DEM 的精度。图 4.15(a)～(c)和(f)在各项指标上比较接近,综合来看这 4 个结果,图 4.15(b)最优,图 4.15(a)和图 4.15(f)次之,

图 4.15(c)最差。在这 4 个结果中,图 4.15(b)的 RFP 不如图 4.15(c)和(f),说明
Lee 算法、NL-InSAR 算法和 MPLOW 算法在抑制掉相同量噪声时,Lee 算法会损
失更多细节。但从表中的 NSP 和 DPP 来看,图 4.15(b)在 NSP 上小于图 4.15(c)
和(f),同时在 DPP 上小于图 4.15(c)和(f),这说明 Lee 算法对噪声的抑制能力不
如 NL-InSAR 算法和 MPLOW 算法,但同时损失的细节也更少,加之 Lee 算法获
得了比 NL-InSAR 算法和 MPLOW 算法更少的残差点,这说明噪声抑制能力强的
算法未必能有效地抑制残差点。图 4.15(a)和(f)的各项指标比较接近,后者在
RFP 上优于前者,并且后者同时具有更强的噪声抑制能力和细节保持能力。在
RFP 上,图 4.15(c)和(f)比较接近,前者的噪声抑制能力略弱于后者,因此损失的
细节也比后者少,滤波结果中的残差点也略多于后者,但图 4.15(c)中的干涉条纹
不够自然,有一种硬分割的视觉效果。综合来看,Lee 算法最好,基于幅度加权的
均值算法和 MPLOW 算法并列第 2,NL-InSAR 算法第 3,PLOW 算法欠滤波,
SpInPHASE 算法过滤波。

表 4.2　图 4.15 中各滤波结果的定量评价指标

滤波结果	NOR	SPD/($\times 10^5$)	CC	AFP/($\times 10^5$)	RFP	NSP/($\times 10^5$)	DPP/($\times 10^5$)	RT/s
含噪相位	16479	2.8612	——	——	——	——	——	——
图 4.15(a)	152	0.5975	0.4508	2.2638	0.8211	1.2431	1.0207	0.01
图 4.15(b)	97	0.8079	0.4376	2.0533	0.7781	1.1548	0.8985	209.11
图 4.15(c)	295	0.6482	0.4300	2.2131	0.7545	1.2614	0.9517	438.92
图 4.15(d)	4	0.3177	0.4556	2.5435	0.8368	1.3848	1.1588	364.64
图 4.15(e)	6883	1.9462	0.2935	0.9151	0.4154	0.6465	0.2686	67.99
图 4.15(f)	158	0.5692	0.4304	2.2921	0.7555	1.3056	0.9864	52.61

2. 实测数据二

本节所用实测数据取自美国的凤凰城。主、辅 SAR 图像是由加拿大的 RA-
DARSAT-2 分别于 2008 年 5 月 4 日和 2008 年 5 月 28 日在 Ultrafine 模式下获取
的。经图像配准和去平地相位后得到干涉相位及其对应的相干系数图,截取其中
一块 500×500 的区域进行处理,待处理的含噪相位和对应的相干系数图如图 4.16
所示。该数据对应一块山地地形,条纹较为密集,引入的几何去相干较为严重,
$\bar{\gamma}=0.5043$。

滤波结果如图 4.17 所示,定量评价指标如表 4.3 所示。从视觉效果上看,
图 4.17(b)～(d)和(f)在噪声抑制上比图 4.17(a)和(e)要好,图 4.17(e)中还存在

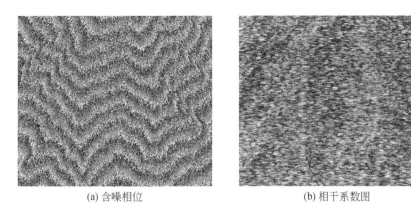

(a) 含噪相位　　　　　　　　　　　　(b) 相干系数图

图 4.16　实测数据二:含噪相位和相干系数图

明显的噪声。图 4.17(b)和(d)在噪声抑制上比图 4.17(c)和(f)要好。本数据一个处理的难点就是低相干区域,不同的算法差异明显。总体来说,图 4.17(b)和(d)要优于其他结果,无论在高相干还是低相干区域,干涉条纹都得到较好的保持;其次是图 4.17(c)和(f),高相干区域的干涉条纹比低相干区域的干涉条纹保持得好;最后是图 4.17(a)和(e)。

(a) 基于幅度加权的均值算法　　　　　　(b) Lee算法

(c) NL-InSAR算法　　　　　　　　　(d) SpInPHASE算法

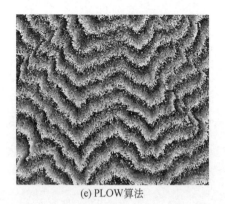

(e) PLOW算法　　　　　　　　　　　　　(f) MPLOW算法

图 4.17　图 4.16(a)的滤波结果

表 4.3　图 4.17 中各滤波结果的定量评价指标

滤波结果	NOR	SPD/($\times 10^5$)	CC	AFP/($\times 10^5$)	RFP	NSP/($\times 10^5$)	DPP/($\times 10^5$)	RT/s
含噪相位	44087	4.2706	—	—	—	—	—	—
图 4.17(a)	2650	1.5285	0.5911	2.7421	1.4457	1.1212	1.6209	0.01
图 4.17(b)	662	1.5621	0.5932	2.7085	1.4580	1.1019	1.6066	205.52
图 4.17(c)	1969	1.2609	0.5785	3.0097	1.3723	1.2687	1.7410	414.75
图 4.17(d)	1035	1.3027	0.5704	2.9679	1.3276	1.2751	1.6928	353.53
图 4.17(e)	13286	2.7147	0.4505	1.5559	0.8198	0.8550	0.7009	69.30
图 4.17(f)	1372	1.1835	0.5697	3.0871	1.3240	1.3284	1.7587	52.82

从定量指标来看,图 4.17(e)的 CC 明显优于其他结果,说明 PLOW 算法损失相位信号细节最少,但这是因为该算法的滤波力度小,这可以从图 4.17(e)其他指标的性能看出。再来看其他 5 个结果。图 4.17(b)再一次以最小的 NSP 和最少的DPP 获取了最少的 NOR,说明方向窗确实比较适合干涉相位这种方向性很强的图像处理。对于 CC,图 4.17(a)和(b)大于图 4.17(c)、(d)和(f),说明图 4.17(a)和(b)的差分相位中应该有更多相位细节信号,但是从 DPP 来看,情况恰恰相反。一个可能的原因就是,图 4.17(a)和(b)的差分相位中细节比较集中,而图 4.17(c)、(d)和(f)的差分相位中细节比较分散,比较集中的细节在相位解缠时更容易产生较大的局部误差。对于 RFP,图 4.17(a)和(b)也劣于图 4.17(c)、(d)和(f),说明在处理地形复杂的数据时,基于 NL 技术和稀疏技术的算法相比传统算法具有一定的优势。图 4.17(c)、(d)和(f)的各定量指标性能相近。

综上所示,Lee 算法和 SpInPHASE 算法最优,NL-InSAR 算法和 MPLOW 算法次之,基于幅度加权的均值算法较差,PLOW 算法欠滤波。

3. 实测数据三

本节所用实测数据对应于美国夏威夷岛。主、辅 SAR 图像是由 ESA 的 Envisat-ASAR 分别于 2007 年 3 月 12 日和 2008 年 2 月 25 日在 Image 模式下获取的。经图像配准和去平地相位后得到干涉相位及其对应的相干系数图,截取其中一块 250×3000 的区域进行处理,待处理的含噪相位和对应的相干系数图如图 4.18 所示。该数据对应一块山地地形,条纹非常密集,$\bar{\gamma}=0.6198$。

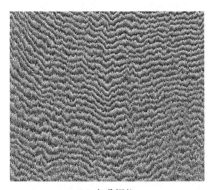 

(a) 含噪相位　　　　　　　　　　　　　　(b) 相干系数图

图 4.18　实测数据三:含噪相位和相干系数图

滤波结果如图 4.19 所示,定量评价指标如表 4.4 所示。算法在该数据上的差异比前两个实测数据更为明显。从视觉效果看,图 4.19(a)中还存在部分噪声,低相干区域的干涉条纹出现断裂和融合;图 4.19(b)中的干涉条纹遭到大面积破坏,原因在于该数据的干涉条纹较为密集而 Lee 算法中的方向窗过大;图 4.19(c)高相干区域的干涉条纹保持得较好,但低相干区域的干涉条纹也出现了融合,原因在于 NL-InSAR 算法在低相干区域无法正确地检测同质像素点,在滤波时使用了异质像素点;图 4.19(e)中,高相干区域和低相干区域的干涉条纹都得到了较好保持,但其低相干区域还有明显的噪声;图 4.19(d)和(f)比上述 4 个滤波结果要好,无论在噪声抑制方面还是条纹保持方面,都具有明显优势。

从定量指标来看,图 4.19(d)是最优的,其 NOR 是所有结果中最小的,并且其 CC 和 DPP 仅次于图 4.19(e)。图 4.19(e)具有最小的 CC 和 DPP,因此其细节保持能力是最强的,但其 NOR 仍然达到 5999,结合视觉效果,说明 PLOW 算法在低相干区域的滤波力度是不够的。对比图 4.19(e)和(f)可以看到,经过改进的 MPLOW 算法,虽然比 PLOW 算法损失了更多细节,但噪声的抑制能力有了很大提高,特别是在低相干区域,NOR 从改进前的 5999 降低到改进后的 223。图 4.19(a)～(c)都不及图 4.19(d)和(f),其中,由于干涉条纹遭到严重破坏,图 4.19(b)的所有指标都是最差的;图 4.19(c)的 CC 和 DPP 虽然略优于图 4.19(f),但其干

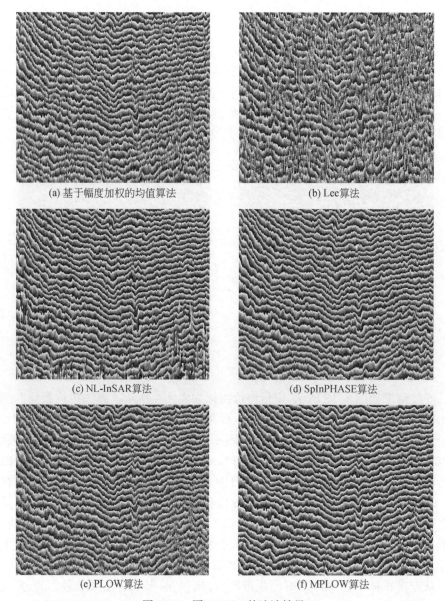

(a) 基于幅度加权的均值算法　　　　　　　(b) Lee算法

(c) NL-InSAR算法　　　　　　　(d) SpInPHASE算法

(e) PLOW算法　　　　　　　(f) MPLOW算法

图 4.19　图 4.18(a)的滤波结果

涉条纹出现融合,这种融合引入了额外的残差点,所以图 4.19(c) 的 NOR 不如图 4.19(f)。

　　综上所述,SpInPHASE 算法和 MPLOW 算法在噪声抑制和细节保持方面达到了较好的折中,PLOW 算法的滤波结果在解缠时可能会在低相干区域产生较大的误差,NL-InSAR 算法的滤波结果在解缠时一定会在低相干区域产生误差,无法基于 Lee 算法的滤波结果进行正确的相位解缠。

表 4.4　图 4.19 中各滤波结果的定量评价指标

滤波结果	NOR	SPD/($\times 10^6$)	CC	AFP/($\times 10^6$)	RFP	NSP/($\times 10^6$)	DPP/($\times 10^6$)	RT/s
含噪相位	71372	1.1879	—	—	—	—	—	—
图 4.19(a)	7919	0.6793	0.5276	0.5086	1.1167	0.2403	0.2683	0.04
图 4.19(b)	19320	0.7195	0.5649	0.4684	1.2981	0.2038	0.2646	616.07
图 4.19(c)	1287	0.6747	0.5138	0.5132	1.0566	0.2495	0.2636	1186.89
图 4.19(d)	102	0.6864	0.5062	0.5014	1.0252	0.2476	0.2538	889.21
图 4.19(e)	5999	0.7628	0.4476	0.4251	0.8102	0.2348	0.1903	207.83
图 4.19(f)	223	0.6705	0.5214	0.5174	1.0895	0.2476	0.2698	159.73

4.5　本 章 小 结

　　基于图像块的相似性是图像的本质特性,如何利用这种特性使滤波性能最优是基于图像块相似性滤波算法的研究核心,也是将来滤波算法的研究重点。本章的主要研究内容如下:

　　(1) 对 PLOW 算法的基本原理和处理步骤进行了详细介绍。

　　(2) 对 PLOW 算法不适用于干涉相位滤波的原因进行了深入分析并提出了相应的改进措施,得到了 MPLOW 算法。

　　(3) 利用仿真和实测数据对 MPLOW 算法的性能进行了验证。实验结果表明,虽然 MPLOW 算法比 PLOW 算法损失更多的相位信号细节,但 MPLOW 算法的去噪能力得到极大提高,能够有效地抑制残差点,并且对具有不同条纹密度和相干性的数据具有更强的鲁棒性。通过和其他滤波算法的对比发现,MPLOW 算法的性能接近现有最优滤波算法——SpInPHASE,但 MPLOW 算法的效率约为 SpInPHASE 算法的 6.6 倍。

参 考 文 献

[1] Chatterjee P, Milanfar P. Patch-based near-optimal image denoising[J]. IEEE Transactions on Image Processing, 2012, 21(4): 1635—1649.

[2] Takeda H, Farsiu S, Milanfar P. Kernel regression for image processing and reconstruction [J]. IEEE Transactions on Image Processing, 2007, 16(2): 349—366.

[3] Dabov K, Foi A, Katkovnik V, et al. Image denoising by sparse 3-D transform-domain collaborative filtering[J]. IEEE Transactions on Image Processing, 2007, 16(8): 2080—2095.

[4] Kervrannm C, Boulanger J. Optimal spatial adaptation for patch-based image denoising[J].

IEEE Transactions on Image Processing,2006,15(10):2866—2878.

[5] Elad M, Aharon M. Image denoising via sparse and redundant representations over learned dictionaries[J]. IEEE Transactions on Image Processing,2006,15(12):3736—3745.

[6] Chatterjee P, Milanfar P. Clustering-based denoising with locally learned dictionaries[J]. IEEE Transactions on Image Processing,2009,18(7):1438—1451.

[7] Chen R P, Yu W D, Wang R, et al. Interferometric phase denoising by pyramid nonlocal means filter[J]. IEEE Geoscience and Remote Sensing Letters,2013,10(4):826—830.

[8] Li J W,Li Z F,Bao Z,et al. Noise filtering of high-resolution interferograms over vegetation and urban areas with a refined nonlocal filter[J]. IEEE Geoscience and Remote Sensing Letters,2015,12(1):77—81.

[9] Lin X,Li F F,Meng D D,et al. Nonlocal SAR interferometric phase filtering through higher order singular value decomposition[J]. IEEE Geoscience and Remote Sensing Letters,2015, 12(4):806—810.

[10] Kay S M. Fundamentals of Statistical Signal Processing:Estimation Theory[M]. Englewood Cliffs:Prentice-Hall,1993.

[11] Lloyd S. Least squares quantization in PCM[J]. IEEE Transactions on Information Theory, 1982,28(2):129—137.

[12] Efron B. Bootstrap methods:Another look at the jackknife[J]. Annals of Statistics, 1979, 7(1):1—26.

[13] Chen Y,Wiesel A,Eldar Y C,et al. Shrinkage algorithms for MMSE covariance estimation [J]. IEEE Transactions on Signal Processing,2010,58(10):5016—5029.

[14] Kritchman S, Nadler B. Non-parametric detection of the number of signals, hypothesis testing and random matrix theory[J]. IEEE Transactions on Signal Processing, 2009, 57(10):3930—3941.

[15] Donoho D L,Johnstone I M. Ideal spatial adaptation via wavelet shrinkage[J]. Biometrika, 1994,81:425—455.

[16] Aitken A C. On least squares and linear combination of observations[J]. Proceedings of the Royal Society of Edinburgh,1936,55:42—48.

[17] Salmon J, Strozecki Y. From patches to pixels in non-local methods:Weighted-average reprojection [C]//Proceedings of the 2010 IEEE International Conference on Image Processing, Hong Kong,2010:1929—1932.

[18] Angelino C,Debreuve E,Barlaud M. Patch confidence k-nearest neighbors denoising[C]// Proceedings of the 2010 IEEE Conference on Image Processing, Hong Kong, 2010: 1129—1132.

[19] Bian Y, Mercer B. Interferometric SAR phase filtering in the wavelet domain using simultaneous detection and estimation[J]. IEEE Transactions on Geoscience and Remote Sensing,2011,49(4):1396—1416.

[20] Lee J S,Papathanassiou K P,Ainsworth T L,et al. A new technique for noise filtering of SAR interferometric phase images [J]. IEEE Transactions on Geoscience and Remote

Sensing,1998,36(5):1456—1465.

[21] Deledalle C A,Denis L,Tupin F. NL- InSAR:Nonlocal interferogram estimation[J]. IEEE Transactions on Geoscience and Remote Sensing,2011,49(4):1441—1452.

[22] Hao H X,Bioucas-Dias J M,Katkovnik V. Interferometric phase image estimation via sparse coding［J］. IEEE Transactions on Geoscience and Remote Sensing, 2015, 53(5): 2587—2602.

第 5 章 ASFIPF 算法

5.1 引　言

基于图像块相似性的算法是目前图像处理领域的一个主要研究热点。作为第一个基于图像块相似性的干涉相位滤波算法,NL-InSAR 算法将图像块相似性和 InSAR 数据的统计特性结合起来,当相干性较高、干涉条纹比较稀疏时,能够获得比传统相位滤波算法更好的结果。当相干性下降、干涉条纹变得密集时,NL-InSAR 算法的性能下降得很快,根源在于算法是基于图像块灰度相似性来寻找同质像素点的,由于 l_2 范数对噪声敏感,因此这种方法对噪声的鲁棒性比较差。从另一个角度看,图像块的相似性实际上也是图像稀疏性的表现:相似的图像块可以用一个字典来近似表示;同时,噪声无法用字典表示。通过从含噪相位中自适应地学习字典和迭代优化,SpInPHASE 算法能够在有效抑制噪声和残差点的同时对无噪相位进行有效估计,并且该算法对噪声的鲁棒性和对密集条纹的保持能力都很强。此外,通过第 3 章的实验可以看到,在地形较为平缓的情况下,SpInPHASE 算法的性能已经非常接近基于幅度加权的均值算法。

尽管这些基于图像块相似性算法的性能确实在一定的条件下超越了传统算法,但这些算法存在 3 个问题。第一,基于图像块相似性的算法是以相似图像块为基础的,尽管这种相似性是客观存在的,但算法的实际性能会因不能正确找到足够多的相似图像块而降低(在噪声很强的情况下)。第二,"精度高的算法一般效率低"是一个客观存在的情况,基于图像块相似性的算法拥有高精度滤波能力的代价是算法运行时间极大增加,这使得算法无法用于大尺度数据的快速处理。为了提升算法的效率,科研人员在实际应用中对相似图像块的搜索范围进行了限制,但其效率还是远远低于传统算法。同时,有限的搜索范围限制了算法对相似图像块的利用率,从而限制了算法的性能。第三,为了获得更好的滤波结果,算法的复杂度越来越高,算法的实现、性能分析和改进变得十分困难。

在一部分科研人员专注于利用复杂算法提高滤波精度的同时,另一部分科研人员通过简单的算法和"分而治之"的策略,以较低的复杂度获得了较高的滤波精度。在光学图像滤波方面,针对 BM3D 算法复杂度高、实现困难和效率低下的问题,Knaus 等[1,2]提出了双域迭代滤波算法。在干涉相位滤波方面,基于局部条纹频率估计的滤波算法[3~6]、Meng 两步滤波算法[7]、Chang 小波域细节补偿算法[8]

和 Wang 高效自适应算法[9]都是通过简单的算法组合和"分而治之"的策略来获得高精度的滤波结果。其中,基于局部条纹频率估计的滤波算法和 Wang 高效自适应算法都是先在频域进行滤波后再在空域进行滤波,从而在滤波时有效地保护致密条纹的完整性。基于该思想并针对现有算法存在的问题,本章提出基于 Baran 算法和快速非局部均值算法的 ASFIPF 算法。主要内容安排如下:5.2 节介绍 ASFIPF 算法的原理;5.3 节利用仿真数据来确定 ASFIPF 算法的参数;5.4 节利用仿真数据和实测数据对算法的性能进行验证;5.5 节为本章小结。

5.2　现有算法及 ASFIPF 算法

5.2.1　现有算法

第 3 章介绍的 Trouvé 局部条纹频率估计算法[3]、Cai 局部条纹频率估计算法[5]和 Wang 高效自适应算法[9]具有两个相同点:第一,3 个算法采用的都是图 3.14 中的 Twicing 迭代滤波框架;第二,3 个算法的第一步滤波都是在频域或基于条纹频率进行的。

Trouvé 局部条纹频率估计算法中,第一次滤波时取足够小的相位图像块,该图像块中的相位信号频率近似满足一阶线性模型,然后利用 MUSIC 算法将该频率估计出来。第二次滤波时,用窗口固定的均值算法对去主频的差分相位进行滤波,提取相位信号的其他频率分量。

针对 Trouvé 局部条纹频率估计算法的窗口形状和大小固定的缺点,Cai 等[5]提出了自适应、多分辨率局部条纹频率估计算法。第一次滤波时,算法根据相干积累原理自适应地确定用于局部条纹频率估计窗口的大小和形状,然后基于二维自相关函数对局部条纹频率进行快速估计,并利用不同分辨率下得到的条纹频率估计值进行无效条纹频率估计值剔除。第二次滤波时,用窗口固定的均值算法对去主频的差分相位进行滤波,提取相位信号的其他频率分量。

Wang 高效自适应算法中,第一次滤波时将无噪相位分成低频分量和高频分量,并通过基于频谱幅度最大值的硬阈值加权的方式将低频分量提取出来。第二次滤波时,采用简化版的 Lee 算法对差分相位进行滤波,提取相位信号的其他频率分量。

通过以上分析可以看出:第一,3 个算法的第一次滤波都是将一定频率范围内相位信号的低频分量提取出来,但具体的提取方法和提取分量的频率范围不同。Trouvé 和 Cai 局部条纹频率估计算法采用的是局部条纹频率估计的方法,提取的是最低频率分量;Wang 高效自适应算法采用的是频谱加权的方法,提取的是频谱幅度最大值的 $1/\sqrt{2}$ 对应的频率和最低频率之间的所有频率。频谱加权的方法比局部条纹频率估计方法要快得多。第二,无论基于局部条纹频率估计还是基于频谱幅度加权,对噪声的鲁棒性都较差。基于局部条纹频率估计的方法是通过最小化代价函数得到相位信号的频率估计值,当噪声方差大到一定程度时,使代价函数最小的频率分量对应的可能是噪声而非相位信号;基于频谱幅度加权的方法是以频谱幅度最大值的 $1/\sqrt{2}$ 作为阈值进行相位信号低频分量提取的,当噪声方差较小时,频谱幅度的最大值取决于相位信号;当噪声方差大到一定程度时,频谱幅度的最大值将取决于噪声,此时提取出的低频分量将包含许多噪声。第三,3 个算法的第二次滤波都不够精细。差分相位是先将含噪相位减去第一次滤波结果再进行缠绕得到的,所以差分相位中的噪声应该还是空变的。为了从差分相位中有效提取相位信号的其他频率分量,应该采用自适应的滤波方法。但前两个算法采用的是窗口固定的复均值滤波,后一个算法虽然采用了 Lee 算法,但为了提高算法效率对 Lee 算法进行大幅度简化,以精度换取速度。

5.2.2　ASFIPF 算法

根据傅里叶变换原理,噪声分布于整个频带而相位信号主要集中在低频,如图 5.1 所示。那么,提取相位信号的低频分量就可以分解成高频噪声抑制和低频噪声抑制。可以先基于频域坐标对频谱进行阈值处理来抑制高频噪声,然后通过指数操作来抑制低频噪声,这也是 Baran 算法[10]的核心。与 Baran 算法不同的是,由于只是提取相位信号的低频分量,因此 ASFIPF 算法的频域滤波在参数的选择方面是不同的。之后,对差分相位进行快速非局部均值滤波以提取相位信号的其他频率分量。为了保证算法的高精度性和高鲁棒性,将滤波参数尽量与表征噪声方差的自适应因子联系起来。

(a) 含噪相位　　　　　　　　　　　(b) 频谱幅度

图 5.1　含噪相位及其频谱幅度

ASFIPF 算法进行 2 次滤波,具体滤波步骤如下。

1. 第一次滤波

（1）图像块划分。和 Goldstein 算法一样，将复干涉相位划分成 32×32 大小的图像块，图像块之间重叠 28 个像素。在二维傅里叶变换前对图像块的行、列方向分别补 28 个 0，旨在进一步消除图像块之间的不连续性。

（2）基于频域坐标的频谱幅度硬阈值处理。Goldstein 算法中的一系列处理是针对功率谱进行的，也就是频谱幅度的平方；后来很多改进的 Goldstein 算法处理的都是频谱的幅度。频域滤波的本质是对频谱不同频率分量进行加权，利用功率谱和频谱幅度进行加权的差异在于权值的不同。虽然利用功率谱加权可以使频谱幅值大的分量权值比利用频谱幅度加权时更大，但这个差异可以通过指数操作来弥补和调整。这里对频谱幅度进行处理。令 $Z(u,v)$ 表示图像块的二维频谱，$|Z(u,v)|$ 为频谱幅度，(u,v) 为频域坐标。为了有效抑制高频噪声，Baran 等[10] 和 Suo 等[11] 利用参数固定的 sinc 函数对频谱幅度 $|Z(u,v)|$ 进行加权。但是，不同图像块中的相干系数不同，加权应该是自适应的。基于此，基于图像块的相干系数对其频谱幅度 $|Z(u,v)|$ 进行基于频域坐标的自适应硬阈值处理：

$$Z_1(u,v) = \begin{cases} |Z(u,v)|, & u,v \in [-29 + \mathrm{round}\{a_1(1-\bar{\gamma}_p)\}, 30 - \mathrm{round}\{b_1(1-\bar{\gamma}_p)\}] \\ 0, & u,v \in 其他 \end{cases}$$

$$(5.1)$$

式中，$Z_1(u,v)$ 为硬阈值处理后的复干涉相位图像块的频谱；$\bar{\gamma}_p$ 为复干涉相位图像块对应的相干系数均值，可由式（2.33）估计得到；$\mathrm{round}\{\cdot\}$ 为就近取整算子；$a_1 > 0$ 和 $b_1 > 0$ 为由仿真确定的参数。

（3）频谱幅度指数操作。为了有效抑制低频噪声，利用 $Z_1(u,v)$ 的最大值对 $Z_1(u,v)$ 进行归一化处理得到 $Z_{1\_n}(u,v)$，之后对 $Z_{1\_n}(u,v)$ 进行指数操作。经过归一化，$Z_1(u,v)$ 中的最大值在 $Z_{1\_n}(u,v)$ 中变成 1 而其他分量全部小于 1，此时再对 $Z_{1\_n}(u,v)$ 进行指数操作，那么 $Z_{1\_n}(u,v)$ 中的 1 不变而其他分量会向 0 减小。指数应该如何设置？式（3.61）将指数和相干系数关联起来，该指数对相干性高的区域效果较好，但对相干性低的区域效果较差。第一次滤波的目的是提取相位信号的低频分量，因此需要采用更大的指数。结合需求，对式（3.61）进行简单的改进：

$$\alpha_1 = c_1(1-\bar{\gamma}_p)$$

$$(5.2)$$

式中，$c_1 > 1$ 为由仿真确定的参数。

（4）通过频谱加权实现滤波（低频分量提取）。用指数操作后的归一化频谱幅度乘以图像块频谱实现滤波：

$$Z_{1\_f}(u,v) = [Z_{1\_n}(u,v)]^{\alpha_1} Z(u,v)$$

$$(5.3)$$

可以看到，当 $\bar{\gamma}_p = 1$ 时，相位图像块中无噪声，根据式（5.2）得 $\alpha_1 = 0$，对于所有的 (u,v)，$Z_{1\_n}(u,v) = 1$，此时式（5.3）不对频谱做任何处理，$Z_{1\_f}(u,v) = Z(u,v)$；当

$\bar{\gamma}_p < 1$ 并逐渐减小时，$Z_{1\_n}(u,v)$ 中的部分高频分量会通过硬阈值处理被置为 0，高频噪声得到抑制；α_1 为非 0 值，$Z_{1\_n}(u,v)$ 中的部分低频分量通过指数操作会被减小，低频噪声得到抑制。

（5）对 $Z_{1\_f}(u,v)$ 进行二维傅里叶逆变换得到滤波后的干涉相位图像块。得到所有干涉相位图像块的滤波结果后，对重叠区域取均值，从而得到第一次滤波结果。

2. 第二次滤波

第一次滤波时，为了有效提取相位信号的低频分量，采用了较大的滤波参数，这在抑制噪声的同时损失了相位信号的其他频率分量。因此，对差分相位滤波将损失的相位信号分量恢复出来。第一次滤波结果主要是相位信号的低频分量，因此差分相位中的噪声依然是空变的。为了有效提取其他频率分量，需要采用自适应的算法进行处理；同时考虑到效率问题，采用快速非局部均值算法[12]进行第二次滤波。

根据推导的需要，将非局部均值滤波的核心用式（5.4）来表示：

$$NL(s) = \sum_{t \in SW} \omega(s,t) v(t) \tag{5.4}$$

式中，$NL(s)$ 为像素点 s 的非局部均值滤波结果；v 为含噪图像，其所在区域为 Ω；SW 为搜索窗口；$\omega(s,t)$ 为两个以 s 和 t 为中心像素的正方形图像块之间的权值，其定义为

$$\omega(s,t) = g_h \left\{ \sum_{\delta \in \Delta} G_\sigma(\delta) \left[v(s+\delta) - v(t+\delta) \right]^2 \right\} \tag{5.5}$$

式中，G_σ 为以 σ^2 为方差的高斯核函数；Δ 为包含 δ 的图像块区域；$g_h(x) = \exp(-x^2/h^2)$；h 为可调节的滤波参数。式（5.5）的计算是算法中最耗时的部分，为了提高效率，Darbon 等[12]通过引入一个平移矢量和一个积分图像，在略微降低滤波精度的情况下显著减少了权值的计算时间。首先，令 $d_x = t - s$，$p = s + \delta_x$，G_σ 为常数，式（5.5）可化简为

$$\omega(s,t) = g_h \left\{ \sum_{\hat{p} = s - T}^{s+T} \left[v(\hat{p}) - v(\hat{p} + d_x) \right]^2 \right\} \tag{5.6}$$

式中，T 为图像块大小的 1/2。注意，在使用式（5.6）进行计算之前，需要对图像 v 进行延拓。其次，对于一个给定的偏移量 d_x，积分图像 S_{d_x} 表示为

$$S_{d_x}(p) = \sum_{k=0}^{p} \left[v(k) - v(k+d_x) \right]^2, \quad p \in \Omega \tag{5.7}$$

基于式（5.7），式（5.6）可改写为

$$\omega(s,t) = g_h \left[S_{d_x}(s+T) - S_{d_x}(s-T) \right] \tag{5.8}$$

式中，如果 S_{d_x} 已知，那么式（5.8）与 t 无关，因此可以快速地计算权值。

在差分相位的滤波中,图像块 PW 的大小、相似图像块搜索窗 SW 的大小和滤波参数 h 的设置是关键。若 PW 过大则不能很好地捕捉图像块的细节信息,若 PW 过小则对噪声的鲁棒性较差,导致得到的估计精度较低。SW 的设置主要考虑差分相位中的主要成分是噪声,相对于原始含噪相位,差分相位中的信噪比更低,一般来说滤波算法的性能会随信噪比的下降而下降。对于非局部均值滤波算法,在低信噪比的情况下,一个较大的 SW 会增加算法的搜索时间,还可能引入很多不相似的像素点,从而降低滤波的精度;但 SW 也不能过小,因为较小的 SW 可能导致找不到足够多的相似像素点用于平均,欠滤波也会降低估计的精度。因此,PW 和 SW 的设置需要在精度、速度和鲁棒性之间进行折中。在 h 的设置上,由于非局部均值滤波算法是基于含空不变噪声的光学图像推导的,因此其值被设为一个常数。但差分相位中的噪声标准差是空变的,如果仍将 h 设为一个常数,那么就很可能导致部分像素的过滤波或欠滤波。为了进行自适应滤波,需要将 h 和能表示局部噪声强度的自适应因子关联起来。在这里,将 h 设置为一个与伪相干系数相关的矩阵,具体表示为

$$h(m,n) = \frac{d_1}{P(m,n)} \tag{5.9}$$

式中,d_1 为经仿真确定的参数;$P(m,n)$ 为伪相干系数,其定义为[13]

$$P(m,n) = \frac{\sqrt{\left(\sum \cos\varphi_{\mathrm{d}}\right)^2 + \left(\sum \sin\varphi_{\mathrm{d}}\right)^2}}{K^2} \tag{5.10}$$

式中,φ_{d} 为差分相位;累加和在以像素点 (m,n) 为中心、大小为 $K \times K$ 的窗口中进行,$K = 5$。采用式(5.9)来确定 h 有 3 个原因。

第一,缺乏幅度信息,使得无法计算差分相位的相干系数图[14],必须利用能够直接从差分相位上推导出的质量图来指导滤波。现有的能够满足该需求的质量图包括相位导数方差图、伪相干系数图和最大相位梯度图[13]。其中,相位导数方差图是除相干系数图以外最好的质量图,伪相干系数图次之,最大相位梯度图最差。尽管伪相干系数图不如相位导数方差图,但前者和相干系数图一样,至少在一定程度上可以反映噪声方差的大小,图 5.2(a)和(b)分别是图 3.3(a)的相干系数图和伪相干系数图。通过对比可以发现,虽然对应像素点在两幅图像中的像素值有差异,但两幅图像反映的趋势都是相同的:噪声方差与相干系数和伪相干系数都成反比。

第二,已经有科研人员利用伪相干系数进行滤波并得到较好的滤波结果[15~17],这其中就包括前面介绍的 SpInPHASE 算法。

第三,相干系数与噪声方差之间有明确的函数关系[式(2.45)],但伪相干系数与噪声方差之间的关系是不明确的,这会影响算法的滤波性能。为了降低不确定性带来的影响,引入了调节参数 d_1。

第二次滤波的具体步骤如下:

(a) 相干系数图　　　　　　　　　　　　　　　(b) 伪相干系数图

图 5.2　相干系数图和伪相干系数图的对比

（1）用含噪相位减去第一次滤波结果并进行缠绕得到差分相位，计算差分相位的伪相干系数图 $P(m,n)$。

（2）将差分相位变换到复数域得到复差分相位，然后对复差分相位的实部和虚部分别用改进后的快速非局部均值算法进行滤波。

（3）基于滤波后的复差分相位的实部和虚部，得到第二次滤波结果（滤波后的差分相位）。

（4）将第一次和第二次滤波结果相加并缠绕，得到最终滤波结果。

ASFIPF 算法的流程如图 5.3 所示。

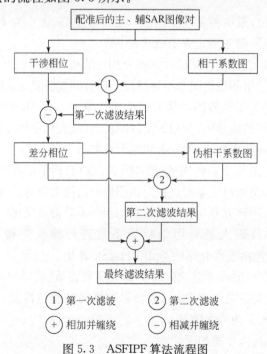

图 5.3　ASFIPF 算法流程图

5.3　ASFIPF 算法参数的确定

在确定了 ASFIPF 算法的框架以后,剩下的工作就是确定各个滤波参数。对于一次滤波的算法,其滤波参数能够通过某种准则和优化算法联合优化得到;而 ASFIPF 算法采用了两次滤波,并且每次滤波的算法都不同。在这种情况下,对所有滤波参数进行联合优化以达到最优滤波性能是十分复杂和耗时的。为此,本节采用仿真的方法来确定滤波参数。Li 等[18] 曾利用仿真数据来确定滤波参数,即式(3.64)中的 β。具体地,Li 根据经验和具体的需求设置了 10 个备选值,然后通过大量的仿真数据处理来确定不同视数下的 β 值。这里利用这种方法来确定 ASFIPF 算法的滤波参数。

(1) 滤波参数取值范围的确定。待确定的滤波参数共有 6 个:a_1、b_1、c_1、d_1、PW 和 SW。为了抑制高频噪声,a_1 的取值必须大于一定的阈值,具体的取值范围为 11、13、…、29 共 10 个值;根据频谱的对称性[图 5.1(b)],取 $b_1 = a_1 + 1$;为了在强噪声情况下也能有效抑制低频噪声同时提取相位信号的低频分量,c_1 的取值必须大于一定的阈值,具体的取值范围为 3.1、3.2、…、4 共 10 个值;d_1 是为了补偿伪相干系数和噪声方差之间不确定关系对滤波的影响,其具体的取值范围为 1.1、1.2、…、2 共 10 个值;考虑到算法的效率,窗口的取值范围较小,PW 的取值范围为 5×5、7×7 和 9×9 共 3 个值;SW 的取值范围为 7×7、9×9 和 11×11 共 3 个值。

(2) 仿真数据生成。仿真数据的生成方法和第 4 章相同。分形参数 D 在 [1.5,2.3] 中随机取值,无噪相位是基于 ERS-1/2 的系统参数生成的,垂直基线在 [50,400] 中随机取值,仿 SAR 图像所用相干系数图和 4.4.1 节中所用的相同。共仿真 1000 组数据。

(3) 干涉相位滤波。依次选择仿真数据和第一步中的参数组合,用 ASFIPF 算法对含噪相位进行滤波,记录滤波结果和对应的参数组合。

(4) 滤波结果评估。Li 等[18] 在滤波结果评估中定义了一个综合质量评估指标:

$$Q = \frac{1}{MN} \sum_{i=1}^{N} \sum_{j=1}^{M} [\tilde{\varphi}(i,j) - \bar{\varphi}(i,j)]^2 + \left| \frac{1}{MN} \sum_{i=1}^{N} \sum_{j=1}^{M} \left[\frac{\varphi(i,j) - \bar{\varphi}(i,j)}{\sigma(i,j)} \right]^2 - 1 \right|$$

$$(5.11)$$

式中,$\tilde{\varphi}$、φ 和 $\bar{\varphi}$ 分别为无噪相位、含噪相位和滤波结果。式(5.11)等号右边的第一项实际上就是 MSE,其用于衡量滤波结果与无噪相位的近似程度;滤波算法应该做到尽可能地信噪分离,所以等号右边的第二项衡量了差分相位与噪声的近似程度。因此,Q 是一个算法性能的综合评价指标。对于完美滤波算法,$Q=0$;对于现有滤波算法,Q 越小越好。然而经第 3 章分析可知,MSE 在表征结果质量时是有缺陷的,并且式(5.11)实际上度量的是点对点的相似性,忽略了相位中的结构信息。为此,这里提出改进的综合质量评价指标 Q_m:

$$Q_m = Q + \frac{1}{MN} \sum [1 - \text{SSIM}(\widetilde{\varphi}, \overline{\varphi})] \tag{5.12}$$

可以看到,Q_m 中加入了滤波结果与无噪相位的结构相似性,因此能更加全面地衡量滤波结果。此外,对于完美滤波算法,Q_m 也为 0,Q_m 和 Q 在衡量算法性能好坏的趋势上是相同的。利用式(5.12)对滤波结果进行估计并记录评估结果。

(5) 重复步骤(3)和(4),直到所有仿真数据处理完毕。

(6) 利用 2σ 准则和最小方差准则联合确定最优滤波参数。令随机变量 X 服从均值为 μ、方差为 σ^2 的正态分布,即 $X \sim N(\mu, \sigma^2)$,那么

$$P(|X - \mu| \leqslant 2\sigma) = 95.45\% \tag{5.13}$$

式中,P 为概率分布函数。式(5.13)的物理意义是:有 95.45% 的样本点,它们偏离样本均值的程度不会大于 2σ;剩下 4.55% 的样本,由于偏离样本均值的程度大于 2σ,被认为是奇异点。这就是产品质量和服务质量管理中的 2σ 准则。

ASFIPF 算法共有 9000 组滤波参数组合,那么每一组仿真数据将会有 9000 个滤波结果和 9000 个 Q_m。由于 Q_m 越小滤波结果越好,因此根据式(5.13),定义其 Q_m 满足式(5.14)的滤波结果为好的滤波结果:

$$Q_{m\_min} \leqslant Q_m \leqslant Q_{m\_min} + 2\sigma_{Q_m} \tag{5.14}$$

式中,Q_{m_min} 为每一组数据的最优 Q_m;σ_{Q_m} 为每一组数据 9000 个 Q_m 的标准差。

理论上,步骤(1)中设置的这 9000 组滤波参数中的任何一组不可能针对不同类型的数据都能得到满足式(5.14)的结果,因此,这些滤波参数的组合可以看做是局部最优的。然而,InSAR 技术是进行全球地形测绘,数据类型非常丰富,对算法鲁棒性的要求很高,滤波参数的鲁棒性也是选择滤波参数的重要条件。一组较为鲁棒的滤波参数,它在 1000 组数据上获得的 1000 个 Q_m 的方差都应该较小。因此,可以计算每一组滤波参数在 1000 组数据上得到的 1000 个 Q_m 的方差 $\sigma^2_{Q_{mp}}$,$\sigma^2_{Q_{mp}}$ 最小的那一组滤波参数可认为是最鲁棒的。

一组较好的滤波参数应该能够在 1000 组数据上同时取得较好的 Q_m 和 $\sigma_{Q_{mp}}$,因此采用双准则来综合确定最优滤波参数。具体而言,首先统计每一组参数组合在 1000 组数据上满足式(5.14)的次数,记为 L。然后,统计每一组参数组合在 1000 组数据上的 $\sigma^2_{Q_{mp}}$。最后,计算每一组滤波参数的 $\sigma^2_{Q_{mp}}/L$,最小 $\sigma^2_{Q_{mp}}/L$ 对应的那一组滤波参数即为最优滤波参数。

经上述步骤确定的滤波参数为 $a_1 = 19$、$b_1 = 20$、$c_1 = 3.5$、$d_1 = 2$、PW $= 7$ 和 SW $= 11$。

5.4　实验与分析

本节将利用仿真数据和实测数据对 ASFIPF 算法的性能进行验证,并与基于

幅度加权的均值算法、Trouvé 局部条纹频率估计算法[3]、Wang 高效自适应算法[9]、MPLOW 算法和 SpInPHASE 算法[15]进行对比。Trouvé 局部条纹频率估计算法的局部条纹频率估计窗口大小为 $13×13$,滤波窗口大小为 $5×5$,其他算法滤波参数的值均采用前面章节中的设置。

5.4.1　仿真数据

仿真的方法、流程和参数值和第 4 章相同,共生成 8 组 InSAR 数据。图 5.4(a) 和(b)分别是仿真 DEM 和无噪相位,基于 $\bar{\gamma}$ 为 0.3009、0.5005、0.7010 和 0.9002 生成的干涉相位如图 5.5 所示。

(a) 仿真DEM　　　　　　　　　　　　　　　　(b) 无噪相位

图 5.4　仿真 DEM 和无噪相位

图 5.5(a)～(d)的滤波结果分别如图 5.6～图 5.9 所示。6 个算法对噪声的自适应性和鲁棒性不同,当相干性很好时,6 个滤波结果的视觉效果相差不多 (图 5.9),噪声得到有效抑制的同时致密条纹得到很好的保持;当相干性降低时,6 个滤波结果的差异逐渐变大。噪声自适应性和鲁棒性最好的是 SpInPHASE 算法和 ASFIPF 算法,得到的滤波结果无论在噪声抑制方面还是条纹连续性的保持方面,都优于其他 4 个滤波结果,尤其是当相干性很低时,这种优势更加明显。此外,对比图 5.6(e)和(f)可以看到,前者噪声更多并且条纹断裂融合更严重,因此当 $\bar{\gamma}$ =0.3009 时,ASFIPF 算法在噪声抑制和条纹保持上都优于 SpInPHASE 算法。对于其他 4 个算法,当 $\bar{\gamma}$=0.7010 时,图 5.8(a)和(d)中的少量致密条纹发生了融合和断裂,图 5.8(c)中能观察到少量噪声;当 $\bar{\gamma}$=0.5005 时,图 5.7(a)和(d)中条纹融合断裂的情况更加严重,图 5.7(a)～(c)中已经出现较为明显的噪声。当 $\bar{\gamma}$ =0.3009 时,图 5.6(d)中的条纹发生非常严重的融合和断裂,图 5.6(a)和(c)中也存在类似的情况并且残留了部分噪声;较低的相干性导致较低的信噪比,此时噪声是相位中的主要分量,由于 Trouvé 局部条纹频率估计算法和 Wang 高效自适应算法都依赖于频谱幅度的最大值,因此这两个算法无法有效抑制噪声,并且导致低相

干区域伪条纹的产生,这在图 5.6(b)和(c)中可以清楚地看到。

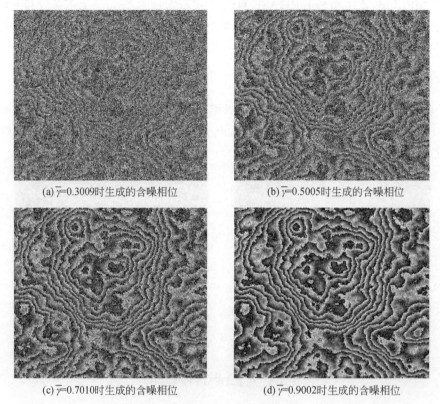

(a) $\bar{\gamma}=0.3009$ 时生成的含噪相位　　　　(b) $\bar{\gamma}=0.5005$ 时生成的含噪相位

(c) $\bar{\gamma}=0.7010$ 时生成的含噪相位　　　　(d) $\bar{\gamma}=0.9002$ 时生成的含噪相位

图 5.5　仿真生成的含噪相位

所有滤波结果的定量评价指标如图 5.10 所示,下面基于评价指标对算法的性能进行分析。

(1) 从 MSE 和 MSSIM 的变化曲线[图 5.10(a)和(b)]来看,ASFIPF 算法在 $\bar{\gamma}=0.3009$ 时最优,SpInPHASE 算法次之。在大部分情况下,ASFIPF 算法略优于 SpInPHASE 算法。当相干性增大时,基于幅度加权的均值算法、Trouvé 局部条纹频率估计算法、MPLOW 算法、SpInPHASE 算法和 ASFIPF 算法的性能越来越接近。Wang 高效自适应算法性能曲线接近其他算法性能曲线的速度最慢,并且当 $\bar{\gamma}$ 大于一定阈值时是所有算法中最差的,但它比 Trouvé 局部条纹频率估计算法的稳定性更好。综合来看,SpInPHASE 算法和 ASFIPF 算法优于其他 4 个算法,尤其是当 $\bar{\gamma}$ 小于一定阈值时,这种优势更加明显。此外,当 $\bar{\gamma}=1.0000$ 时,相位中不包含任何噪声,滤波算法应该不对相位做任何处理,此时滤波结果的 MSE 和 MSSIM 应该分别是 0 和 1,而 ASFIPF 算法是唯一一个符合该条件的算法。

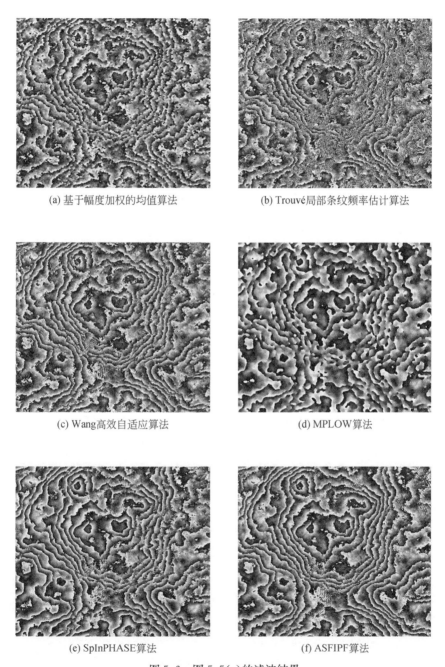

(a) 基于幅度加权的均值算法　　　　　　　　(b) Trouvé局部条纹频率估计算法

(c) Wang高效自适应算法　　　　　　　　　　(d) MPLOW算法

(e) SpInPHASE算法　　　　　　　　　　　　(f) ASFIPF算法

图 5.6　图 5.5(a)的滤波结果

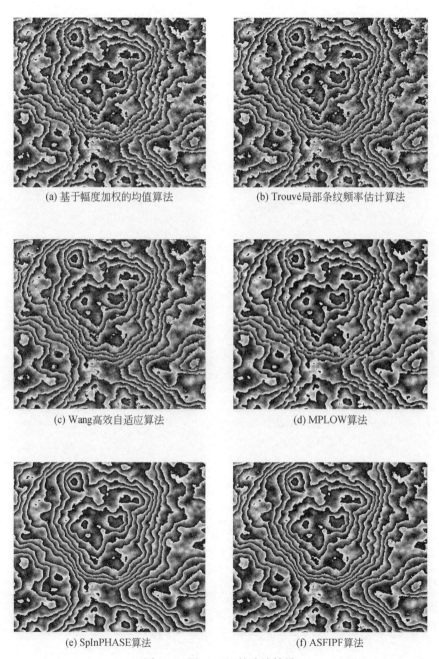

(a) 基于幅度加权的均值算法　　　　　　　(b) Trouvé局部条纹频率估计算法

(c) Wang高效自适应算法　　　　　　　　(d) MPLOW算法

(e) SpInPHASE算法　　　　　　　　　　(f) ASFIPF算法

图 5.7　图 5.5(b)的滤波结果

(a) 基于幅度加权的均值算法　　　　　　(b) Trouvé局部条纹频率估计算法

(c) Wang高效自适应算法　　　　　　　(d) MPLOW算法

(e) SpInPHASE算法　　　　　　　　　(f) ASFIPF算法

图 5.8　图 5.5(c)的滤波结果

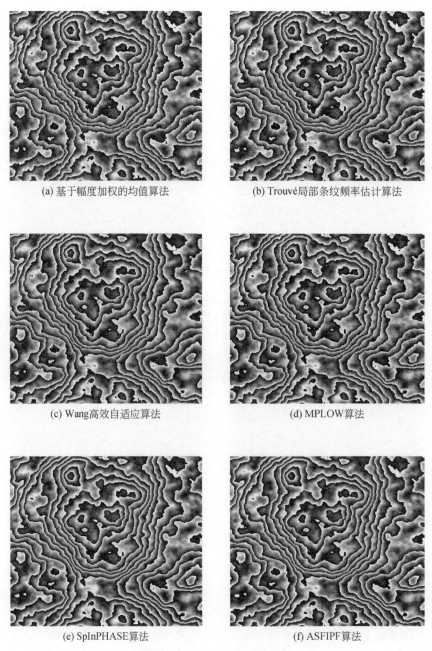

(a) 基于幅度加权的均值算法

(b) Trouvé局部条纹频率估计算法

(c) Wang高效自适应算法

(d) MPLOW算法

(e) SpInPHASE算法

(f) ASFIPF算法

图 5.9　图 5.5(d)的滤波结果

（2）从 NOR 的变化曲线［图 5.10(c)］来看，当 $\bar{\gamma}=0.3009$ 时，MPLOW 算法是抑制残差点最多的算法，而结合图 5.6(d)可以看出，这是以破坏条纹为代价的。ASFIPF 算法的 NOR 略多于 MPLOW 算法，性能次之。随着相干性的增大，SpInPHASE 算法很快成为该指标的最优算法，显示了稀疏表示技术的优越性；ASFIPF 算法紧跟 SpInPHASE 算法几乎一直排在第 2。Wang 高效自适应算法在相干性低于一定阈值时优于基于幅度加权的均值算法和 Trouvé 局部条纹频率估计算法，当相干性高于阈值时却劣于这两个算法。同样的趋势在基于幅度加权的均值算法和 Trouvé 局部条纹频率估计算法的性能曲线对比中也存在。这说明基于幅度加权的均值算法、Trouvé 局部条纹频率估计算法和 Wang 高效自适应算法中所用的滤波策略对噪声的鲁棒性较差。

（3）从 SPD 的变化曲线［图 5.10(d)］来看，由于无噪相位的 SPD 为 1.4424×10^5，当 $\bar{\gamma}=0.3009$ 时，MPLOW 算法是过滤波的而其他 5 个算法都是欠滤波的，这与图 5.6 中滤波结果的视觉效果相符。此外，还有两个值得注意的现象。第一，SpInPHASE 算法和 ASFIPF 算法在 SPD 方面比较接近，它们与 MPLOW 算法的差距较大，但在 NOR 方面，MPLOW 算法和 ASFIPF 算法比较接近，它们与SpInPHASE 算法的差距较大。第二，基于幅度加权的均值算法在 SPD 方面明显小于 Wang 高效自适应算法，但前者比后者包含更多的残差点。这两个现象再一次说明，SPD 小的滤波结果未必具有更少的残差点。随着相干性的增大，所有算法的 SPD 都有向无噪相位靠近的趋势。但当 $\bar{\gamma}>0.8009$ 时，6 个算法的 SPD 均小于无噪相位的 SPD，这说明 6 个算法在去噪的同时均损失了有用信号。正是这些损失的有用信号，才使 6 个算法在 MSE 和 MSSIM 方面分别接近 0 和 1，但却达不到。当 $\bar{\gamma}=1$ 时，滤波结果的 SPD 应该和无噪相位的 SPD 相同，只有 ASFIPF 算法符合这个条件。

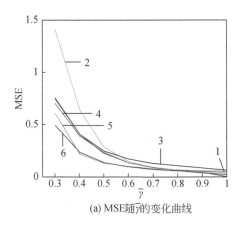

(a) MSE 随 $\bar{\gamma}$ 的变化曲线

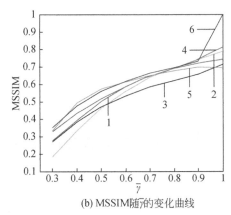

(b) MSSIM 随 $\bar{\gamma}$ 的变化曲线

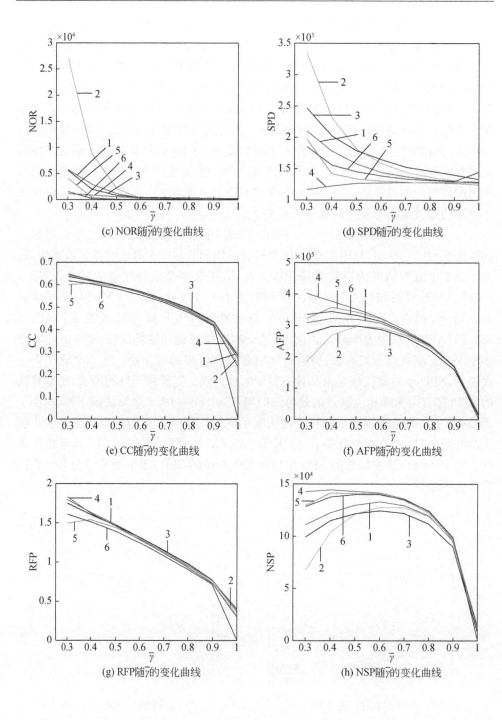

(c) NOR随$\bar{\gamma}$的变化曲线

(d) SPD随$\bar{\gamma}$的变化曲线

(e) CC随$\bar{\gamma}$的变化曲线

(f) AFP随$\bar{\gamma}$的变化曲线

(g) RFP随$\bar{\gamma}$的变化曲线

(h) NSP随$\bar{\gamma}$的变化曲线

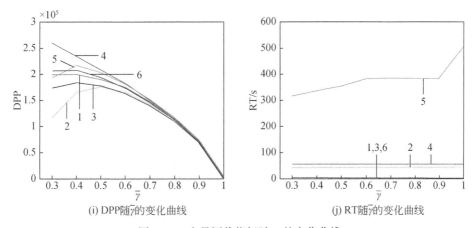

图 5.10 定量评价指标随 $\bar{\gamma}$ 的变化曲线

1-基于幅度加权的均值算法;2-Trouvé 局部条纹频率估计算法;3-Wang 高效自适应算法;
4-MPLOW 算法;5-SpInPHASE 算法;6-ASFIPF 算法

(4) 从 CC 和 RFP 的变化曲线[图 5.10(e)和(g)]来看,当 $\bar{\gamma}=0.3009$ 时,SpInPHASE 算法优于 ASFIPF 算法,结合图 5.10(a)～(d)可以看出,这是因为 SpInPHASE 算法的滤波力度和噪声抑制能力均小于 ASFIPF 算法。ASFIPF 算法除在 $\bar{\gamma}=0.3009$ 以外,一直都是所有算法中最优的,这说明 ASFIPF 算法在信噪分离的能力上优于其他算法。注意到 4.4.1 节中的 PLOW 算法在 CC 和 RFP 方面也是所有对比算法中最优的,但 ASFIPF 算法的最优前提和 PLOW 算法是不同的。由图 4.13 中 PLOW 算法的各性能曲线可知,PLOW 算法在 CC 和 RFP 方面最优的前提是滤波力度小和噪声抑制能力弱;而从图 5.10 中 ASFIPF 算法的性能曲线来看,ASFIPF 算法在 CC 和 RFP 方面最优的前提是滤波力度大和噪声抑制能力强。因此,ASFIPF 算法不仅能够有效抑制噪声还能做到较好的信噪分离,ASFIPF 算法的这种最优比 PLOW 算法的最优更具有实际意义。当 $\bar{\gamma}=1$ 时,滤波结果的 CC 和 RFP 应该为 0,只有 ASFIPF 算法符合这个条件。

(5) 从 AFP 的变化曲线[图 5.10(f)]来看,当 $\bar{\gamma}=0.3009$ 时,6 个算法的绝对滤波力度差异最大,MPLOW 算法的绝对滤波力度最强,ASFIPF 算法次之。随着相干性的增大,所有算法的绝对滤波力度都呈减小的趋势。从理论上来讲,AFP 应该和噪声的方差成正比,和相干系数成反比:相干性低时噪声方差大,为了有效地抑制噪声,算法的噪声抑制能力也应该大,同时极有可能损失更多的细节信息,那么 AFP 应该较大;相干性高时噪声方差小,那么算法的噪声抑制能力不需要太大就可以有效去除噪声,同时可以较少地损失细节,那么 AFP 应该较小。从变化曲线来看,除 MPLOW 算法以外的 5 个算法,它们的最大绝对滤波力度并非在 $\bar{\gamma}=0.3009$ 时出现,基于幅度加权的均值算法、SpInPHASE 算法和 ASFIPF 算法在 $\bar{\gamma}=0.4009$ 时出现,Trouvé 局部条纹频率估计算法和 Wang 高效自适应算法在 $\bar{\gamma}=$

0.5005 时出现；虽然 MPLOW 算法满足其 AFP 与相干系数成反比的趋势，但该算法在低相干系数的情况下融合了条纹导致有用信号的大量损失，因此 SpInPHASE 算法和 ASFIPF 算法的绝对滤波力度不如 MPLOW 算法，但在 MSE 和 MSSIM 方面优于 MPLOW 算法。当 $\bar{\gamma}=1$ 时，滤波结果的 AFP 应该为 0，只有 ASFIPF 算法符合这个条件。

（6）从 NSP 的变化曲线[图 5.10(h)]来看，当 $\bar{\gamma}=0.3009$ 时，MPLOW 算法最优，而 Trouvé 局部条纹频率估计算法最差。最小的噪声抑制能力导致 Trouvé 局部条纹频率估计算法在 MSE 和 MSSIM 方面是最差的，但最大的噪声抑制能力未能使 MPLOW 算法在 MSE 和 MSSIM 方面取得最优，反倒是噪声抑制能力稍弱的 SpInPHASE 算法和 ASFIPF 算法优于 MPLOW 算法，原因在于 MPLOW 算法破坏了条纹。基于同样的原因，MPLOW 算法的噪声抑制能力明显大于基于幅度加权的均值算法和 Wang 高效自适应算法，但在 MSE 和 MSSIM 方面只是略优于这两个算法。虽然 MPLOW 算法在 NSP 方面大于 SpInPHASE 算法和 ASFIPF 算法，但是当 $\bar{\gamma}\geqslant0.4009$ 时，MPLOW 算法在 NOR 方面一直劣于 SpInPHASE 算法和 ASFIPF 算法。这说明抑制噪声和抑制残差点是有区别的，两者只有定性的趋势性关系但无定量关系。随着相干性的增大，噪声方差减小，6 个算法的噪声抑制能力逐渐减小；当 $\bar{\gamma}=1$ 时，相位中无噪声，滤波结果的 NSP 应该为 0，只有 ASFIPF 算法符合这个条件。此外，算法的 NSP 应该与相干系数成反比，但是 6 个算法的曲线先随相干系数成正比后成反比，这说明 6 个算法在相干性很低时噪声抑制能力远远不够，所以它们的 MSE 和 MSSIM 在相干性很低时都很差。同时，这表明滤波算法的性能在低相干数据的处理上还有很大的提升空间。

（7）从 DPP 的变化曲线[图 5.10(i)]来看，当 $0.3009\leqslant\bar{\gamma}\leqslant0.5005$ 时，MPLOW 算法最优，而 Trouvé 局部条纹频率估计算法最差，这表示 MPLOW 算法在这个相干系数区间内损失的细节信息最多而 Trouvé 局部条纹频率估计算法损失得最少。虽然 Trouvé 局部条纹频率估计算法损失的细节信息最少，但是结合该算法的其他性能曲线可以看出（最差的 MSE、MSSIM 和 NOR），这是由该算法的绝对滤波力度和噪声抑制能力都很弱造成的。这再一次证明，以较小绝对滤波力度和噪声抑制能力为前提的细节保持能力对滤波是没有实际意义的。基于幅度加权的均值算法、MPLOW 算法、SpInPHASE 算法和 ASFIPF 算法虽然比 Trouvé 局部条纹频率估计算法和 Wang 高效自适应算法损失的细节多，但前 4 个算法的噪声抑制能力也强于后两个算法。此时，较强噪声抑制能力带来的性能提升大于较多细节损失带来的性能降低，因此前 4 个算法在很多性能指标上优于后两个算法。对比性能较优且相近的 MPLOW 算法、SpInPHASE 算法和 ASFIPF 算法可以看到，当 $\bar{\gamma}\geqslant0.4009$ 时，ASFIPF 算法是损失细节最少的算法，并且当 $\bar{\gamma}=1$ 时，ASFIPF 算法是唯一一个 DPP 为 0 的算法。

(8) 从 RT 方面来看,SpInPHASE 算法依然是最慢的,基于幅度加权的均值算法最快。中间按由快到慢依次是 Wang 高效自适应算法、ASFIPF 算法(MATLAB 编写)、Trouvé 局部条纹频率估计算法(MATLAB 编写)、MPLOW 算法。

综上所述,SpInPHASE 算法和 ASFIPF 算法的综合性能优于其他 4 个算法。ASFIPF 算法与 SpInPHASE 算法的噪声抑制能力相当,但前者在信噪分离能力和细节保持能力上略优于后者。更重要的是,ASFIPF 算法比 SpInPHASE 算法简单得多,实现起来更加容易。

5.4.2　实测数据

本节用实测数据对 ASFIPF 算法的性能进行验证。

1. 实测数据一

为了验证 ASFIPF 算法在条纹较稀疏、相干性较好情况下的性能,本节选用 4.4.2 中的实测数据一作为处理对象。

6 个算法的滤波结果如图 5.11 所示。从视觉效果上看,图 5.11(e)最平滑,图 5.11(f)的细节最多,图 5.11(a)~(d)的平滑程度介于图 5.11(e)和(f)之间,其中,图 5.11(c)是图 5.11(a)~(d)中噪声抑制得最好的。

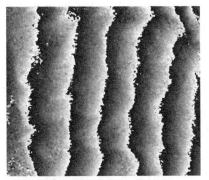
(a) 基于幅度加权的均值算法

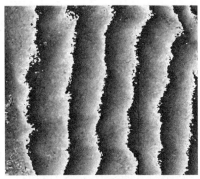
(b) Trouvé局部条纹频率估计算法

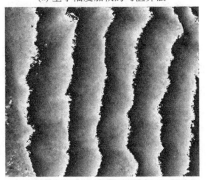
(c) Wang高效自适应算法

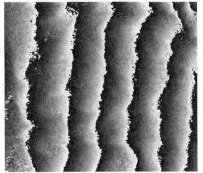
(d) MPLOW算法

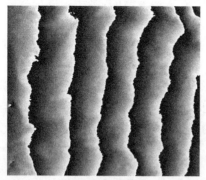

(e) SpInPHASE算法　　　　　　　(f) ASFIPF算法

图 5.11　　图 4.14(a)的滤波结果

　　6 个滤波结果的定量评价指标如表 5.1 所示。图 5.11(e)的各项评价指标显示,SpInPHASE 算法在该实测数据上抑制噪声和残差点的能力最强,但损失细节最多,因此该算法在 CC 方面是最差的。图 5.11(f)中的残差点数量略多于图 5.11(e)并少于图 5.11(a)~(d),但是图 5.11(f)的 CC、RFP、DPP 在所有结果中都是最优的,并且这种优势很明显。此外,图 5.11(f)的 SPD 明显大于其他结果,这与图 5.11(f)中条纹粗糙(细节多)的视觉效果相符。更有趣的是它的 AFP 和 NSP 均小于其他结果,这说明 ASFIPF 算法在该实测数据上的绝对滤波力度和噪声抑制能力均小于其他 5 个算法,损失的细节也少于其他 5 个算法,但对残差点的抑制能力仅仅次于损失细节较多的 SpInPHASE 算法。对比图 5.11(a)和(b),前者在 NOR 方面小于后者,但在其他指标方面两者非常接近,说明基于幅度加权的均值算法和 Trouvé 局部条纹频率估计算法在该实测数据上性能相近,但前者的残差点抑制能力更强,原因可能是 Trouvé 局部条纹频率估计算法在低相干区域无法有效估计条纹频率。对比图 5.11(b)和(c)发现,两者的性能相近,后者在 NOR 方面优于前者,原因可能是基于频谱加权来提取相位信号低频分量的方法在残差点的抑制能力方面要强于基于局部条纹频率估计的方法。此外,在差分相位滤波上,虽然 Wang 高效自适应算法和 Trouvé 局部条纹频率估计算法都采用均值滤波,但前者所用的滤波像素点是 27 个,而后者是 25 个。对比图 5.11(b)和(d)发现,后者在所有指标方面均优于前者。对比图 5.11(c)和(d)发现,两者在细节保持能力方面非常相近,但后者在 NSP 方面大于前者,说明后者的噪声抑制能力更强,但是后者保留了更多的残差点,这也说明噪声抑制能力不同于残差点抑制能力。

表 5.1　图 5.11 中各滤波结果的定量评价指标

滤波结果	NOR	SPD/($\times 10^5$)	CC	AFP/($\times 10^5$)	RFP	NSP/($\times 10^5$)	DPP/($\times 10^5$)	RT/s
含噪相位	16479	2.8612	—	—	—	—	—	

续表

滤波结果	NOR	SPD/($\times10^5$)	CC	AFP/($\times10^5$)	RFP	NSP/($\times10^5$)	DPP/($\times10^5$)	RT/s
图 5.11(a)	152	0.5975	0.4508	2.2638	0.8211	1.2431	1.0207	0.01
图 5.11(b)	274	0.6490	0.4523	2.2122	0.8258	1.2117	1.0006	41.96
图 5.11(c)	119	0.6751	0.4517	2.1862	0.8237	1.1987	0.9874	0.84
图 5.11(d)	158	0.5692	0.4304	2.2921	0.7555	1.3056	0.9864	52.61
图 5.11(e)	4	0.3177	0.4556	2.5435	0.8368	1.3848	1.1588	364.64
图 5.11(f)	56	0.9019	0.3998	1.9593	0.6661	1.1760	0.7833	4.11

综上所述,在该实测数据的处理上,SpInPHASE 算法虽然在 NOR 上最优,但这是以牺牲较多相位信号细节为代价的。相对来说,ASFIPF 算法对残差点的抑制更加合理,其细节保持能力和信噪分离能力都明显优于其他算法。

2. 实测数据二

本节所用实测数据对应于美国的凤凰城。主、辅 SAR 图像是由加拿大的 RA-DARSAT-2 分别于 2008 年 5 月 4 日和 2008 年 5 月 28 日在 Ultrafine 模式下获取的。经图像配准和去平地相位后得到干涉相位及其对应的相干系数图,截取其中 1000×1000 的图像块进行处理,待处理的含噪相位和对应的相干系数图如图 5.12 所示。该数据对应一块山地地形,条纹较图 4.14(a)中的条纹更为密集, $\bar{\gamma}=0.6032$。

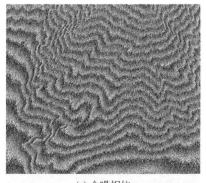 

　　　　　(a) 含噪相位　　　　　　　　　　　　　　　(b) 相干系数图

图 5.12　实测数据二的含噪相位和相干系数图

6 个算法的滤波结果如图 5.13 所示。从视觉效果看,图 5.13(b)中残留的噪声最多并且在低相干区域产生了伪条纹,图 5.13(a)和(d)中的噪声略少于图 5.13(b),其次是图 5.13(c),噪声抑制能力最强的是图 5.13(e)和(f)。此外,从图 5.12(b)可以看出,该数据噪声的变化非常剧烈,相邻像素点噪声方差差异很大,导致

图 5.13(a)、(b)和(d)中残留了很多孤立的噪声。这些噪声主要分布于条纹密集区域,在相位解缠时很容易引起较大的误差。

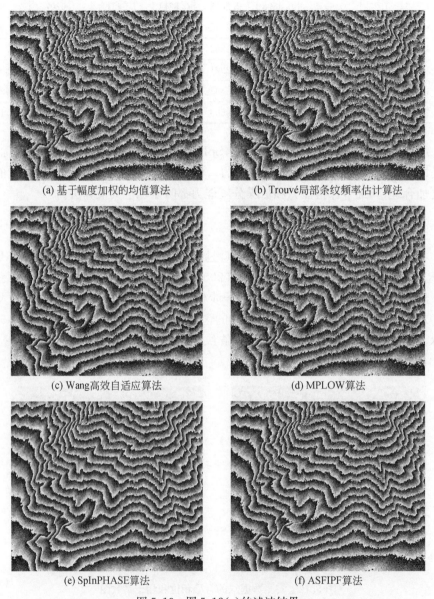

(a) 基于幅度加权的均值算法

(b) Trouvé局部条纹频率估计算法

(c) Wang高效自适应算法

(d) MPLOW算法

(e) SpInPHASE算法

(f) ASFIPF算法

图 5.13　图 5.12(a)的滤波结果

　　6 个滤波结果的定量评价指标如表 5.2 所示。从 NOR 方面看,图 5.13(f)最优,图 5.13(e)次之,图 5.13(c)第 3,图 5.13(a)、(b)和(d)与前 3 名的差距较大。产生差距的原因在于,对于图 5.13(a),由于基于幅度加权的均值算法滤波窗口是固定的 5×5,因此无法有效抑制方差大的噪声;对于图 5.13(b),MUSIC 算法无法在低相干区域有效地估计相位条纹频率,且其后续均值滤波的窗口也是固定的;对于图 5.13(d),空变性大的噪声严重影响了 MPLOW 算法中的图像块分类,尽管图像块相干系数均值可能比较接近,但图像块中相干系数变化太大,在进行均值滤波时不能有效抑制噪声。

从 SPD 和 AFP 方面看,绝对滤波力度最大的是图 5.13(e),其次是图 5.13(f)。然而,图 5.13(e)中残差点的数量明显多于图 5.13(f),这再一次说明 NOR 小的结果其 SPD 未必也小。类似的情况在图 5.13(a)、(c)和(d)的对比中也存在,三者在 SPD 和 AFP 方面比较接近,但在 NOR 方面的差异大得多。对比图 5.13(a)和(c)发现,前者的绝对滤波力度要略大于后者,但残差点的数量几乎是后者的两倍。原因可能在于 Wang 高效自适应算法中基于频谱幅度加权的方法对残差点的抑制比均值方法要更为有效。

从 CC 和 RFP 方面看,信噪分离能力最强的是图 5.13(d),其次是图 5.13(f)。然而,对比图 5.13(d)和(f)在 NOR、SPD 和 AFP 方面的性能可以看出,图 5.13(d)的 NOR 约为图 5.13(f)的 12 倍,图 5.13(d)较大的信噪分离能力是建立在较小的滤波力度基础上的。类似的情况也出现在图 5.13(d)和(e)的对比中。

从 NSP 和 DPP 方面看,图 5.13(e)在噪声抑制和细节损失上都是最多的,图 5.13(f)次之。虽然 SpInPHASE 算法和 ASFIPF 算法损失了更多细节,但这两个算法更有效地抑制了残差点。

综合图 5.13 的视觉效果和表 5.2 来看,SpInPHASE 算法和 ASFIPF 算法的综合性能优于其他 4 个算法。此外,ASFIPF 算法以较小的噪声抑制能力、较少的细节损失、较强的信噪分离能力获得了比 SpInPHASE 算法更少的残差点,因此 ASFIPF 算法略优于 SpInPHASE 算法。

表 5.2　图 5.13 中各滤波结果的定量评价指标

滤波结果	NOR	SPD/($\times 10^6$)	CC	AFP/($\times 10^6$)	RFP	NSP/($\times 10^6$)	DPP/($\times 10^6$)	RT/s
含噪相位	137685	1.5637	—	—	—	—	—	—
图 5.13(a)	7501	0.5261	0.5626	1.0376	1.2861	0.4539	0.5387	0.05
图 5.13(b)	14210	0.6106	0.5631	0.9531	1.2888	0.4164	0.5367	170.44
图 5.13(c)	3741	0.5489	0.5604	1.0148	1.2747	0.4461	0.5687	1.90
图 5.13(d)	9804	0.5693	0.5157	0.9943	1.0649	0.4816	0.5128	218.85
图 5.13(e)	1458	0.3768	0.5534	1.1868	1.2391	0.5301	0.6568	1469.98
图 5.13(f)	825	0.4399	0.5372	1.1238	1.1605	0.5201	0.6036	17.23

3. 实测数据三

本节所用实测数据对应于意大利的 Etna 火山。主、辅 SAR 图像是由 SIR-C 分别于 1994 年 9 月和 10 月获取的。经图像配准和去平地相位后得到干涉相位及其对应的相干系数图,截取其中 500×500 的图像块进行处理,待处理的含噪相位和对应的相干系数图如图 5.14 所示。该数据对应于一块山地地形,条纹较前两个实测数据更为密集且相干性更低($\bar{\gamma}=0.4067$),这对滤波算法是一个很大的考验。

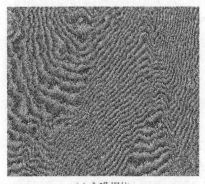 

(a) 含噪相位　　　　　　　　　　　(b) 相干系数图

图 5.14　实测数据三的含噪相位和相干系数图

6 个算法的滤波结果如图 5.15 所示。从视觉效果上看,相比图 5.15(a)～(c),图 5.15(d) 和 (e) 中的噪声抑制得更好。6 个结果在左下角、右上角和右下角等低相干、密集条纹区域的差异很明显。这些区域的相干性较低、噪声方差大,理论上应该用较大的滤波窗口或滤波参数,同时这些区域的条纹非常密集,较大的滤波窗口或滤波参数极易破坏条纹。图 5.15(a) 中低相干区域的密集条纹遭到破坏,如果将基于幅度加权的均值算法的滤波窗口减小,那么条纹被破坏的情况能够得到改善,但是噪声无法得到有效抑制;如果增大滤波窗口,那么条纹被破坏的情况会进一步恶化。图 5.15(b) 中右上角和右下角的条纹得到较好的恢复,但其左下角的条纹无法通过局部条纹频率估计有效地恢复出来。图 5.15(c) 中残留的噪声要比图 5.15(a) 和 (b) 中残留的噪声少,但是图 5.15(c) 中低相干、密集条纹区域的条纹出现很多断裂的情况。图 5.15(d) 中残留的噪声较图 5.15(a)～(c) 要少,但是低相干、密集条纹区域的条纹发生了融合。相对来说,图 5.15(e) 和 (f) 不仅有效抑制了噪声,而且较好地保持了致密条纹,但这两个结果中也存在破坏条纹的现象 [图 5.15(e) 和 (f) 的右下角],只是比其他 4 个结果要好。

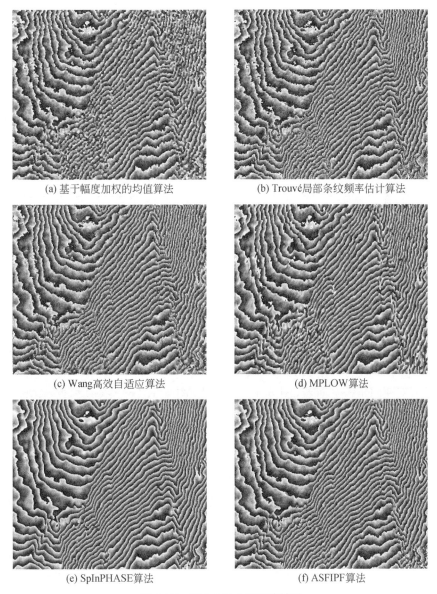

(a) 基于幅度加权的均值算法

(b) Trouvé局部条纹频率估计算法

(c) Wang高效自适应算法

(d) MPLOW算法

(e) SpInPHASE算法

(f) ASFIPF算法

图 5.15 图 5.14(a)的滤波结果

　　6 个滤波结果的定量评价指标如表 5.3 所示。从 NOR 方面看,图 5.13(e)最优,图 5.15(f)次之,图 5.15(d)第 3,图 5.15(c)第 4,图 5.15(b)和(a)分列第 5 和第 6。由于滤波窗口较小,因此图 5.15(a)未能有效抑制残差点;一方面滤波窗口较小,另一方面 MUSIC 方法在低相干、密集条纹区域无法有效估计条纹频率,因此图 5.15(b)中还残留了 2522 个残差点;基于频谱幅度加权的方法比 MUSIC 方法在噪声抑制上更有效,并且 Wang 高效自适应算法在差分相位滤波中所用样本点数比 Trouvé 局部条纹频率估计算法更多,因此图 5.15(c)中的残差点少于图 5.15(b);从视觉效果上看,图 5.15(d)中的残差点应该得到了有效抑制,但仍有 1000 个,一个可能的原因是被破坏的条纹引入了额外的残差点。

表 5.3　图 5.15 中各滤波结果的定量评价指标

滤波结果	NOR	SPD/($\times 10^5$)	CC	AFP/($\times 10^5$)	RFP	NSP/($\times 10^5$)	DPP/($\times 10^5$)	RT/s
含噪相位	52069	4.6194	—	—	—	—	—	—
图 5.15(a)	3490	1.9639	0.5944	2.6554	1.4652	1.0772	1.5783	0.01
图 5.15(b)	2522	2.1267	0.5879	2.4926	1.4268	1.0271	1.4655	41.68
图 5.15(c)	1493	2.0964	0.5886	2.5229	1.4309	1.0378	1.4851	0.84
图 5.15(d)	1004	1.7625	0.5844	2.8569	1.4063	1.1872	1.6696	52.97
图 5.15(e)	205	1.7391	0.5888	2.8803	1.4320	1.1843	1.6959	351.63
图 5.15(f)	353	1.8612	0.5740	2.7582	1.3476	1.1749	1.5833	3.88

从 SPD 和 AFP 方面看,图 5.13(a)～(c)绝对滤波力度相近而图 5.13(d)～(e)的绝对滤波力度相近。对比图 5.13(a)和(b)、图 5.13(a)和(c)、图 5.13(d)和(f)可以看到,残差点少的滤波结果其 SPD 未必就小,若滤波破坏了条纹,则极有可能引入额外的残差点,如图 5.15(a)和(d)所示。

从 CC 和 RFP 方面看,图 5.15(f)最优;图 5.15(b)～(e)相近;图 5.15(a)最差。

从 NSP 方面看,图 5.15(d)的噪声抑制能力最强,图 5.15(e)次之,图 5.15(f)第 3。

从 DPP 方面看,图 5.15(e)损失的细节最多,图 5.15(d)次之,图 5.15(f)第 3。

综上所述,无论在视觉效果上还是定量指标上,ASFIPF 算法和 SpInPHASE 算法都要优于其他 4 个滤波算法。ASFIPF 算法在信噪分离和细节保持能力方面略优于 SpInPHASE 算法,但 SpInPHASE 算法在残差点抑制能力方面优于 ASFIPF 算法,这说明为了抑制更多的残差点可能需要损失更多的相位细节信息。

5.5　本 章 小 结

"分而治之"的策略为在密集条纹情况下获取高精度滤波结果提供了一个很好的思路。早期的 Trouvé 局部条纹频率估计算法和 Wang 高效自适应算法确实在密集条纹的处理方面优于传统的基于幅度加权的均值算法,但由于并未充分利用"噪声分布在整个频带而有用信号主要集中在低频"这一特性,并且在差分相位的处理方面不够精细,降低了算法的性能。本章针对上述问题开展研究,主要研究内容和结论如下：

（1）提出了 ASFIPF 算法。先通过频谱幅度硬阈值处理和指数操作来提取相位信号的低频分量，再通过非局部均值滤波恢复相位信号的高频分量。

（2）为了使算法对噪声具有较强的鲁棒性，将部分滤波参数与表示局部噪声方差的自适应因子关联起来，并通过大量的仿真实验确定了其他滤波参数的值。

（3）用仿真和实测数据对 ASFIPF 算法的性能进行验证。实验结果表明，ASFIPF 算法能够在有效抑制残差点的同时较好地保持相位信号的细节信息。此外，ASFIPF 算法的整体性能与 SpInPHASE 算法相当，甚至在很多情况下优于 SpInPHASE 算法，但前者的效率是后者的 93.7 倍。

参 考 文 献

[1] Knaus C, Zwicker M. Dual-domain image denoising[C]//Proceedings of the 20th IEEE International Conference on Image Processing, Melbourne, 2013.

[2] Knaus C, Zwicker M. Progressive image denoising [J]. IEEE Transactions on Image Processing, 2014, 23(7): 3114—3125.

[3] Trouvé E, Carame M, Maitre H. Fringe detection in noisy complex interferograms[J]. Applied Optics, 1996, 35(20): 3799—3806.

[4] Trouvé E, Nicolas J M, Maitre H. Improving phase unwrapping techniques by the use of local frequency estimates[J]. IEEE Transactions on Geoscience and Remote Sensing, 1998, 36(6): 1963—1972.

[5] Cai B, Liang D N, Dong Z. A new adaptive multiresolution noise-filtering approach for SAR interferometric phase images[J]. IEEE Geoscience and Remote Sensing Letters, 2008, 5(2): 266—270.

[6] Suo Z Y, Li Z F, Bao Z. A new strategy to estimate local fringe frequencies for InSAR phase noise reduction[J]. IEEE Geoscience and Remote Sensing Letters, 2010, 7(4): 771—775.

[7] Meng D, Sethu V, Ambikairajah E, et al. A novel technique for noise reduction in InSAR images[J]. IEEE Geoscience and Remote Sensing Letters, 2007, 4(2): 226—230.

[8] Chang L, He X F, Li J. A wavelet domain detail compensation filtering technique for InSAR interferograms[J]. International Journal of Remote Sensing, 2011, 32(23): 7985—7995.

[9] Wang Q S, Huang H F, Yu A X, et al. An efficient and adaptive approach for noise filtering of SAR interferometric phase images[J]. IEEE Geoscience and Remote Sensing Letters, 2011, 8(6): 1140—1144.

[10] Baran I, Stewart M P, Kampes B M, et al. A modification to the Goldstein radar interferogram filter[J]. IEEE Transactions on Geoscience and Remote Sensing, 2003, 41(9): 2114—2118.

[11] Suo Z Y, Zhang J Q, Li M, et al. Improved InSAR phase noise filter in frequency domain[J]. IEEE Transactions on Geoscience and Remote Sensing, 2016, 54(2): 1185—1195.

[12] Darbon J, Cunha A, Chan T, et al. Fast nonlocal filtering applied to electron cryomicroscopy

[C]//Proceedings of the 5th IEEE International Symposium on Biomedical Image: From Nano to Macro, Paris, 2008.

[13] Ghiglia D, Pritt M. Two-dimensional Phase Unwrapping: Theory, Algorithms and Software [M]. New York: Wiley, 1998.

[14] Jiang M, Ding X L, Tian X, et al. A hybrid method for optimization of the adaptive Goldstein filter[J]. ISPRS Photogrammetry and Remote Sensing, 2014, 98: 29—43.

[15] Hao H X, Bioucas-Dias J M, Katkovnik V. Interferometric phase image estimation via sparse coding[J]. IEEE Transactions on Geoscience and Remote Sensing, 2015, 53 (5): 2587—2602.

[16] Zhao C Y, Zhang Q, Ding X L, et al. An iterative Goldstein SAR interferogram filter[J]. International Journal of Remote Sensing, 2011, 33(11): 3443—3455.

[17] Li J W, Li Z F, Bao Z, et al. Noise filtering of high-resolution interferograms over vegetation and urban areas with a refined nonlocal filter[J]. IEEE Geoscience and Remote Sensing Letters, 2015, 12(1): 77—81.

[18] Li Z W, Ding X L, Huang C, et al. Improved filtering parameter determination for the Goldstein radar interferogram filter[J]. ISPRS Photogrammetry and Remote Sensing, 2008, 63(6): 621—634.

第 6 章　AIPFFD 算法

6.1　引　　言

为了更好地应对空变噪声以便获取更高精度的滤波结果,科研人员在最近几年提出的相位滤波算法几乎都用到了迭代滤波。通过迭代,将含噪相位中的噪声逐步滤除掉(Diffusion 迭代滤波)或者将相位信号的不同频率分量逐步提取出来(Twicing 迭代滤波)。有的算法在空域迭代,有的算法在频域或小波域等变换域迭代。从第 5 章的仿真数据和实测数据处理结果来看,在低相干密集条纹区域的处理上,变换域迭代滤波算法 ASFIPF 算法相比空域迭代滤波算法 MPLOW 更具有优势,如图 5.6~图 5.8 和图 5.15 所示。

目前已有的频域迭代滤波算法都采用 Diffusion 迭代滤波,如 Li 等改进的 Goldstein 算法[1]和 Jiang 等改进的 Goldstein 算法[2],还没有科研人员研究基于 Twicing 迭代滤波的频域迭代滤波算法。本章在 ASFIPF 算法的基础上提出基于 Twicing 迭代滤波的 AIPFFD 算法。主要内容安排如下:6.2 节介绍 AIPFFD 算法的原理;6.3 节利用仿真数据来确定 AIPFFD 算法的参数;6.4 节用仿真数据和实测数据对算法的性能进行验证;6.5 节为本章小结。

6.2　AIPFFD 算法

由第 5 章可以看出,频域滤波可以通过局部条纹频率估计、基于频谱幅度最大值加权以及 ASFIPF 算法中先基于频域坐标的频谱幅度硬阈值处理,再利用频谱幅度指数操作,最后进行频谱加权等方式来实现。由第 5 章的数据处理结果可以发现,ASFIPF 算法中的频域滤波方式在低相干密集条纹区域的处理上更具有优势。因此,将 ASFIPF 算法中的频域滤波方式作为 AIPFFD 算法每一次迭代滤波的滤波方式。但由于 ASFIPF 算法是空频滤波算法而 AIPFFD 是频域迭代滤波算法,因此虽然两个算法频域滤波的结构框架相同,但滤波参数是不同的。

算法的具体步骤如下。

(1) 图像块划分。将复干涉相位划分成 32×32 的图像块,图像块之间重叠 28 个像素。在二维傅里叶变换前对图像块的行、列方向分别补 28 个 0,旨在进一步消除图像块之间的不连续性。

（2）基于频域坐标的频谱幅度硬阈值处理。令 $Z(u,v)$ 表示图像块的二维频谱，基于图像块的相干系数对其频谱幅度 $|Z(u,v)|$ 进行基于频域坐标的自适应硬阈值处理：

$$Z_1(u,v) = \begin{cases} |Z(u,v)|, & u,v \in [-29 + \text{round}\{a_1(1-\bar{\gamma}_p)\}, 30 - \text{round}\{b_1(1-\bar{\gamma}_p)\}] \\ 0, & u,v \in 其他 \end{cases}$$

(6.1)

式中，$Z_1(u,v)$ 为硬阈值处理后的复干涉相位块的频谱；$\bar{\gamma}_p$ 为复干涉相位块对应的相干系数均值，可由式（2.33）估计得到；round 为就近取整算子；$a_1 > 0$ 和 $b_1 > 0$ 为待确定的参数。注意，此处 a_1 和 b_1 的取值与 ASFIPF 算法中的不同。

（3）频谱幅度指数操作。利用 $Z_1(u,v)$ 的最大值对 $Z_1(u,v)$ 进行归一化处理得到 $Z_{1\_n}(u,v)$，之后对 $Z_{1\_n}(u,v)$ 进行指数操作。指数应该如何设置？由第 3 章可知，各种改进版本的 Goldstein 算法都是该选择与噪声相关的自适应因子进行指数操作。为了获得更好的滤波结果，自适应因子和指数的函数关系从线性［式（3.61）和式（3.66）］逐渐发展到非线性［式（3.64）和式（3.65）、式（3.68）和式（3.69）、式（3.76）］，这是合理的，因为自然界的任何现象都是多种因素综合作用的结果，这种综合作用就是高度的非线性函数。在 Goldstein 算法的原文中，Goldstein 认为，鉴于干涉相位的特点，滤波力度应该根据局部条纹密度和噪声强弱自适应地变化。考虑到自适应因子和指数的非线性函数关系，指数的具体定义为

$$\alpha_1 = \frac{d_1}{\bar{\gamma}_p} - c_1$$

(6.2)

式中，$1 \geqslant c_1 > 0$ 和 $d_1 \geqslant c_1$ 为待确定的参数。对比现有指数可以看到，现有指数的取值范围都限制在 $[0,1]$，而定义的指数的取值范围是 $[d_1-c_1, +\infty)$。产生这种差异的原因在于，现有各种改进的 Goldstein 滤波算法几乎都是通过一次滤波得到结果，而 AIPFFD 算法是一个迭代算法，通过多次滤波来逼近无噪相位。

（4）通过频谱加权实现滤波。用指数操作后的归一化频谱幅度乘以图像块频谱实现滤波：

$$Z_{1\_f}(u,v) = [Z_{1\_n}(u,v)]^{\alpha_1} Z(u,v)$$

(6.3)

（5）对 $Z_{1\_f}(u,v)$ 进行二维傅里叶逆变换得到滤波后的干涉相位块。得到所有干涉相位块的滤波结果后，对重叠区域取均值，从而得到最终的滤波结果。

AIPFFD 算法的第一次滤波是对原始含噪相位进行的，后面的滤波都是对差分相位进行的。针对差分相位无法计算它的相干系数图，所以从第二次滤波开始，用伪相干系数 $\bar{P}_p$ 来代替 $\bar{\gamma}_p$ 进行频谱幅度硬阈值处理和频谱幅度指数操作。在具体参数设置方面，由于算法是通过迭代逐步提取相位信号的各频率分量，而相位信号主要集中在低频，因此需要较大程度地衰减高频分量，这要通过设置较大的滤波参数来实现。具体而言，$a_1 = 29, b_1 = 30, c_1 = 0.3, d_1 = 1, \alpha_1 = d_1/\bar{\gamma}_p - c_1$。

为了验证迭代滤波的有效性，这里展示一个仿真数据的处理结果。图 6.1（a）

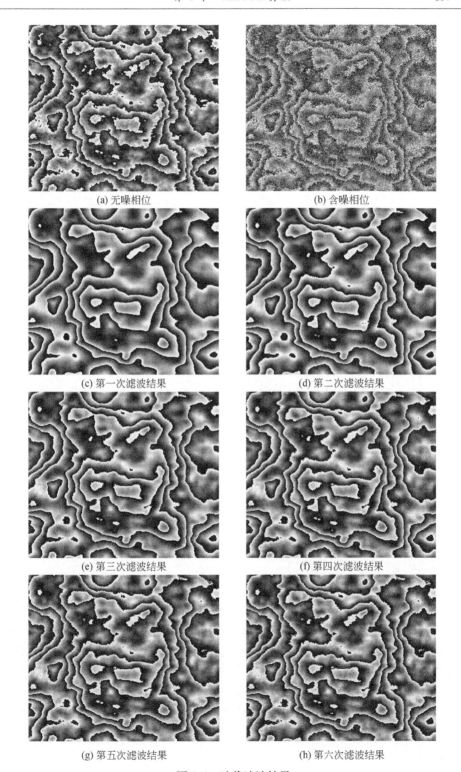

(a) 无噪相位　　　　　　　　　　　(b) 含噪相位

(c) 第一次滤波结果　　　　　　　　(d) 第二次滤波结果

(e) 第三次滤波结果　　　　　　　　(f) 第四次滤波结果

(g) 第五次滤波结果　　　　　　　　(h) 第六次滤波结果

图 6.1　迭代滤波结果

和(b)分别是无噪相位和含噪相位(仿真方法、参数取值和第 4 章相同),图 6.1(c)～
(h)依次是第一次～第六次迭代滤波的结果。可以看到,第一次滤波主要提取了相
位信号的低频分量,但随着迭代次数的增加,相位信号的其他频率分量也被逐渐提
取出来。表 6.1 给出了各个滤波结果的定量评价指标。可以看到,随着迭代次数
的增加,CC 逐渐减小,说明迭代有效地提取了相位信号的各频率分量,差分相位中
的相位信号越来越少,这也可以从 RFP 和 DPP 方面看出。随着相位信号各频率
分量的逐渐恢复,滤波结果应该更靠近无噪相位,这可以从表中 MSE 的减小和
MSSIM 的增大得到证实。此外,随着迭代次数的增加,滤波结果的 SPD 越来越接
近无噪相位的 SPD。因此,迭代滤波是有效的。从表 6.1 还可以看出,随着迭代次
数的增加,虽然滤波结果向无噪相位收敛,但收敛的速度越来越小,根源在于算法
的滤波参数是固定的。随着迭代次数的增加,差分相位中的相位信号越来越少,而
固定的滤波参数于这些相位信号的处理越来越不精细。因此,为了得到高精度的
滤波结果必须经过多次迭代滤波,但多次滤波会明显降低算法的效率,与本书的主
旨不符。为了达到高效高精度的目的,只进行两次滤波,在第二次滤波时采用与第
一次滤波不同的滤波参数。

表 6.1　图 6.1 中各滤波结果的定量评价指标

滤波结果	MSE	MSSIM	NOR	SPD /($\times 10^5$)	CC	AFP /($\times 10^5$)	RFP	NSP /($\times 10^5$)	DPP /($\times 10^5$)
无噪相位	0	1	0	1.1173	—	—	—	—	—
含噪相位	1.1392	0.1247	32797	4.0549	—	—	—	—	—
图 6.1(c)	0.1718	0.4771	1	0.7547	0.5411	3.3001	1.1793	1.5143	1.7858
图 6.1(d)	0.1188	0.5413	1	0.8121	0.5306	3.2428	1.1303	1.5222	1.7205
图 6.1(e)	0.0990	0.5737	1	0.8559	0.5232	3.1990	1.0972	1.5253	1.6736
图 6.1(f)	0.0889	0.5920	1	0.9012	0.5177	3.1536	1.0735	1.5209	1.6327
图 6.1(g)	0.0836	0.6023	1	0.9514	0.5127	3.1035	1.0520	1.5124	1.5910
图 6.1(h)	0.0815	0.6073	1	1.0012	0.5089	3.0536	1.0361	1.4997	1.5539

第二次滤波的具体步骤如下。

(1) 用含噪相位减去第一次滤波结果并缠绕,得到差分相位。

(2) 图像块划分。如果说第一次滤波的目的是提取相位信号的低频分量,那
么第二次滤波的目的就是尽可能地提取相位信号的高频分量。高频分量属于细节
信息,因此采用较小的滤波窗口。具体而言,将差分相位划分成 16×16 的图像块,
图像块之间重叠 14 个像素。在二维傅里叶变换前对图像块进行补 0 操作,行、列
方向都各补 14 个 0,旨在进一步消除图像块之间的不连续性。

(3) 基于频域坐标的频谱幅度硬阈值处理。令 $Z_d(u,v)$ 表示图像块的二维频
谱,$|Z_d(u,v)|$ 为频谱幅度,基于图像块的伪相干系数对 $|Z_d(u,v)|$ 进行自适应的
硬阈值处理:

$$Z_2(u,v) = \begin{cases} |Z_{\mathrm{d}}(u,v)|, & u,v \in \left[-14 + \mathrm{round}\{a_2(1-\bar{P}_{\mathrm{p}})\}, 15 - \mathrm{round}\{b_2(1-\bar{P}_{\mathrm{p}})\}\right] \\ 0 & u,v \in \text{其他} \end{cases}$$

$$(6.4)$$

式中，a_2 和 $b_2 = a_2 + 1$ 为由仿真确定的参数；$\bar{P}_{\mathrm{p}}$ 为图像块对应的伪相干系数均值。

（4）频谱幅度指数操作。利用 $Z_2(u,v)$ 的最大值对 $Z_2(u,v)$ 进行归一化处理得到 $Z_{2\_\mathrm{n}}(u,v)$，之后对 $Z_{2\_\mathrm{n}}(u,v)$ 进行指数操作。指数定义为

$$\alpha_2 = \left(\frac{d_2}{\bar{P}_{\mathrm{p}}} - c_2\right) e_2 \tag{6.5}$$

式中，d_2 和 c_2 为由仿真确定的参数；$e_2 = \bar{P}/\gamma$ 为调节参数，用以补偿伪相干系数与噪声方差之间的不确定关系对滤波的影响，γ 和 $\bar{P}$ 分别为含噪相位相干系数图的均值和差分相位伪相干系数图的均值。

（5）通过频谱加权实现滤波。用指数操作后的频谱幅度乘以图像块频谱实现滤波：

$$Z_{2\_\mathrm{f}}(u,v) = [Z_{2\_\mathrm{n}}(u,v)]^{\alpha_2} Z_{\mathrm{d}}(u,v) \tag{6.6}$$

（6）对 $Z_{2\_\mathrm{f}}(u,v)$ 进行二维傅里叶逆变换得到滤波后的差分相位块。得到所有差分相位块的滤波结果后，对重叠区域取均值，从而得到第二次滤波结果。

（7）将第一次和第二次滤波结果相加并缠绕，得到最终滤波结果。

AIPFFD 算法的流程如图 6.2 所示。

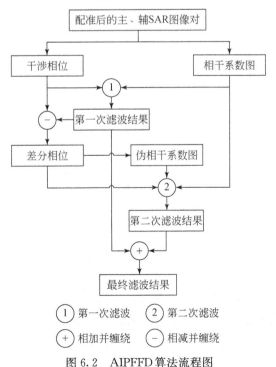

图 6.2　AIPFFD 算法流程图

6.3 AIPFFD算法参数的确定

在算法具体参数的设置上，可以利用第 5 章的方法联合确定两次滤波的参数。从优化理论来讲，这种参数联合确定的方法可以看做寻找全局最优解，这是非常耗时的。为了提高效率，采用一种局部最优解：设定第一次滤波的滤波参数，然后通过仿真得到第二次滤波的滤波参数。

首先，第一次滤波的滤波参数设置为：$a_1 = 29, b_1 = 30, c_1 = 0.3, d_1 = 1, \alpha_1 = d_1/\bar{\gamma}_p - c_1$。其次，通过第 5 章的方法来得到第二次滤波的滤波参数。

(1) 滤波参数的选取。待确定的滤波参数有 a_2、b_2、c_2 和 d_2。根据频谱的对称性[图 5.1(b)]，取 $b_2 = a_2 + 1$，因此只需要优化 3 个参数。在参数的取值范围设定上需要考虑 3 个问题：第一，第二次滤波的目的主要是提取相位信号的高频分量，高频分量对应相位信号的细节信息，所以采用较小的滤波窗口。第二，较小的滤波窗口会导致算法的滤波力度下降从而不能有效抑制噪声，需要对其他滤波参数进行适当的调整，以补偿较小滤波窗口带来的滤波力度的下降。第三，信号的高频分量和噪声在频域是无法完全分离的，这就需要在噪声抑制和细节保持之间做出折中。基于以上 3 点考虑，a_2 的取值范围为 $5, 6, \cdots, 12$ 共 8 个值；c_2 的取值范围为 $0.5, 0.6, \cdots, 1$ 共 6 个值；d_2 的取值范围为 $1.22, 1.24, \cdots, 1.40$ 共 10 个值。

(2) 仿真数据生成。仿真数据的生成方法和第 4 章相同。分形参数 D 在 $[1.5, 2.3]$ 中随机取值，无噪相位是基于 ERS-1/2 的系统参数生成的，垂直基线在 $[50, 400]$ 中随机取值，仿 SAR 图像所用相干系数图和 4.4.1 节中所用的相同。共仿真 1000 组数据。

(3) 干涉相位滤波。依次选择仿真数据和第一步中的参数组合，用 AIPFFD 算法对含噪相位进行滤波，记录滤波结果和对应的参数组合。

(4) 滤波结果评估。利用式(5.12)对滤波结果进行估计并记录评估结果。

(5) 重复第三步和第四步，直到所有数据处理完毕。

(6) 利用 2σ 准则和最小方差准则联合确定最优滤波参数。

经上述步骤确定的滤波参数为：$a_2 = 10, b_2 = 11, c_2 = 1, d_2 = 1.28$。

6.4 实验与分析

本节将利用仿真数据和实测数据对 AIPFFD 算法的性能进行验证，并与 Baran 改进的 Goldstein 算法(以下简称 Baran 算法)[3]、PEARLS 算法[4]、WFF 算法[5]、ASFIPF 算法和 SpInPHASE 算法[6]进行对比。在算法参数的设置上，均采用相关文献里的默认设置或者推荐参数。对于 Baran 算法,图像块大小为 32×32,图像块之间重叠 14 个像素,式(3.59)中的平滑操作是将频谱幅度与窗口大小为 3×3 的均值滤波器核函数进行卷积;对于 PEARLS 算法,$H = \{1, 2, 3, 4\}$ 和 $\Gamma = 2$;对于 WFF 算法,二维高斯窗的窗标准差为 4,频谱幅度阈值为 3σ,频率取值范围为 $[-\pi, \pi]$,频率采样间隔为 0.1。这一组参数设置是由 Hao 等推荐的[6],它比默认参数能获得更好的结果。ASFIPF 算法和 SpInPHASE 算法的参数设置和第 5 章相同。

6.4.1　仿真数据

仿真的方法、流程和参数与第 4 章相同,共生成 8 组 InSAR 数据。图 6.3(a) 和(b)分别是仿真 DEM 和无噪相位,基于 $\bar{\gamma}$ 为 0.3009、0.5005、0.7010 和 0.9002 生成的干涉相位如图 6.4 所示。

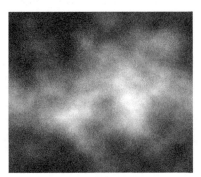
(a) 仿真DEM

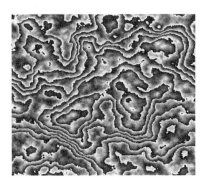
(b) 无噪相位

图 6.3　仿真 DEM 和无噪相位

(a) $\bar{\gamma}$=0.3009时生成的含噪相位

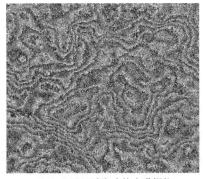
(b) $\bar{\gamma}$=0.5005时生成的含噪相位

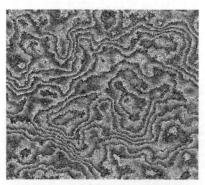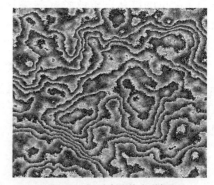

(c) $\overline{\gamma}=0.7010$时生成的含噪相位　　　　　(d) $\overline{\gamma}=0.9002$时生成的含噪相位

图 6.4　仿真生成的含噪相位

图 6.4(a)~(d)的滤波结果分别如图 6.5~图 6.8 所示。从这一系列的滤波结果可以看出，ASFIPF 算法、SpInPHASE 算法和 AIPFFD 算法对噪声的自适应性和鲁棒性最好，这 3 种算法得到的滤波结果无论在噪声抑制还是条纹保持上都优于其他滤波结果，尤其是当相干性较低时，这种优势更加明显。当 $\overline{\gamma}=0.3009$ 时，AIPFFD 算法得到的滤波结果略优于 ASFIPF 算法和 SpInPHASE 算法得到的滤波结果，如图 6.5(d)~(f)所示。Baran 算法劣于 ASFIPF 算法、SpInPHASE 算法和 AIPFFD 算法。Baran 算法虽然采用了相干系数作为自适应因子，但其简单的线性函数关系[式(3.61)]使得算法对噪声强度的自适应性不够，导致算法在低相干情况下的滤波力度不够，不能有效抑制噪声，如图 6.5(a)和图 6.6(a)所示，这也与 Baran 得到的结论[3]是一致的。PEARLS 算法和 WFF 算法劣于 ASFIPF 算法、SpInPHASE 算法、AIPFFD 算法和 Baran 算法。PEARLS 算法是所有算法中噪声抑制能力和残差点抑制能力最差的，并且 PEARLS 算法的这两种能力随噪声方差的增大而减小，如图 6.5(b)、图 6.6(b)和图 6.7(b)所示，这可能与 PEARLS 算法中自适应窗口的取值范围有关。WFF 算法是通过单一的频谱硬阈值处理来完成滤波的，滤波结果与阈值的大小直接相关。如果阈值过大，那么算法在去噪的同时会损失很多细节信息，甚至破坏条纹；如果阈值过小，那么算法无法有效抑制噪声。从 WFF 算法得到的结果来看，其阈值偏大，因为图 6.5(a)和图 6.6(a)中的条纹出现了严重的断裂和融合现象；图 6.7(a)和图 6.8(a)中的条纹相比其他滤波结果中的条纹要平滑得多。

所有滤波结果的定量评价指标如图 6.9 所示，下面就评价指标对算法的性能进行分析。

(1) 从 MSE 和 MSSIM 的变化曲线[图 6.9(a)和(b)]来看，当 $\overline{\gamma}=0.3009$ 和 $\overline{\gamma}=0.4009$时，AIPFFD 算法是最优的，SpInPHASE 算法和 ASFIPF 算法紧跟其后。当相干性继续增大时，SpInPHASE 算法和 ASFIPF 算法交替最优；当 $\overline{\gamma}\geqslant$

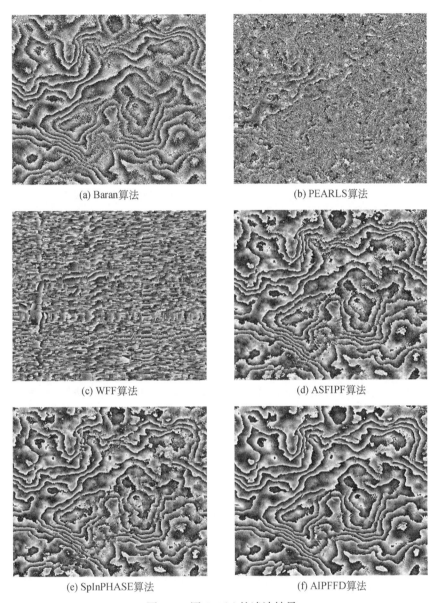

(a) Baran算法　　　　　　　　　　　　(b) PEARLS算法

(c) WFF算法　　　　　　　　　　　　(d) ASFIPF算法

(e) SpInPHASE算法　　　　　　　　　(f) AIPFFD算法

图 6.5　图 6.4(a)的滤波结果

0.7010 时,ASFIPF 算法是最优的,但 AIPFFD 算法和 SpInPHASE 算法的性能和
ASFIPF 算法的性能差异不大。Baran 算法要劣于前述 3 个算法,但在相干性较低
时要明显优于 PEARLS 算法和 WFF 算法。当 $\bar{\gamma} \geqslant 0.8009$ 时,PEARLS 算法和
WFF 算法超越 Baran 算法。当 $\bar{\gamma} = 1$ 时,虽然 AIPFFD 算法是过滤波的,但它还是
优于 SpInPHASE 算法、PEARLS 算法、WFF 算法和 Baran 算法。

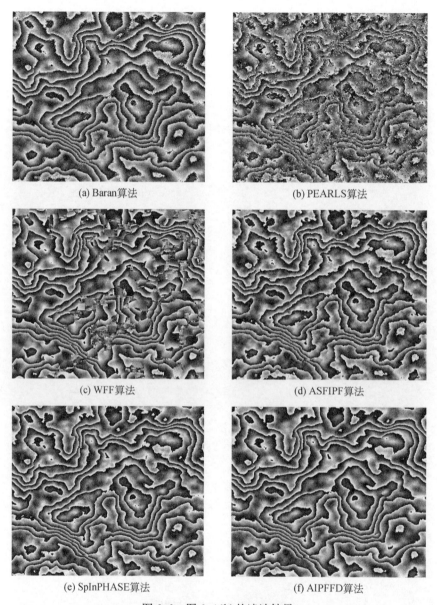

(a) Baran算法　　　　　　　　　　　　(b) PEARLS算法

(c) WFF算法　　　　　　　　　　　　(d) ASFIPF算法

(e) SpInPHASE算法　　　　　　　　　　(f) AIPFFD算法

图 6.6　图 6.4(b)的滤波结果

　　(2) 从 NOR 的变化曲线[图 6.9(c)]来看。当 $\bar{\gamma}=0.3009$ 和 $\bar{\gamma}=0.4009$ 时，AIPFFD 算法是最优的，SpInPHASE 算法和 ASFIPF 算法次之。当相干性增大时，SpInPHASE 算法是抑制残差点最多的算法，AIPFFD 算法次之，ASFIPF 算法第 3。当 $\bar{\gamma}=0.3009$ 时，WFF 算法优于 Baran 算法，这再次说明 WFF 算法中的阈值使得算法具有很强的残差点抑制能力，图 6.5(c)中残留的残差点并非是由 WFF

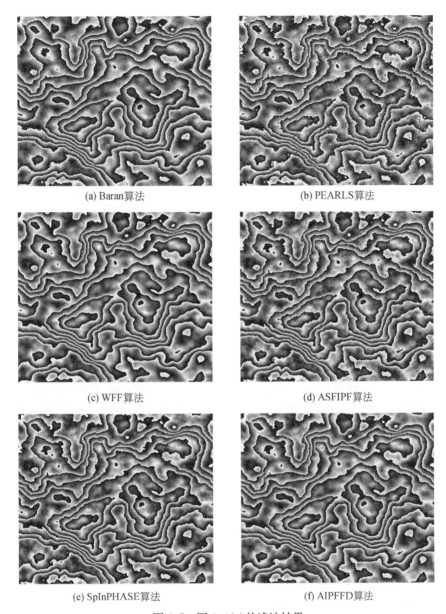

(a) Baran算法

(b) PEARLS算法

(c) WFF算法

(d) ASFIPF算法

(e) SpInPHASE算法

(f) AIPFFD算法

图 6.7　图 6.4(c)的滤波结果

算法残差点抑制能力不强造成的,而是由被破坏的条纹引起的。当 $\bar{\gamma}=0.4009$ 和 $\bar{\gamma}=0.5005$ 时,一方面 Baran 算法的残差点抑制能力增大,另一方面 WFF 算法破坏了条纹从而引入了额外的残差点,因此在该相干系数区间,Baran 算法得到的滤波结果中残差点数量少于 WFF 算法得到的滤波结果的残差点数量。但当 $\bar{\gamma}\geqslant 0.7010$ 时,WFF 算法优于 Baran 算法,这是因为 WFF 算法不再破坏条纹并且

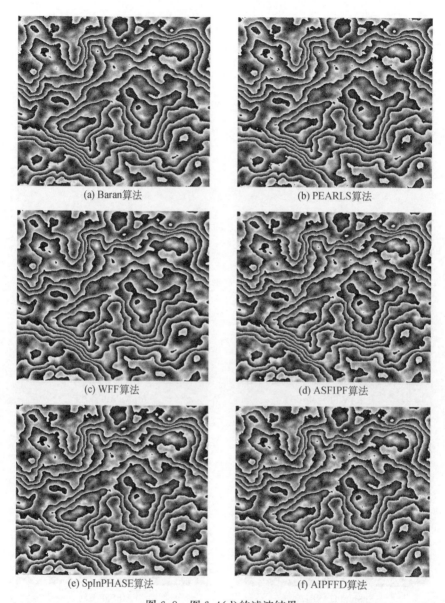

(a) Baran算法

(b) PEARLS算法

(c) WFF算法

(d) ASFIPF算法

(e) SpInPHASE算法

(f) AIPFFD算法

图 6.8　图 6.4(d)的滤波结果

WFF 算法的残差点抑制能力大于 Baran 算法。PEARLS 算法在该指标的性能上一直是所有算法中最差的。

（3）从 SPD 的变化曲线[图 6.9(d)]来看,该曲线和 NOR 的曲线趋势较为一致,所有滤波结果的 SPD 随着相干性的增大有收敛到无噪相位的 SPD 的趋势(无噪相位的 SPD 为 1.3543×10^5)。相对来说,ASFIPF 算法、SpInPHASE 算法和

AIPFFD 算法关于 SPD 的曲线较其他 3 个算法平稳,这与 ASFIPF 算法、SpInPHASE 算法和 AIPFFD 算法在 MSE 和 MSSIM 方面优于其他 3 个算法是一致的。注意到当 $\bar{\gamma} \geqslant 0.7010$ 时,WFF 算法的 SPD 是最小的,这也证实 WFF 算法的滤波力度是最强的;但当 $\bar{\gamma} = 1$ 时,SpInPHASE 算法的 SPD 是最小的。

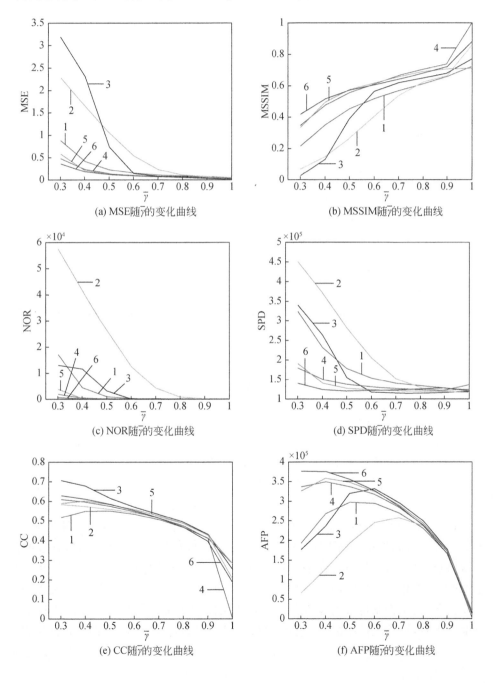

(a) MSE 随 $\bar{\gamma}$ 的变化曲线　　　　　　　　(b) MSSIM 随 $\bar{\gamma}$ 的变化曲线

(c) NOR 随 $\bar{\gamma}$ 的变化曲线　　　　　　　　(d) SPD 随 $\bar{\gamma}$ 的变化曲线

(e) CC 随 $\bar{\gamma}$ 的变化曲线　　　　　　　　(f) AFP 随 $\bar{\gamma}$ 的变化曲线

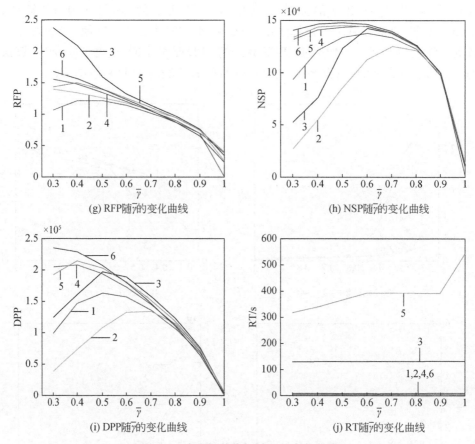

图 6.9 定量评价指标随 $\bar{\gamma}$ 的变化曲线

1-Baran 算法；2-PEARLS 算法；3-WFF 算法；4-ASFIPF 算法；5-SpInPHASE 算法；6-AIPFFD 算法

（4）从 CC 和 RFP 的变化曲线［图 6.9（e）和（g）］来看，当相干性低于一定阈值时，Baran 算法和 PEARLS 算法优于 ASFIPF 算法、SpInPHASE 算法和 AIPFFD 算法，结合 Baran 算法和 PEARLS 算法在 MSE、MSSIM、NOR 和 SPD 方面的性能曲线来看，这是因为 Baran 算法和 PEARLS 算法的滤波力度较小。虽然滤波力度小、损失的相位信号少，但无法有效抑制噪声和残差点，导致 Baran 算法和 PEARLS 算法在 MSE、MSSIM 和 NOR 方面都很差。相反，ASFIPF 算法、SpInPHASE 算法和 AIPFFD 算法虽然损失的相位信号多，但有效地抑制了噪声和残差点，这对后续相位解缠是十分有利的。产生这个现象的原因在于，当相干性很低时，干涉相位中的噪声是主要分量，此时抑制噪声和残差点应该是滤波算法的主要任务，为了抑制更多的噪声和残差点很可能损失更多的相位信号。当相干性逐渐增大时，干涉相位中的噪声逐渐变成次要分量，保持相位信号的细节成为滤波算法的主要任务。从图 6.9（e）和（g）来看，当 $\bar{\gamma} \geqslant 0.8009$ 时，ASFIPF 算法和

AIPFFD 算法优于其他算法。当 $0.9002 \geqslant \bar{\gamma} \geqslant 0.3009$ 时,WFF 算法是该指标上性能最差的算法,这也从侧面说明 WFF 算法在这个相干系数区间内是滤波力度最大的。

（5）从 AFP 的变化曲线[图 6.9(f)]来看,只有 AIPFFD 算法的绝对滤波力度和 $\bar{\gamma}$ 成反比,其他 5 个算法和 $\bar{\gamma}$ 的关系是先成正比再成反比。Baran 算法和 PEARLS 算法在该指标上的性能曲线与前面的推测相符,但有趣的是图 6.9(f)显示 WFF 算法的绝对滤波力度也很小,这就与推测相矛盾。实际上,WFF 算法的绝对滤波力度很大,在抑制噪声的同时也破坏了条纹,正是这些被破坏的条纹使得WFF 算法得到的滤波结果的 SPD 很大,所以其 AFP 较小。当 WFF 算法不再破坏条纹(当 $\bar{\gamma} \geqslant 0.6006$)时,其 AFP 是所有算法中最大的。

（6）从 NSP 的变化曲线[图 6.9(h)]来看,所有算法的噪声抑制能力和 $\bar{\gamma}$ 的关系都是先成正比后成反比,这说明所有算法的噪声抑制能力在低相干情况下还有提升的空间。相对来说,ASFIPF 算法、SpInPHASE 算法和 AIPFFD 算法的提升空间较小,而 Baran 算法和 PEARLS 算法的提升空间较大。由于 NPS 是基于AFP 计算得到的,因此图 6.9(h)中显示的 WFF 算法的噪声抑制能力较弱。根据前面的分析可知,这是由 WFF 算法破坏的条纹造成的,而并非真的是 WFF 算法的噪声抑制能力弱。因此,当 $\bar{\gamma} \geqslant 0.6006$ 时,WFF 算法在 NSP 方面非常接近ASFIPF 算法、SpInPHASE 算法和 AIPFFD 算法。

（7）从 DPP 的变化曲线[图 6.9(i)]来看,Baran 算法和 PEARLS 算法在很大一个区间内都优于其他算法,结合 AFP 曲线和 NSP 曲线可知,这是由 Baran 算法和 PEARLS 算法绝对滤波力度和噪声抑制能力小造成的。虽然损失的细节信息少,但无法有效抑制噪声,导致较差的 MSE、MSSIM 和 NOR,这再次说明不是建立在有效抑制噪声基础上的细节保持能力是没有实际意义的。当 $\bar{\gamma} \leqslant 0.5005$ 时,AIPFFD 算法损失的细节信息是最多的,这是因为此时的噪声是干涉相位中的主要分量,为了有效抑制噪声很可能会损失更多的细节信息,结合 AIPFFD 算法在MSE、MSSIM 和 NOR 方面的性能曲线来看,AIPFFD 算法确实有效地抑制噪声和残差点。随着相干性的增大,对细节信息的保持越来越重要,AIPFFD 算法逐渐超越其他算法成为细节保持能力最强的算法($\bar{\gamma} = 1$ 除外)。当 $\bar{\gamma} \geqslant 0.6006$ 时,WFF 算法成为损失细节信息最多的算法,这证实了之前的推测,也和图 6.7(c)和图 6.8(c)中的视觉效果相符。

（8）从 RT 来看,PEARLS 算法(MATLAB/C/Mex 编写)最快,Baran 算法(MATLAB 编写)次之,ASFIPF 算法与 Baran 算法耗时相近,AIPFFD 算法(MATLAB 编写)的耗时约为 ASFIPF 算法的两倍,WFF 算法的耗时约为ASFIPF 算法的 32 倍,SpInPHASE 算法最慢。

综上所述,AIPFFD 算法一直是优于 Baran 算法、PEARLS 算法和 WFF 算法的；AIPFFD算法在性能上非常接近 ASFIPF 算法和 SpInPHASE 算法,甚至在相干性很低时超越了这两个算法。AIPFFD 算法性能优异的原因可以通过和 Baran 算法的对比看出。Baran 算法是一次滤波算法,即通过一次滤波得到无噪相位所有频率分量的估计值,复杂多变的地形和空变的噪声对滤波参数和函数关系的设置要求十分严格。然而,Baran 算法中的滤波参数和函数关系十分简单,对于某些特殊的数据(如相干性较高、地形变换缓慢),算法能够取得非常好的效果;但对于其他数据,算法的性能可能会急剧下降,因此从优化理论来看,Baran 算法只达到局部最优。虽然 AIPFFD 算法中的滤波参数和函数关系也比较简单且带有一定的经验性,但算法是两次滤波。第一次滤波主要是提取相位信号的低频分量,第二次滤波采用更小的滤波窗口提取相位信号的高频分量,每一次滤波采用不同的滤波参数对相位信号的不同频率分量进行精细处理,有望获得高精度的滤波结果。

6.4.2　实测数据

本节采用实测数据对 AIPFFD 算法的性能进行验证。

1. 实测数据一

为了验证 AIPFFD 算法在条纹较稀疏、相干性较好情况下的性能,本节选用 4.4.2 节中的实测数据一作为处理对象。

6 个算法的滤波结果如图 6.10 所示。从视觉效果来看,图 6.10(c)和(e)比其他滤波结果平滑,存在明显的过滤波;图 6.10(b)中还有较为明显的噪声,这些噪声的位置对应于图 4.14(b)中低相干区域,说明 PEARLS 算法中最大的自适应窗口无法有效抑制掉这些区域的噪声。图 6.10(a)、(d)和(f)的视觉效果相近,图 6.10(a)中的噪声比图 6.10(d)和(f)略多,图 6.10(f)中的细节比图 6.10(d)中的细节略多。

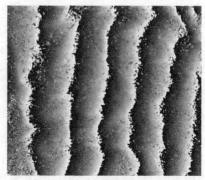

(a) Baran算法　　　　　　　　　　　　(b) PEARLS算法

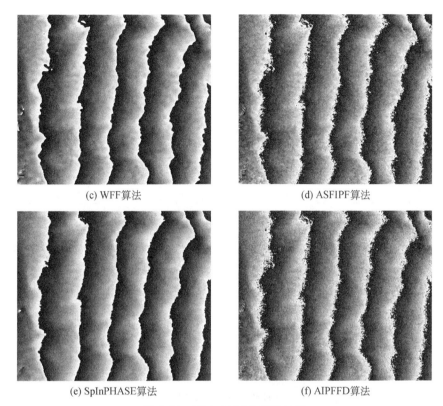

(c) WFF算法　　　　　　　　　(d) ASFIPF算法

(e) SpInPHASE算法　　　　　　(f) AIPFFD算法

图 6.10　图 4.14(a)的滤波结果

　　6 个滤波结果的定量评价指标如表 6.2 所示。图 6.10(c)和(e)中残留的残差点比其他滤波结果要少,这可以归功于它们更大的噪声抑制能力。但同时要看到,图 6.10(c)和(e)的 DPP 几乎是其他滤波结果 DPP 的 2 倍,因此损失的细节要比其他滤波结果多得多,信噪分离能力也劣于其他滤波结果。再对比 SPD,图 6.10(c)和(e)的 SPD 几乎是其他滤波结果的 1/3,因此这两个滤波结果确实存在过滤波。图 6.10(d)和(f)的噪声抑制能力弱于图 6.10(c)和(e),因此图 6.10(d)和(f)中残留的残差点略多于图 6.10(c)和(e);但图 6.10(d)和(f)损失的细节明显少于图 6.10(c)和(e),所以图 6.10(d)和(f)的 SPD 大于图 6.10(c)和(e)的 SPD,并且图 6.10(d)和(f)看上去比图 6.10(c)和(e)包含更多细节。对比图 6.10(d)和(f)发现,前者的噪声抑制能力大于后者,损失的细节信息也多于后者,在 SPD 方面也小于后者,但残留的残差点多于后者,这再次说明 NOR 作为一种高度非线性的评价指标,与其他评价指标的差异。类似的情况也存在于图 6.10(a)和(f)对比中。对于图 6.10(b),其残留的残差点远多于其他滤波结果,根据残差点和 SPD 的定性关系,图 6.10(b)在 SPD 方面应该大于其他滤波结果,但是它在 SPD 方面与图 6.10(b)、(d)和(f)很接近。结合图 6.10(b)的视觉效果以及它在其他评价指标上的性能可以看出,图 6.10(b)在高相干区域存在过滤波,正是这些被滤掉的细节导致滤波结果 SPD 减小。

表 6.2　图 6.10 中各滤波结果的定量评价指标

滤波结果	NOR	SPD/($\times 10^5$)	CC	AFP/($\times 10^5$)	RFP	NSP/($\times 10^5$)	DPP/($\times 10^5$)	RT/s
含噪相位	16479	2.8612	—	—	—	—	—	—
图 6.10(a)	188	1.0033	0.3869	1.8579	0.6310	1.1392	0.7188	3.08
图 6.10(b)	3868	0.9176	0.4332	1.9437	0.7642	1.1018	0.8419	41.96
图 6.10(c)	22	0.3258	0.4581	2.5354	0.8453	1.3740	1.1614	1.18
图 6.10(d)	56	0.9019	0.3998	1.9593	0.6661	1.1760	0.7833	4.11
图 6.10(e)	4	0.3177	0.4556	2.5435	0.8368	1.3848	1.1588	364.64
图 6.10(f)	46	1.0429	0.3874	1.8183	0.6324	1.1139	0.7044	8.34

综上所述,在该实测数据的处理上,WFF 算法和 SpInPHASE 算法通过牺牲较多相位信号细节来抑制残差点。相对来说,ASFIPF 算法和 AIPFFD 算法对残差点的抑制更加合理,损失的细节信息比 WFF 算法和 SpInPHASE 算法少得多。此外,AIPFFD 算法要略优于 ASFIPF 算法。

2. 实测数据二

本节选用 5.4.2 节中的实测数据二作为处理对象。

6 个算法的滤波结果如图 6.11 所示。从视觉效果来看,图 6.11(b)中残留的噪声是最多的,这个情况比图 6.10(b)中还要严重,这是因为该实测数据中噪声的空变性更强、低相干区域更多;图 6.11(a)中的噪声少于图 6.11(b);图 6.11(d)~(f)中的噪声少于图 6.11(a);图 6.11(c)中的条纹最平滑,应该是噪声抑制得最好的,但部分低相干区域的条纹遭到了破坏。

(a) Baran算法　　　　　　　　　　　　　(b) PEARLS算法

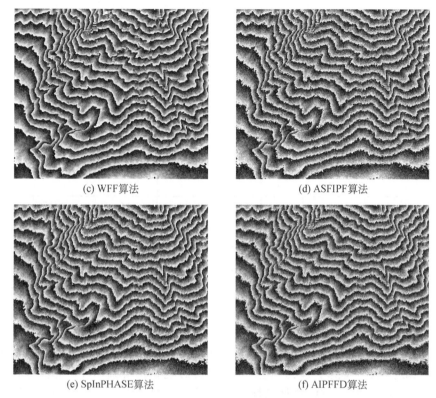

(c) WFF算法　　　　　　　　　　　　(d) ASFIPF算法

(e) SpInPHASE算法　　　　　　　　　(f) AIPFFD算法

图 6.11　图 5.12(a)的滤波结果

6 个滤波结果的定量评价指标如表 6.3 所示。从 SPD 来看,图 6.11(b)是最大的,这是因为噪声是快速变化的分量,它引起的相位梯度是很大的;图 6.11(a)中的噪声少于图 6.11(b)而多于图 6.11(c)～(f),因此图 6.11(a)在 SPD 方面小于图 6.11(b)而大于图 6.11(c)～(f);图 6.11(c)是最平滑的,所以其 SPD 是最小的,结合其视觉效果来看,该滤波结果应该是过滤波的;图 6.11(d)～(f)的 SPD 介于图 6.11(c)和(f)之间,其中,图 6.11(f)的 SPD 是图 6.11(d)～(f)中最大的,这也与图 6.11 (d)～(f)的视觉效果相符。

结合 NOR 来看,图 6.11(b)中残留的残差点是最多的,远多于其他滤波结果,这与其最大的 SPD 相对应。比较有趣的是,滤波结果中残留残差点最少的不是SPD 最小的图 6.11(c),而是图 6.11(f),而图 6.11(f)的 SPD 约是图 6.11(c)的两倍。原因在于,图 6.11(c)中被破坏的条纹引入了额外的残差点。对比图 6.11 (d)～(f),三者中图 6.11(f)的 SPD 是最大的,但其 NOR 是最小的,这再次说明SPD 小的结果其 NOR 不一定也小。

结合 CC、AFP、NSP 和 DPP 来看,由于 Baran 算法和 PEARLS 算法的滤波力度弱,因此图 6.11(a)和(b)在绝对滤波力度、噪声抑制能力及细节保持能力上均小于其他滤波结果,从而显得其信噪分离能力强[图 6.11(a)和(b)在 CC 方面小于其他滤波结果];图 6.11(c)在绝对滤波力度、噪声抑制能力和细节保持能力上都是最大的,因此其信噪分离能力是最差的;相对来说,图 6.11(d)~(f)要优于图 6.11(a)~(c)。在图 6.11(d)~(f)中,图 6.11(f)的噪声抑制能力最弱,损失细节也最少,所以噪声分离能力最强,有趣的是它残留的残差点也是最少的;图 6.11(d)劣于图 6.11(f)而优于图 6.11(e)。

表 6.3　图 6.11 中各滤波结果的定量评价指标

滤波结果	NOR	SPD/($\times10^6$)	CC	AFP/($\times10^6$)	RFP	NSP/($\times10^6$)	DPP/($\times10^5$)	RT/s
含噪相位	137685	1.5637	—	—	—	—	—	—
图 6.11(a)	9010	0.6225	0.5064	0.9411	1.0258	0.4646	0.4766	12.73
图 6.11(b)	70483	0.9953	0.5194	0.5684	1.0806	0.2732	0.2952	4.15
图 6.11(c)	1911	0.2675	0.5839	1.2962	1.4033	0.5394	0.7569	706.30
图 6.11(d)	825	0.4399	0.5372	1.1238	1.1605	0.5201	0.6036	17.23
图 6.11(e)	1458	0.3768	0.5534	1.1868	1.2391	0.5301	0.6568	1469.98
图 6.11(f)	671	0.5310	0.5204	1.0327	1.0853	0.4952	0.5375	32.20

综上所述,在该实测数据的处理上,Baran 算法和 PEARLS 算法在低相干密集条纹区域还残留了很多残差点,这些残差点会影响相位解缠;WFF 算法存在过滤波,损失了很多细节信息,并且破坏了低相干区域的密集条纹,最终会导致 DEM 精度的降低;相对来说,ASFIPF 算法、SpInPHASE 算法和 AIPFFD 算法在噪声、残差点抑制和细节保持方面做出了较好的折中,尤其是 AIPFFD 算法,它在残差点抑制和细节保持上是所有算法中最优的。

3. 实测数据三

本节选用 5.4.2 节中的实测数据三作为处理对象。

6 个算法的滤波结果如图 6.12 所示。从视觉效果来看,图 6.12 和前面的滤波结果比较一致:图 6.12(b)中低相干区域的噪声未能得到有效抑制;图 6.12(a)中的噪声比图 6.12(b)中抑制得好,但是部分密集条纹区域的条纹出现了畸变,如图 6.12(a)右上角和左下方部分所示;图 6.12(d)~(f)不仅有效抑制了噪声,还较好地保持了干涉条纹,但图 6.12(e)中的条纹比图 6.12(d)和(f)中的条纹要平滑;图 6.12(c)中的条纹比图 6.12(e)中的条纹略为平滑,并且图 6.12(c)中低相干区域的条纹无法得到有效恢复[图 6.12(c)左下方],陡峭区域的条纹出现了断裂。

6 个滤波结果的定量评价指标如表 6.4 所示。图 6.12(b)的各项指标显示,虽然它损失的细节信息是最少的,但它的绝对滤波力度和噪声抑制能力是最弱的,导致滤波结果中残留了大量残差点,这对相位解缠是不利的;图 6.12(a)的噪声抑制

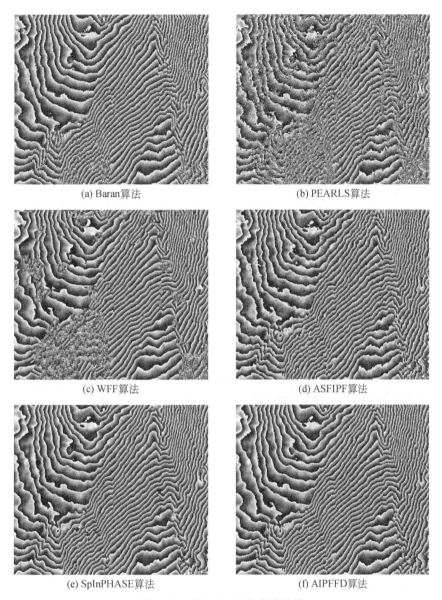

(a) Baran算法　　　　　　　　　　　　　　　(b) PEARLS算法

(c) WFF算法　　　　　　　　　　　　　　　(d) ASFIPF算法

(e) SpInPHASE算法　　　　　　　　　　　　　(f) AIPFFD算法

图 6.12　图 5.14(a)的滤波结果

能力强于图 6.12(b)，同时损失的细节更多，但图 6.12(a)比图 6.12(b)残留的残差点要少得多，因此相位解缠更加容易；根据视觉效果可以看出，图 6.12(c)的噪声抑制能力本应是最强的[这可以从图 6.12(c)在 CC 方面是最大的得到证实]，但WFF算法无法有效恢复低相干区域的条纹同时破坏了陡峭区域的条纹，导致图 6.12(c)中还残留了 8002 个残差点；图 6.12(d)～(f)的噪声抑制能力强于

图 6.12(a)～(c),同时损失的细节更多,但图 6.12(d)～(f)有效抑制了残差点;图 6.12(d)～(f)的各个定量评价指标非常接近,尤其是图 6.12(e)和(f)。相对来说,图 6.12(d)的噪声抑制能力弱于图 6.12(e)和(f),同时损失细节也较少,但残留的残差点略多于图 6.12(e)和(f)。

表 6.4　图 6.12 中各滤波结果的定量评价指标

滤波结果	NOR	SPD/($\times 10^5$)	CC	AFP/($\times 10^5$)	RFP	NSP/($\times 10^5$)	DPP/($\times 10^5$)	RT/s
含噪相位	52069	4.6194	—	—	—	—	—	—
图 6.12(a)	1942	2.0987	0.5576	2.5206	1.2604	1.1151	1.4055	3.08
图 6.12(b)	22467	2.8545	0.5678	1.7649	1.3138	0.7628	1.0021	1.09
图 6.12(c)	8002	2.2201	0.6234	2.3992	1.6555	0.9035	1.4957	159.22
图 6.12(d)	353	1.8612	0.5740	2.7582	1.3476	1.1749	1.5833	3.88
图 6.12(e)	205	1.7391	0.5888	2.8803	1.4320	1.1843	1.6959	351.63
图 6.12(f)	191	1.7639	0.5827	2.8555	1.3965	1.1915	1.6639	7.45

综上所述,在该实测数据的处理上,Baran 算法残留了部分残差点同时引入了少量畸变;PEARLS 算法残留了大量残差点;WFF 算法无法恢复低相干区域的条纹同时破坏了陡峭区域的条纹;ASFIPF 算法、SpInPHASE 算法和 AIPFFD 算法在噪声抑制、残差点抑制和细节保持方面做出了较好的折中,AIPFFD 算法在残差点抑制方面是最强的,但同时损失的细节也略多于 ASFIPF 算法。

6.5　本 章 小 结

为了获得高精度的滤波结果,越来越多的科研人员开始使用先进的信号处理技术,如非局部和稀疏表示。相比传统滤波算法中采用的技术,这些先进技术在原理上更能抓住干涉相位的本质特征并加以充分利用,但是实现起来复杂、效率不高,很难应用于全球海量数据的快速处理。本章针对上述问题开展了研究,主要研究内容和结论如下:

(1) 提出了 AIPFFD 算法。虽然 AIPFFD 算法仅通过简单的频谱幅度硬阈值处理和指数操作来完成滤波,但通过简单的变参数迭代处理,AIPFFD 算法获得了高精度的滤波结果。

(2) 为了使算法对噪声具有较强的鲁棒性,将部分滤波参数与表示局部噪声方差的自适应因子关联起来,并通过大量的仿真实验确定了其他滤波参数的值。

(3) 经仿真数据和实测数据验证,AIPFFD 算法获得的结果与 SpInPHASE 算法获得的结果性能相当,甚至在很多情况下优于 SpInPHASE 算法。此外,AIPFFD 算法的效率是 SpInPHASE 算法的 47.5 倍。

参 考 文 献

[1] Li Z W, Ding X L, Huang C, et al. Improved filtering parameter determination for the Goldstein radar interferogram filter[J]. ISPRS Photogrammetry and Remote Sensing, 2008, 63(6):621—634.

[2] Jiang M, Ding X L, Tian X, et al. A hybrid method for optimization of the adaptive Goldstein filter[J]. ISPRS Photogrammetry and Remote Sensing, 2014, 98:29—43.

[3] Baran I, Stewart M P, Kampes B M, et al. A modification to the Goldstein radar interferogram filter[J]. IEEE Transactions on Geoscience and Remote Sensing, 2003, 41(9):2114—2118.

[4] Bioucas-Dias J, Katkovnik V, Astola J, et al. Absolute phase estimation: Adaptive local denoising and global unwrapping[J]. Applied Optics, 2008, 47(29):5358—5369.

[5] Qian K M. Two-dimensional windowed Fourier transform for fringe pattern analysis: Principles, applications and implementations [J]. Optics and Lasers Engineering, 2007, 45(2):304—317.

[6] Hao H X, Bioucas-Dias J M, Katkovnik V. Interferometric phase image estimation via sparse coding[J]. IEEE Transactions on Geoscience and Remote Sensing, 2015, 53(5):2587—2602.